JN064475

石田紀郎

消えゆくアラル海

再生に向けて

藤原書店

〈アラル海 縮小経過図〉

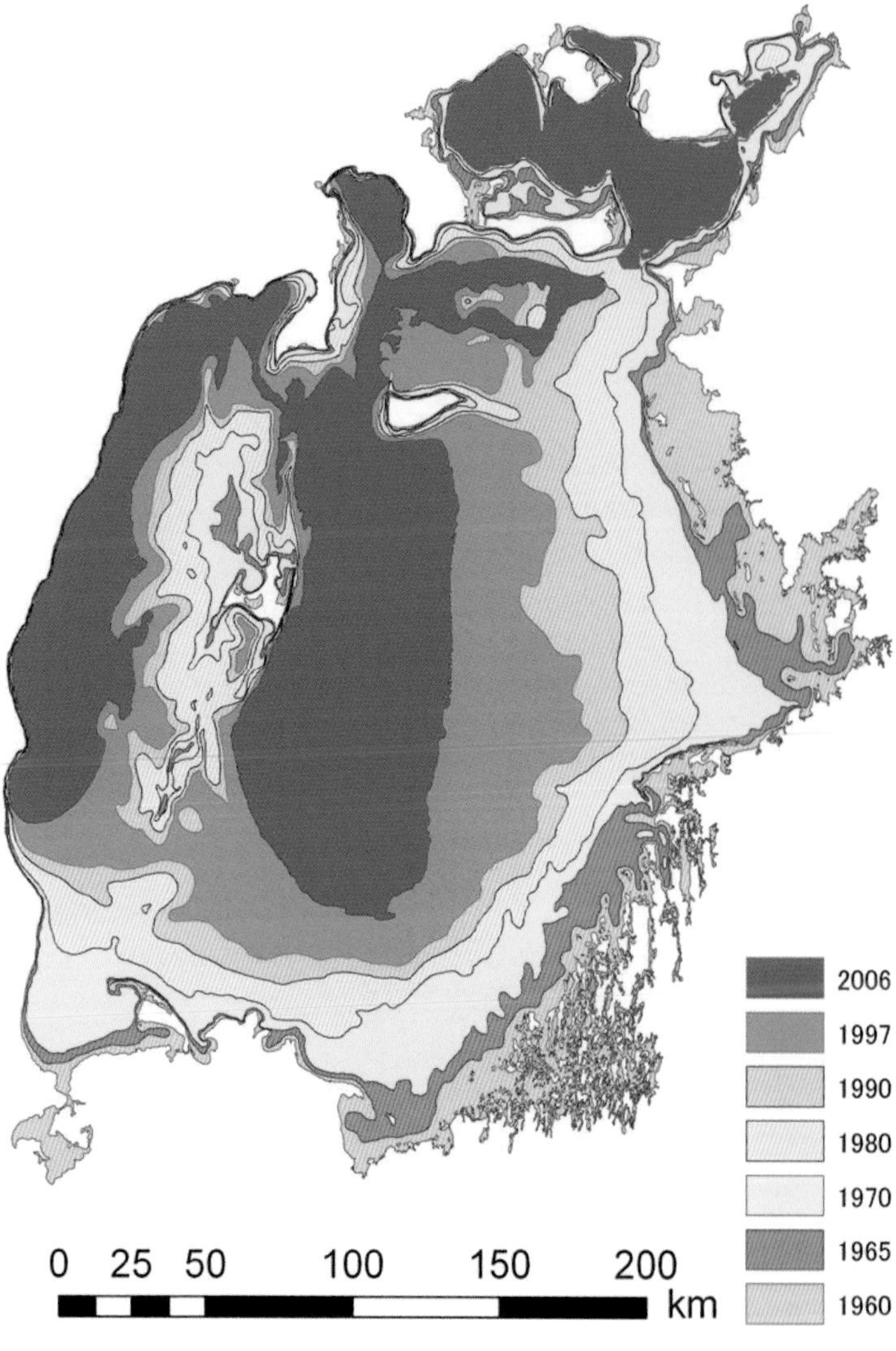
2006
1997
1990
1980
1970
1965
1960
0 25 50 100 150 200
km

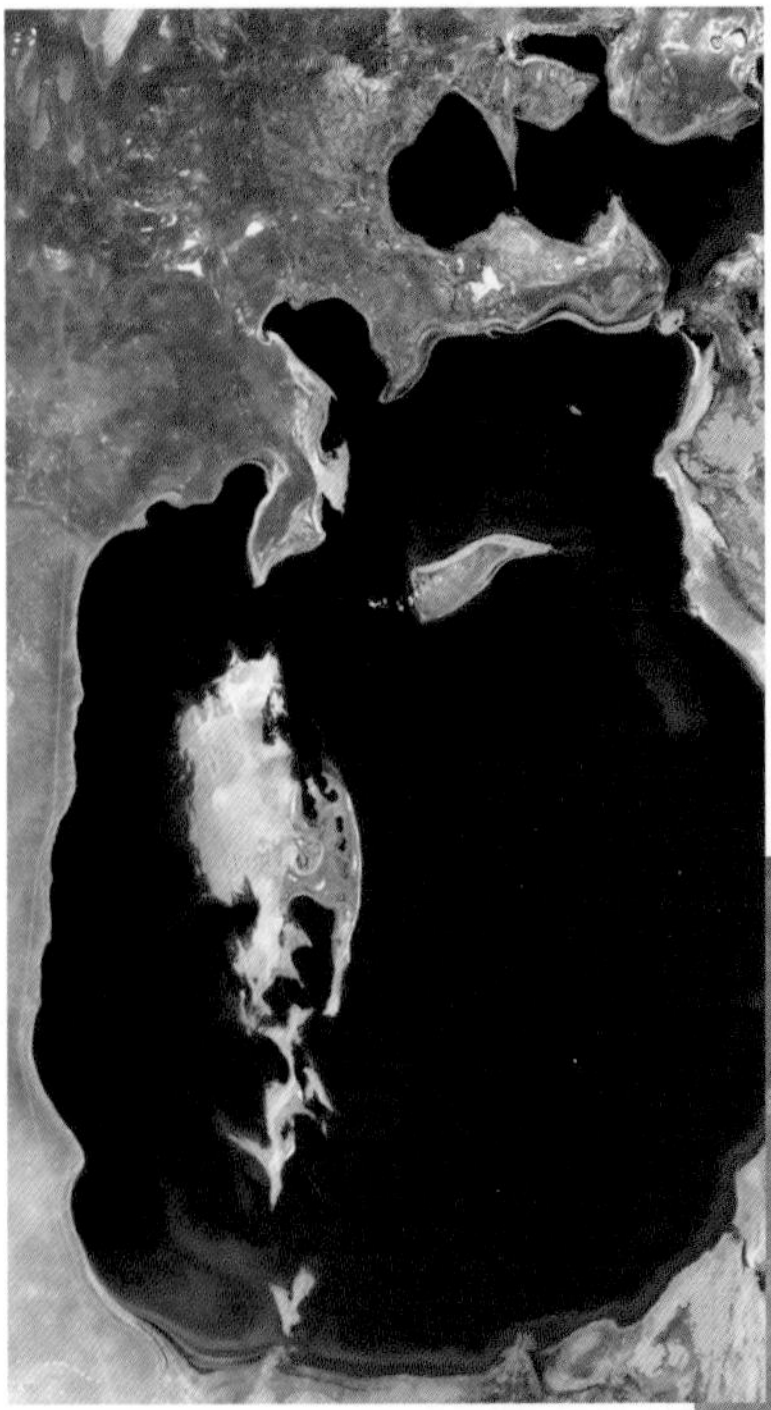

1989年のアラル海

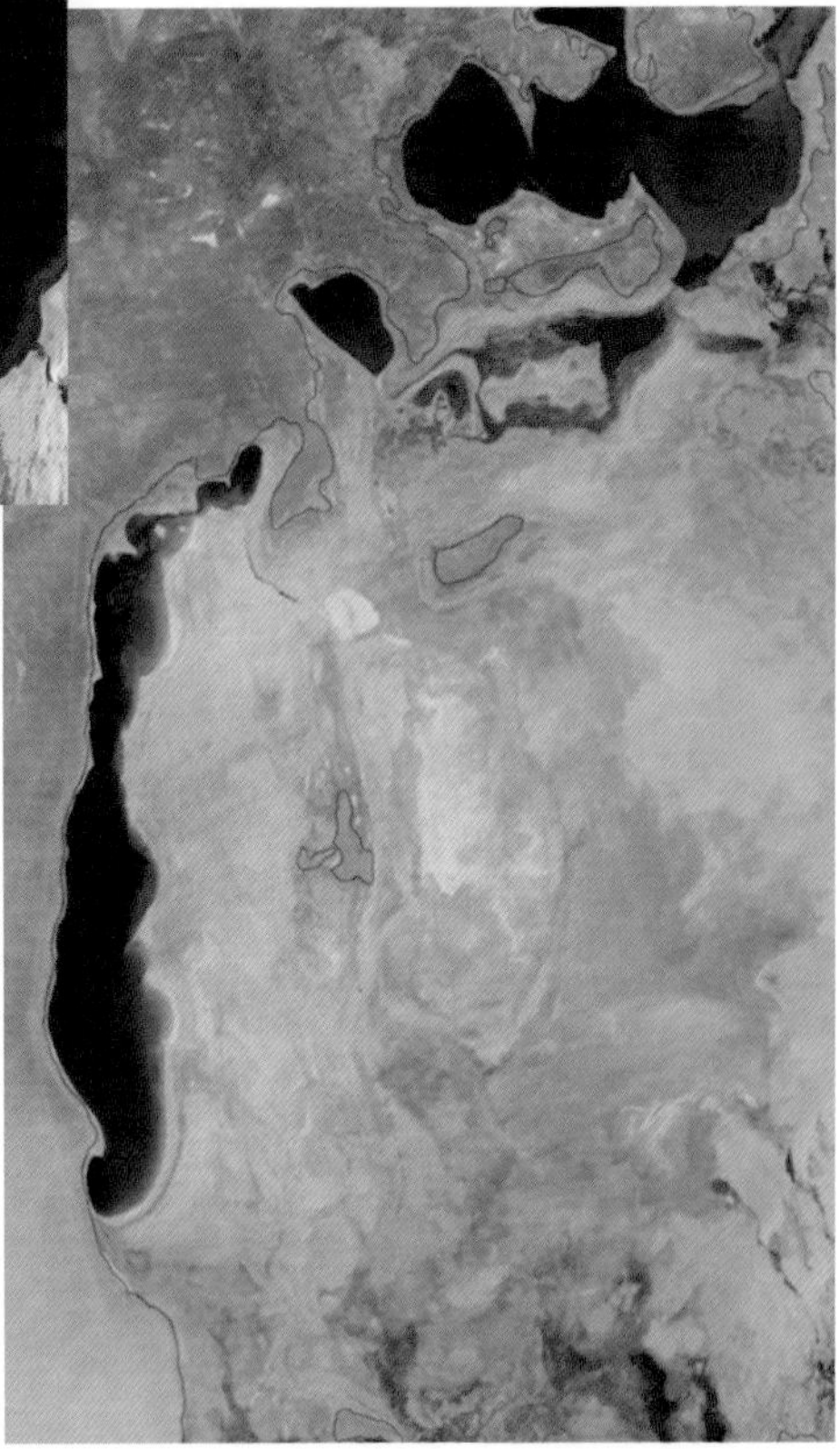

2014年のアラル海

かつてはアラル海沿いの漁村だったが、砂が押し寄せて大半の家はつぶれ、1.5km ほど村を移動せざるをえなくなった。その新しいカラテレン村の上空からの写真

シルダリア川が小アラル海に注ぎこむ地点。2000 年 8 月

シルダリア川（上）と播種前の水田。1993 年 4 月

水を運ぶ親子。カザフの農村の多くは、このように各家庭が水源から水を運び、貯水升（レゼルワール）に貯め、少ない水を大事に使う

塩のふいた旧湖底。2001 年 5 月

旧湖底に転がるたくさんの貝殻、2002 年 8 月。貝は湖水中の除塩機能をはたしていたようだ。ところが浅瀬にいた貝は、一日 100m 以上も後退する水とともに移動できず、貝は死滅し、除塩機構をうしなったアラル海の水の塩分濃度が上昇し、魚は生きていけなくなった

コクアラルの旧湖底

沙漠のカエル

干上がったアラル海旧湖底には、放置された多数の漁船や貨物船の残骸がある。上は 2004 年、下は 1993 年

カザフで「ワジック」と呼ぶジープを駆使しての調査風景

2006年、「アラルの海をアラルの森に」のスローガンで始まった植林活動「アラルの森プロジェクト」。成長したサクサウール

消えゆくアラル海

目次

第3章 二つの大河——シルダリアとアムダリア　83

第7章　アラル海再生に向けて　243

第8章　「アラルの森プロジェクト」　279

消えゆくアラル海

再生に向けて

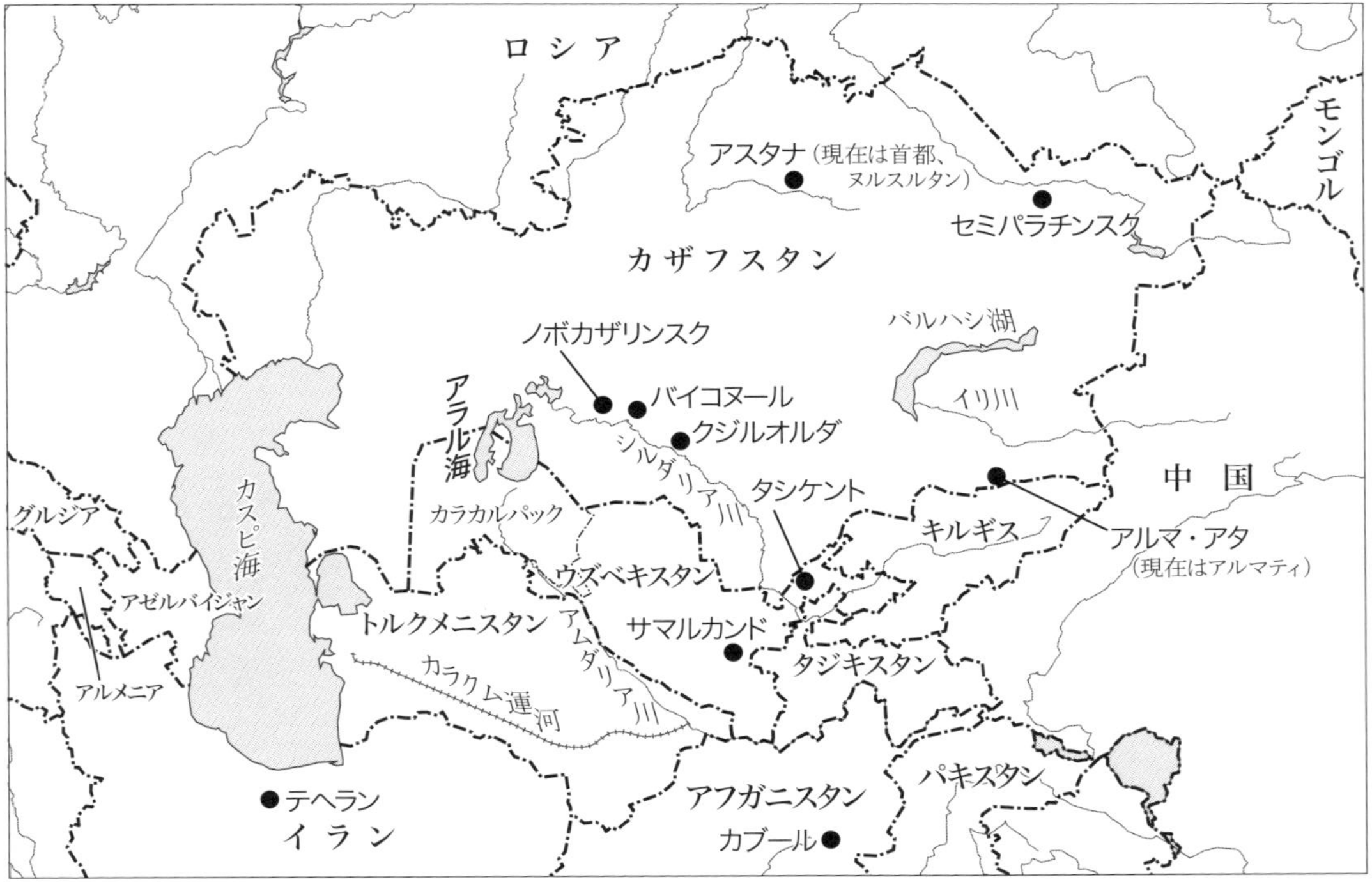
ロシア
モンゴル
アスタナ（現在は首都、ヌルスルタン）
セミパラチンスク
カザフスタン
バルハシ湖
ノボカザリンスク
バイコヌール
クジルオルダ
アラル海
イリ川
シルダリア川
中国
タシケント
カスピ海
グルジア
カラカルパック
キルギス
アルマ・アタ
（現在はアルマティ）
ウズベキスタン
アゼルバイジャン
トルクメニスタン
サマルカンド
アムダリア川
タジキスタン
アルメニア
カラクム運河
パキスタン
テヘラン
アフガニスタン
イラン
カブール

中央アジア地域図

はじめに

湖国・滋賀県で生まれ育った私にとっては、目の前にはいつも広々とした琵琶湖の水面があり、そこに流れ込む河川は私たちの遊びの場であった。冬には雪が降り、板切れと竹とタイヤの切れ端だけで作った竹スキーで林を滑り降り、梅雨には雨が降る田んぼの溝でドジョウを捕った。川が涸れることはあっても、湖はいつも蕩々と水に満ちていた。当時の私には、湖は涸れることも、汚れることもない、永遠の存在のように見えていた。時代は戦後復興の工業化のまっただ中にあり、小学校の修学旅行で訪れた大阪で、引率の先生から「あの黒煙を出している煙突の数こそ日本復興の印だから、しっかりと見るように」と言われた。その場面を妙にはっきりと覚えている。

多くの男子生徒が、工学系に進学を希望する中で、私は遊び慣れた水田への興味を捨てることができなかった。大学では水田で営まれる農業を学びたいと、農学を志望した。そして、大学で学ぶ過程で、農薬に水俣病の原因である水銀を使用していることを知った。農学とは、「安全な環境で、安全な作物を、安定的に生産する」ための科学であるはずだが、水銀を大量に使用する当時の作物疾病防除の潮流は「安全」とは正反対を向いていた。農薬多用の防除法に疑問を感じ、科学技術の意味を問い直したいと、農学を離れて公害問題の現場を歩き始めた。

一九五〇年代から六〇年代にかけて、少々の悪さをしても許してくれるほどの大きな容量を持っていると思い込んでいた琵琶湖の水が年々汚くなり、とうとう赤潮やアオコが発生するまでになった。多くの公害発生源から放出される毒性物質を追いかけている中で、経済成長をひたすら推し進めようとする社会のありようを変えなければ、次の時代に人はまともな環境下で生きられなくなると思った。

「水はその地形の中でいちばん低い所を流れています。だから、その地形の上で人間がどんな生活をするかを色濃く映します。いちばん低い水の中から見れば人間の生き方、あり様が見えてくると思うのです」。当時の私のメモ書きである。目新しいことではなく、当然のことでしかない。しかし、多くの公害現場で教えられた大事な到達点であり、その後の私の進む道の原点でもある。

年間降水量が一五〇〇ミリ以上もあり、水に恵まれた日本でさえ、水汚染が多発し、人も生き物も住みにくくしてしまった。それならば、年間降水量が少ない世界に住む人々は、どのような水との付き合いをしているのだろうと、雨の降らない乾期にメキシコを旅した時の驚きが下地となって考えるようになった。沙漠と、沙漠の民と、その生業を、いつか見聞したいというのが夢となった。とは言え、その頃の私の活動の場では、海外での調査活動などできる機会がなかったので、せめて旅行ぐらいはしてみたいと常々考えていた。

しかし、突然、二〇世紀最大の環境破壊と呼ばれるアラル海環境問題の調査のために沙漠の国に飛び込むことになった。その経緯は本文を読んでいただきたいが、そこで見たものは、かつての沿岸住民が、永遠に広がっているだろうと信じて疑わなかったアラル海の大海原が、ほんの二、三年で湖岸の漁村からは見えなくなり、ついには大沙漠に変わったさまだった。湖面積が琵琶湖の一〇〇倍もある世界第四位の湖が、今ではたった琵琶湖一〇個分にまで縮小したのである。筆者が眺めていた琵琶湖は、飲み水に不安を覚えるほど水質が悪化し、アラル海では水量が激減し、湖自体が死滅した。いずれにしても、湖には責任がない。それぞれの湖の流域に住んでいる人間社会の責任である。そこが降水量の多い地域であろうと、沙漠地帯であろうと、問題を抱える状況は同じであった。アラルの環境破壊の点検作業を通して、地域の環境特性を大事にした人の生き方を模索しなければ、人類に将来はないことを確信した。

二五年前、アラル海消滅は、我が国ではほとんど知られていない事実であった。そのころから何度もカザフに通い続け、わずかな情報ではあるが発信してきた。それは、琵琶湖の汚染を考えるのと同じように、我々への警鐘になると思ったからである。その軌跡を本書にまとめることができた。

この書は、アラル海流域で発生した諸問題を、日本カザフ研究会という小さな研究者集団が追いかけた記録である。それぞれの項目をさらに詳しく知りたい方は、「中央アジア乾燥地における大規模灌漑農業の生態環境と社会経済に与える影響」と題した日本カザフ研究会の報告書（第一号から一三号）をお読みいただきたい。

本書を出版することで、私たちの調査の意義を信じて、ロシア語もカザフ語も話せない日本人研究者を支えてくれたカザフの友人達、この研究会の活動に参加された研究者および活動を支えてくださった国内の多くの関係者の方々に、敬意と感謝の意を表します。

第1章

アラル海問題との出会い

一　アラル海問題との出会い

1　日ソ作家によるフォーラム

一九七〇年代から琵琶湖の周辺地域の公害問題や農薬汚染を中心とする水質調査に取り組んでいた。一九八〇年代に入ると、水道水中の発ガン物質として注目されはじめたトリハロメタン問題に研究者と地域住民の協同作業として取り組み、琵琶湖淀川流域の各都市の水道水中のトリハロメタンを毎月、三〇カ所以上で測定していた。一九七七年には琵琶湖で赤潮が発生し、衝撃が流域全体に走った。富栄養化、赤潮、トリハロメタン、水道水の安全性、農薬汚染などなどが一般社会の日常会話用語になった時代であるから、いくつもの公害現地を抱えながら、分析や現場調査に追われる毎日であった。そんなある日、京大の外国語の先生を通じて、ロシアの作家に琵琶湖の環境問題を話してくれないかと頼まれた。断りたかったのであるが、知人の頼みだからと二時間だけ付き合うことにした。語学が殊のほか苦手なものだから、通訳がいるとは言え、喜んでする仕事でもない。まして、相手はロシアの有名な作家というから、きっと陰鬱な人物だろう。気の進まないままに二時間だけのお勤めと出かけて行った。

作家の名前はラスプーチンさんで、イルクーツクに住んでおり、バイカル湖の保護運動をしているから琵琶湖のことを知りたかったという。作家の野間宏さんの招きで来日し、関西まで足を伸ばしたという。バイカル湖南部の水質が悪化しており、南岸に建設されたパルプ工場の廃液による汚染問題に取り組んでいる人だから実に熱心で、その的確な質問に答えながらの二時間であった（図1―1）。

図 1–1　ラスプーチンと野間宏

しばらくして、日本とソ連邦（ソビエト社会主義共和国連邦）の作家による「環境と文学に関するフォーラム」が開催されることになり、この時のよしみで、多くの作家や文学者に混じって参加させてもらうことになった。第一回目（一九八七年七月）はバイカル湖に近いイルクーツク市で開催され、琵琶湖の汚染状況やその対策を報告した。むずかしい作家たちの議論よりは、世界一透明度の高いバイカルの水が見たくて参加したのであった。

第二回目（一九八九年五月）のフォーラムはアルメニア（当時はソ連の一部）のエレバン市で開かれた。この国の湖、セバン湖は湖水の有効利用を目的に水位を一気に一五ｍも下げたという。さすが社会主義国の強引さはすごいの一語である。

そして、第三回目（一九八九年一〇月）の琵琶湖フォーラム、第四回目のフブスグル湖（モンゴル）へと継続されていった。

最初はバイカル湖を見たくて付いて行っただけのつもりが、このフォーラムが私の人生を大きく変えるきっかけになった。第二回目のアルメニアのフォーラムで聴いた、ウズベキスタン国内の自治共和国であるカラカルパックから参加した作家のカイプベルゲノフさんのスピーチは衝撃的なものだった。アラル海南岸の村にいた彼は、「昨日まで私の家の前にはアラル海の水があった。翌日起き出してみると渚（湖岸線）は二〇〇mも沖合まで後退していた。子供たちは水を追いかけて泳ぎに行った。次の日には四〇〇mも渚は遠くに去ったが、それでも子供たちは泳ぎに行った。その次の日には六〇〇mまで水は後退し、ついに誰も泳ぎに行かなくなった」と。もっと文学的で、美しい表現を織り交ぜながら話した。信じられない出来事としか私には聞こえなかった。本当だろうか、これは白髪三千丈の類だろうと思ったのである。

そして、日本への帰路にカザフスタンのバルハシ湖に立ち寄った。はじめて目にした中央アジアの沙漠と湖は、一五〇〇mm以上も降水量のある琵琶湖で調査している身には刺激的な風景の連続であった。多雨の日本で水環境を破壊してきた現実と取り組みながら、かねてから、少雨乾燥の国で、人はどのように水と付き合っているのだろうと思っていた。

2　はじめてのアラル海

琵琶湖湖岸で開催された第三回目の「環境と文学に関するフォーラム」には、ソ連邦から一二名の作家が、さらにはモンゴルやアメリカの作家も参加した。前二回のフォーラムでお世話になっているから、現地事務局を引き受けての参加であった。そのレセプションの席で、カザフスタンの作家同盟の委員長のアリムジャーノフさんに、「毎日二〇〇mも湖岸線が後退するなんて信じられない。本当なのか」と訊ねてみたところ、「信じられないなら見に来ればよい。五月に来ないか」と言われてしまい、売り言葉に買い言葉とはこのことだろう、アラル海現地に行くことになった。というよりも、なってしまったのである。かくして、一九九〇年七月、私と仲間三名がアラル海旧湖底沙漠に降り立った。

ソ連邦カザフスタン共和国の首都アルマ・アタ（現在は首都ではなくなり、市の名前もアルマティとなっている）への道は厳しいものであった。まず、この時代は通信手段が限られており、テレックスの時代で、ファックスでのやり取りは許可制に近い制限がなされていたようである。我々の招待団体がカザフスタン共和国作家同盟で、その委員長であるアリムジャーノフさんは国会議員でもあり、強い政治的発言力を有していた。また、彼が代表を務めるカザフスタン平和委員会は、ソ連邦全体でそうであったように、平和外交の部署であり、招待した外国人へのサービス機関でもあったから、渡航手続きそのものに困難があったわけではない。ビザを取得し、いよいよ出発することにした。

私以外の仲間は土壌学者と水文学者とジャーナリストである。渡航経路は、まず国内線で新潟に行き、新潟空港からハバロフスク空港へ向かう。ここで一泊して、ソ連邦国内線でアルマ・アタへと飛ぶのである。国営航空組織であるアエロフロートは、ウランウデとノボクズネックを中継してアルマ・アタまで一一時間を要した。空港での出迎え用の車はタラップの下までやって来て、そのままホテルに直行である。まさに国家招待客である。

アラルへはチャーター便で、カザフ側二〇名以上も加わった大所帯である。カザフの沙漠を眼下にしてクジルオルダで複葉機に乗り換えてアラル海の島バルサケレメスに至った。採水や土壌採取などの簡単な調査をしながら、アラル海沿岸部の最大の漁港であり、最大の都市（当時、人口九・五万人）であるアラリスク市に到着した。到着後、直ちにジープに乗り、干上がった旧湖底沙漠に出る。ここでも土と植物を採取してホテルに戻った。何もかもが驚きである。毎日二〇〇mも湖岸線が後退するなど信じられないと言ったことから発した今回のアラル海行であるから、可能な限りの情報を得たいと動き回る。言葉の情報よりも目を通した情報が押し寄せる。

夜は、共産党第一書記主催のパーティーである。日本人を歓迎するものであろうが、首都からやってきた平和委員会委員長へのパーティーでもある。冒頭のスピーチで第一書記は、「今までアラルを訪ねてきた訪問団は数多くあるが、到着するなり旧湖底を走り、土を取り、塩を舐めた調査団は始めてである。多くの人たちは大変だ大変だと言って帰ってしまった」と歓迎の言葉をくれた。多くの人々がここを訪れていることを知った。ただし、日本人は初めてのようであった。

一日に二〇〇ｍも水が引いていったことは、その後の衛星画像などによる解析から、決して白髪三千丈ではなく、東湖岸は遠浅であり、地域によっては二〇〇ｍは十分に後退し、一九六〇年代から八〇年代にかけての一日の後退速度は平均一五〇ｍほどである。そんな規模と速度の環境改変など在るわけがないとの発言は根底から覆され、かくして、アラル海環境調査を開始せざるを得なくなった次第である。

二　干上がりの経緯

1　「アラル海環境問題」とは

ここで「アラル海環境問題」について概説をのべておこう。まずはアラル海が干上がった経緯から見ていく。

一九五〇年代から世界は東西陣営に分かれ、冷戦の真っ只中で、ソ連邦はフルシチョフ第一書記、アメリカはアイゼンハワーやケネディが大統領の時代であった。フルシチョフは西側陣営との平和共存外交を模索しながら、国内の農業政策を重視し、中央アジアに広大な灌漑農地を開拓する事業を展開した。いわゆる「処女地開拓」の一環が中央アジアの沙漠の風景を一変させることになった。

類推するに、アメリカなどによる東側陣営への経済封鎖によって小麦や綿花の輸入がままならないソ連邦としては、とくに化学繊維が発達していない時代だったから、綿花の自国内生産を高めることが、東側陣営維持のためには必須のことであったのだろう。

広大な沙漠にシルダリア（シル川、第3章—1参照）やアムダリア川（第3章—3参照）の豊富な水を取水する頭首工*が建設され、そこから編み目のように張り巡らされた運河が沙漠の地平線まで伸び、小さなオアシス農業の村はソホーズ（ソフホーズ）やコルホーズといった大規模農場へと変貌し、遊牧の民が羊とともに暮らしていた沙漠が緑の綿花畑や水稲栽培の水田になり、荒野沙漠は緑の農地となった。日本でもこの開拓事業は偉大な事業として紹介され、「沙漠を緑に」、「社会主義の勝利」などなどと喧伝された。世界中が注目する事業で、一区画三〜一〇haもの綿花畑が続く農地へと変貌していった。

＊　頭首工とは、農地へ農業用水を供給するために河川（シルダリア）から運河に水を引き入れるために作られた施設のこと。運河の取り入れ口（頭首）にあることからこのように呼ばれている。

日本で発行されていた雑誌『今日のソ連邦』には、この開拓事業を賛美した特集があり、「水にはまったく緑のない沙漠に水、それも運河をつくる！　これが奇跡でなくて一体なんであろう。」とアムダリアからトルクメニスタンの首都アシガバードに達するカラクム運河（世界最長の運河で建設当時で一一〇〇km、第7章コラム参照）建設工事を讃え、「運河はさらに延びて、カスピ海に向かって建設が進められているのである。そして今現在、夢ではなく沙漠の真ん中を現実に船が通っているのである」と書かれている。

農地開拓のスピードには目を見張るものがあり、一九五〇年に中央アジア全体の灌漑農地は四〇〇万haであったが、一九八五年には六七〇万haとなり、シルダリアとアムダリアの流域の夏は緑となり、夏の枯れ野の沙漠とは対象的な景観となった。

ウズベキスタンはもともと農耕民の国で、フェルガナ盆地には数百年に亘って栽培を続けている綿花畑があり、すぐれた農業技術を有しているから、綿花地帯の拡大はそれほど困難ではなかっただろう。一方、カザフスタンは遊牧の民の国であり、羊の国と言ってもよい。その国に、農業を一気に拡大するとなると、技術的に相当な無理をせざるを得なかっただろう。事実、水稲栽培農場の開拓には朝鮮人が移住、動員させられた。農業の経験のない遊牧の民が水田を作り、イネを植えるのであるから、ずいぶんと無理があっただろう。農耕民族である朝鮮人はコルホーズやソホーズの開拓時に投入され、栽培が順調に進むようになると次の開拓地へと放り出されたようである。

沙漠に広がった農地にはシルダリアやアムダリアの河川水が導かれ、綿花栽培は順調に生産高を高めて行った。ソ連邦全体で生産される綿花の九五%は中央アジア五カ国の産物であった。綿花は五月初旬に播種され、七月には開花し、九月には綿の収穫となる。この間に農業用水を畝の間に導く、いわゆる畝間灌漑方式で綿花は育てられる。綿も水稲も水を多く必要とする作物で、一tの農

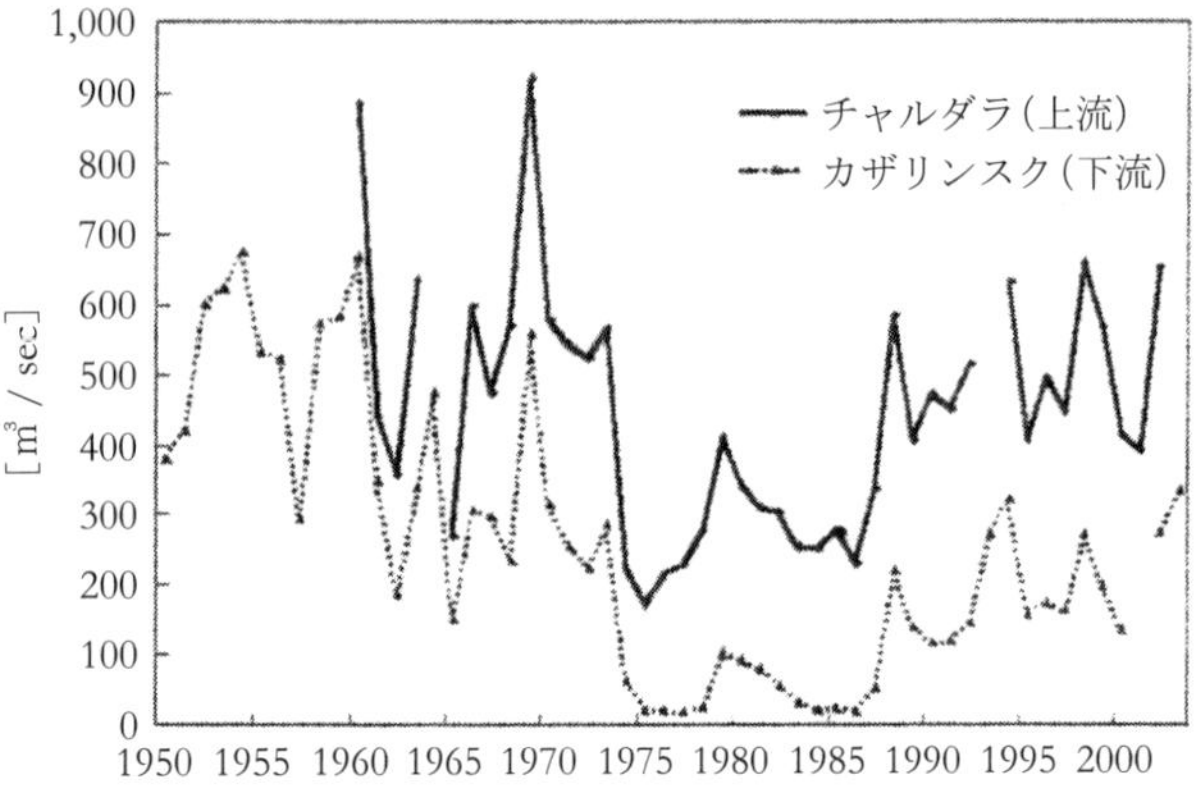

図 1–2　シルダリア河川流量

作物を収穫するのに必要な水の量（要水量）は三〇〇t近くにもなる。川から取水された農業用水は送水過程で漏水などで失われる部分が多く、取水量は要水量の三倍以上にもなる。かくして、農地の拡大はシルダリアとアムダリアからの取水量の増大となり、年を経るごとに両河川下流での流水量は減少していった（図1―2）。

二つの流入河川から入ってくる水の量が急激に減少したから、アラル海の貯水量は日に日に減って行き、水量の減少は湖面積の減少となり、湖岸線は後退した。前節で記したように、一日に二〇〇mにもなる地域もあったという。この湖岸線の後退は止まることはなく、爾来五〇年後の今も一日七～八mもあるという。

かくして、二〇〇六年にはアラル海の湖面積は一九六〇年代の四分の一までになり、人類がはじめて遭遇した最大の環境改変でありながら、ソ連邦が一九九一年に崩壊するまで、その実態は世界に明らかにされなかった。なぜなら、中央アジアにはソ連邦の軍事施設や核兵器が多数配備され、宇宙基地（バイコヌール）があり、外国人の立ち入りを拒んできた地域であったから、西側の人間によるこの地域の報告は稀であった。現在はカザフスタン国内を外国人は自由に旅行できるが、バイコヌール宇宙基地があるクジルオルダ州カザリンスク地区だけは今でも特別の外国人登録が求められ、ノボカザリンスク地区を通過する時は目立たないようにしながら、隣のアラリスク地区へと移動しているほどである。そんな地域に存在するアラル海干上がりの正確な情報が伝わっては来ないのも当然だろう。

2　アラル海の干上がりと環境汚染

一九七三年に出版された『ソ連における環境汚染』（M・I・ゴールドマン著、都留重人監訳、岩波書店）がこのアラル海の干上がりと環境問題を取り上げた最初の日本語著書かもしれない。この本や一九八七年以来、中央アジアの人々から聞き取った情報を基にして、筆者のなかに「アラル海環境問題」は以下のように出来上がっていた。

アラル海が痩せ細り、湖面積が日々年々縮小して、一九六〇年代と比較して半分になり、さらには三分の一になっていることは衆目の一致するところであり、筆者もまた現地調査で確認してきたから、これを疑うことはなかった。それでは、「アラル海危機」と呼ばれもするアラル海の環境問題とはなんであるかというと、その実態を明確に論じた文献がない。多くの報告文では、「アラル海の干上がりによって湖面積の減少、湖水の塩分濃度上昇、魚類の減少、漁船や貨物船の座礁放置、

図 1–3　河岸でキャンプ

漁業の壊滅、ペリカンを始めとする多くの動植物の減少や絶滅の危機、干上がった旧湖底への塩類集積や農薬汚染、砂嵐の多発、住民の生活環境悪化、飲料水水質悪化と健康障害、女性の貧血症多発、乳児死亡率の驚異的上昇などなど」が断片的かつ断定的に記されており、我々もこれらの報告内容を信じる所から出発せざるを得なかった。

シルダリアに沿ってアラル海に向かう最初の調査行（第3章―1参照）は、前述の「アラル海危機」の実態を自分の眼で確かめるものであった。すなわち、アラル海危機という物語を科学的に検証し、埋もれている環境問題を発掘し、情報発信して、アラル海への関心を高める作業の始まりであった。なぜかと言えば、環境調査などの基礎的データがソ連邦時代には極秘事項とされ、当該国の中央アジア諸国には保有されていず、モスクワに送られてしまっているからである。それゆえ、中央アジアの人々は物語として話してはくれるが、それを裏打ちするデータや資料を呈示してくれることはなかった。はたして、「アラル海危機」を解明することによって、「アラル海再生」のプログラムが書けるのだろうか――シルダリアを下りながら、カザフの研究者とキャンプ地でたき火をしながら毎晩のように話し合ったものである（図1―3）。

三　カザフスタンとの関係づくり

1　交流の窓口を開く

カザフスタンの首都アルマ・アタ市は人口が一二〇万人（一九九〇年代当時）の大都会であるが、世界でもっとも街路樹の多い街といわれるほどに緑の豊かな市街である。テンシャン山脈の北部山系であるアラタウ山脈の山麓に位置し、標高が約九〇〇mの傾斜地にある。標高三五〇〇mまで登れば氷河の末端を触ることができ、氷河の融雪水を貯えた大アルマティ湖が水道水源で、この水が運ばれているアルマ・アタ市の水道水は生水のまま飲用でき、コーヒーもおいしく入れられ、コーヒーなしの生活など考えられない私にはたいへんありがたい街である。ところが、この街から直線距離で五〇kmも北方に行けば、そこはもはや少雨乾燥の沙漠となり、水事情（河川水も井戸水も）はきわめて厳しい。

成田空港からモスクワを経て、一人でこの街をたびたび訪れ、分からない言葉に四苦八苦しながら、街を歩いた。昼間は道路沿いのキオスクで日常雑貨、煙草やウォッカを、市場（バザール）で食料を購入した。夜に営業しているキオスクも市場もないから、昼間のうちにきっちりと食料など

図 1–4　キオスク

を買い溜めしておかなければならない（図1―4）。街にはレストランなどなく、あったとしても看板が出ていないから、外国人にとってはないのも同然である。宿泊には市内のホテルや科学アカデミーの宿舎などを利用しながら、カザフの関係者との会談を重ねつつ、アラル海調査への道を模索していた。科学者関係を束ねるカザフ科学アカデミーや政府関係者との会談を重ねて、この国のシステムが徐々に分かってきた。もちろん、すべての入り口はカザフスタン平和委員会であり、彼らの仲介があれば、ほとんどの組織やその代表者と面談できた。当時の首相、副首相、国会議長や大臣などは簡単に面会できたが、面談は面談の段階に留まり、それ以上に進展することはきわめてむずかしい国柄であることも理解できた。だから無駄という訳ではなく、いわゆる要人との面会は国の様子や組織を理解する上で大いに役に立った。

一九九〇年にアリムジャーノフさんがアルマ・アタで開催してくれた「日本とカザフの研究者の集い」でのやり取りは今も忘れられない出来事である。首都アルマ・アタには科学アカデミーに所属する研究所（土壌学研究所、植物学研究所、動物学研究所や地理学研究所など）がいくつもあり、アラル海問題に取り組んでいる研究所の所長や主任研究者が参加してくれた集いであった。儀礼的な挨拶の交換のあと、それぞれの研究成果やアラル海問題への取り組みが発表された。私の方からは、「アラル海問題の勉強のためにこれから度々カザフに来たいので協力をお願いする」という以上の内容は持ち合わせない段階での簡単な挨拶をした。

それに対してのカザフ側研究者の反応は意外なものであった。「カザフの研究者はあらゆる研究を実施する能力があり、すべての分野でデータも持っている。しかし、ソ連邦全体の経済状態が悪化し、満足な研究費が支給されないので、研究が現在は滞っているだけである。日本からわざわざ研究に来る必要はなく、研究費を持って来てくれればよい。そうすればデータを渡せる」というものだった。このような対応に対しては、日本側ばかりでなく、カザフ側からも反論が出され、儀礼的な集いのはずが、国際協力のあり方や、アラル海問題研究がアラル海の環境破壊を食い止めていないことへのカザフ国民のいらだちを露にした。私としては、これからのカザフの科学界、研究者との付き合いの上で留意すべきことが数多く得られた集会となった。

この席で科学アカデミー総裁のスルタンガジンさんを紹介され、これ以降、親交を重ねることになり、アルマ・アタを訪問する度に総裁室を訪ねた。そして、彼からの紹介もあって地理学研究所長のムキタノフさんがカザフスタンの科学界の窓口になってくれた。

2　ソ連邦崩壊とカザフ独立

カザフの科学界と政界との窓口が開け出し、またカザフの社会事情も少しは分かり、これから交流の具体化やアラル海調査の協力関係を議論できるまでになってきた。

私とその仲間以外にもカザフスタンにやって来る日本人が二、三人ほどいた。それぞれが目的を持って来ているから、カザフ側との交流の違いが出てくる。研究機関との関係の持ち方をめぐって、日本人同士の間で議論が沸騰することもある。アルマ・アタのホテルでそんな議論を明け方までやって、早朝のアエロフロート便でモスクワに戻ったのは一九九一年八月一八日の夕方であった。寝不足ゆえに、食事もそこそこにインツーリスト・ホテルで眠り込んだ。翌日に東京行きの便で帰国するだけで、モスクワは単なる経由地でしかなかったから、朝食も遅めの時間に取り、昼食を約束していた日本人の知人をホテルのロビーで待っていた。このホテルは外国人用であり、ロビーの雰囲気もいつもと変わらないものと私には映っていたが、そこに飛び込んで来た知人がもたらしたのは驚愕情報であった。「ゴルバチョフ大統領がクリミヤ半島で軟禁され、モスクワでクーデターが発生した」という。

私の宿泊しているこのホテルはソ連の政治の中心部のクレムリンとは道路を挟んだ位置にあり、モスクワでクーデター発生と言えば、交差点の向こうのクレムリンのことである。まさにクーデターの中心部にいるのだから、ことの成り行きによっては帰国などおぼつかなくなるとはすぐに納得したが、さてどうするかとなり、まずは腹ごしらえをしようとなった。広い交差点の向かい側のレストランで昼食を取ることにして、交差点を横切りレストランに入り、なるべく道路が見える位置に席を取った。何を注文して食べたのかは覚えていないが、交差点を突っ切って走って行った数台の戦車をガラス越しに見たことだけは鮮明に記憶に残っている。食事を終えて、ふたたび交差点を横切って、ホテルに戻り、一五階からクーデター直後のクレムリン横交差点の風景を撮った（図1―5）。反クーデター派（大統領支持）の市民が、交差点を封鎖するためにトロリーバスを縦列に停車させ、バリケードを築き、クーデター派の戦車の進行を阻止している図である。ホテルには夏休みを利用してソ連を旅していた日本人学生が数名おり、どうしたものかと相談してきた。こちらも状況を十分把握しているわけではないが、一刻も早くタクシーで国際空港に行くのがよいだろうと、何人かをホテルから送り出した。

図 1–5　クーデター直後のクレムリン付近

さて、我々もそろそろ空港に行かなければと思ったところには、交差点に市民があふれるほど集っており、ホテルにタクシーを呼べる状態ではない。仕方なく、交差点の地下道を通ってクレムリン裏に行くことにした。地下道両側には小さな露店がいくつも並んであり、夏のことと て水着を買っている母娘や女性たちの姿があった。地上の戦車とバリケードとは対象的な風景を見ながら、旅行用スーツケースを引っ張り、階段を上り、タクシーに乗って空港に行き着いた。途中でクーデター派の戦車部隊や兵士とすれ違ったが、空港は極めて平穏であり、成田行きアエロフロート便もほぼ定刻に離陸した。このクーデターは失敗し、ゴルバチョフがモスクワに戻り、エリティンを先頭とする改革派の勝利によって、一二月末のソ連邦崩壊へと事態は進んで行った。

クーデター以降のソ連政治の変化と連邦の崩壊は私たちの活動にも多くの影響を及ぼした。まず、クーデター失敗後のソ連邦最高会議議長にアリムジャーノフさんが就任したことである。カザフスタン在住の彼がどのような政治的関係からこのような地位に就いたのかは私には分からないが、アルマ・アタを離れてクレムリンの主となった。そして、彼は一二月にソ連邦の幕引き役を終えてカザフに戻ってきた。一二月一六日にカザフスタン共和国は独立した。政府機関などの組織替えは直ちに始まらなかったが、中央アジア諸国もソ連邦の一共和国からそれぞれが独立国になったので、政治的にも、経済的にも激変期に突入した。そして、我が研究活動も直ちに調査研究とはならずに、カザフとの交流に重きを置く段階を経なければ、アラルへの道は開けなかった。

年が明けて一九九二年の二月に、カザフと日本の交流を促進するためにアリムジャーノフさん、国会議員で副議長のフェドトバさん、平和委員会副委員長のタナバエバさん他の一行を日本に招待することになった。招待者は私と二人の知人（塚谷恒雄・松村種学）で急遽結成した日本カザフ文化経済交流協会（ＪＣＥＫ）である。もともとは個人招待のつもりだったが、アリムジャーノフさんはソ連邦最後の最高会議議長であり、それならば当時の宮沢総理大臣と会談をしてもらって、日本とカザフの交流開始となればと考えたのである。そして、その旨をアリムジャーノフさんに伝え、可能ならば、ナザルバエフ大統領から宮沢総理宛の親書を持って来て欲しいと持ちかけたところ、親書を携えた大統領特使として来日することになった（図1―6）。

図 1–6　大統領特使一行

大統領特使のアリムジャーノフさん　左から二人目

まさかの大統領特使の誕生と来日の決定で驚いたのは世間ではなく、招待した本人達である。それからが大変であった。まず、膨大な経費の捻出、総理大臣や外務大臣などとの会談設定、歓迎レセプションの開催を含んだ東京での公式日程の調整と作成、その後の京都、大阪での親善と観光旅行計画の立案に駆け回ることとなった。政府関係、とくに外務省からは、大統領特使を個人が招待した例はなく、無謀なことと叱られ、せめて民間団体を招待主にするべきと言われ、前記の団体結成となったのである。もちろん、新生カザフスタン共和国の大統領特使の来日に関して外務省が埒外では外務省の面子の問題もある。そこで、外務大臣との会談までは招待者ですべてを執り行うが、総理との会談は外務省でお願いすることになった。文部大臣や東京都知事、経済団体との会談に加えて、テレビ番組への生出演も実現し、新生カザフスタン共和国と日本との最初の交流は順調に進んだ。この政府との会談を差配してもらったのは、元の滋賀県知事で、当時は国会議員であった武村正義さんである。琵琶湖総合開発問題では対立する間であったが、共通の友人を介して、重要な役を引き受けていただいた。その後、日本の国会議員として最初にカザフを訪問し、大統領との単独会談をされたのは武村さんである。ソ連は崩壊していたが日ソ友好議員連盟主催の特使歓迎レセプションが橋本龍太郎さんの尽力で実現し、以後、橋本さんはカザフとの交流にご支援をいただいたが、二〇〇六年に他界されたのは残念である。

東京での公式行事の後、特使一行は新幹線で京都に向かった。その車中から二月の冬空にくっきりと聳える富士山が彼らの心を捉えたようである。タナバエバさんが、「カザフ人は広島、長崎、富士山、東京、京都をよく知っているのに、なぜ日本人はカザフのことをなにも知らないのだ」と問いかけて来たことが忘れられない。数百回の核実験が実施され、住民被爆に苦しむセミパラチンスクの実態を一年前に日本に紹介したこと（第9章）と、今回の招待がこれからの両国の関係を深いものにするだろうと話し合って京都に着いた。関西での観光休暇のあと、彼らの訪問は新潟発ハバロフスク行きのアエロフロートでの帰路で終了した。招待した側には相当な借金が残ったが、それ以上の成果がその後のアラル海調査へと繋がったと思う。

この招待外交の喧噪の中で、もう一つ忘れられないことがある。大阪に「海遊館」という水族館があり、人気スポットである。大統領特使一行の大阪休日プログラムの一つとしてこの水族館の見学を組み込んだ。アリムジャーノフさんは大いに気に入ったようで、カザフに帰国後、種々のレベルでの報告会でトップの話題はこの水族館であったという。海遊館はアルマ・アタで知れ渡り、それ以降、アカデミーや政府関係者を招待し、海遊館に連れて行かないと、「大事にされていない」と思われてしまうほどである。海に面していない内陸国であるカザフスタンの人々の海洋への憧れもあって、海遊館はカザフでもっとも通じる日本語かもしれない。

3　日本カザフ研究会の結成と調査地決定

アラル海、カザフスタン、シルダリアにアムダリアと聞き慣れない固有名詞を発しているうちに、ことの重要さを感じた知人の研究者たちが集まり始め、集団としての名前を作る必要が出て来た。国内での研究資金調達のためにも重要であるが、それ以上に、カザフスタンの国家組織との交渉時に、京都大学農学部所属の研究者という立場を使うが、日本にカザフスタン研究の集団が組織されているということは、カザフ側にとっても必要であった。そこで、日本カザフ研究会を結成した。

英語名をJapan Research Association with Kazakstan（JRAK）とした。集まってきた研究者は、自然科学系の土壌学、水質学、植物学、水文学や気象学分野など多岐にわたり、その上に経済学分野の研究者も加わり、研究会はにぎやかなものとなった。当初から研究会に参加してもらいたいと念じ、捜していた医学系の研究者と連携がとれるようになるまでには数年を要した。いずれにしても、一人で思い立って始めたことであるから、一人でも仲間が増えるのはありがたく、研究会の体をなすようになってくると、後はそれぞれが動き出せば良い。対象とする課題のスケールの大きさと問題分野の広さを考えると、さらなる充実を求めねばならないが、それ以上に充実を求められるのは研究費の確保であった。しかし、まったく目処が立たず、自己負担でのカザフ行きも少なくなかった。

当時の日本カザフ研究会の実力では、直ちにアラル海に調査団を派遣する実力を有していないと思っていた。そこで、カザフ側へ次のような要請をした。

日本側にはカザフスタンの自然と農業と民俗に関する情報が皆無に等しく、早急に情報の整理と我々自身の研鑽が必要である。目指すはアラル海環境問題への取り組みであるが、アラルに行き着くまでに相当の準備が必要である。そこで、首都アルマ・アタ市に研究拠点を置いて、市から日帰りで行き来できる距離にある水稲栽培農場を拠点研究地とし、種々の環境要因の解析や、農業の実態とそれを支える自然要因の把握を目指しながら、カザフスタンのイロハを勉強する必要がある。そう考えて、その仲介を平和委員会から科学アカデミー総裁に依頼したのである。しかし、ことは簡単には運ばないままに、二度、三度の訪問を重ねることになった。時は一九九〇年である。この頃のカザフとの通信手段はテレックスかファックスが主体であり、電話も不自由であった。もちろん最大の壁は言葉の問題である。当方にはロシア語を話せるメンバーがおらず、先方には英語を話せるメンバーがほとんどいないという状況での交信である。この頃の交信の仲介をしてくれたのがアルマ・アタ市在住の朝鮮人であるキム・ゾンフン（金宗勲）さんであった（第1章コラム参照）。彼の多大な助力を借りながら、一九九一年は四回のアルマ・アタ訪問となった。科学アカデミー総裁の線では農場の一隅を調査地に借り受ける手続きがなかなか進まず、受け入れ団体である平和委員会も苦慮していた。ソ連邦崩壊とカザフスタン独立という大変化の中での作業であった。その後、窓口を科学アカデミーから農業科学アカデミーへと鞍替えして調査地がやっと決まったのは一九九二年のことである。農場は、中国に源を発し、カザフスタン領内のバルハシ湖に注ぐイリ川の水を農業用水として導水し、一九七〇年代に開拓された大規模水稲栽培灌漑農地である。そこでは、五〇〇〇haの水田で米を栽培しており、正式名称は処女地二五周年ソホーズであったが、通称はベレケ・ソホーズと呼ばれていた。爾来三年間、私たちはこの農場でカザフの自然や農業、社会について調査学習を開始した。いろんな専門分野の研究者の集団である日本カザフ研究会全体の研究テーマを「中央アジア乾燥地における大規模灌漑農業の生態環境と社会経済に与える影響」とした。第一次のベレケ調査団一二名を派遣したのは一九九二年四月のことである。

〈コラム〉 名通訳者、キム・ゾンフンさん

キム・ゾンフンさんとの出会い

一九九〇年の夏、日本カザフ研究会としての最初のアルマ・アタ訪問とバルハシ湖に調査船を浮かべての最初の現地調査を実施した際、招待主のカザフ平和委員会側が準備してくれた通訳がキム・ゾンフンさんである。元気な朝鮮人が、流暢な日本語で、しかも、敬語を間違いなく駆使しながら通訳をしてくれる。この人は、どのような経歴を持ち、どこで日本語を習得したのだろうかと不思議に思いながら、バルハシ湖からアラル海への全行程をつき合ってもらった。

それから二〇年、彼の存在抜きでは、私をはじめとする日本カザフ研究会メンバーの現地調査活動はあり得なかったと言っても過言ではない。多くの研究者が、大使館もないカザフに安心して長期滞在できたのも、キムさんがいたからである。そして、彼が日本語を大事にしてくれていると同時に、日本人を大事にしてくれていることこそ、私がここに書きたいと思う理由である（図1―7）。

日本の朝鮮侵略の中で

キムさんに生年月日を尋ねると、昭和七年一月一日と返事が返ってくる。一九三二年ではなく、昭和七年なのである。現在の北朝鮮生まれのキム・ゾンフンさんは、金宗勲という名前の朝鮮人である。その彼が、中央アジアのカザフの街で、日本語の通訳をしてくれている訳が分かってくると、そこには日本の朝鮮侵略、世界大戦、朝鮮戦争による朝鮮半島の南北分断という戦争に翻弄された一人の人民の歴史がある。そして、ソ連邦が崩壊し、カザフスタン共和国の誕生の中で、遠く祖国を偲びながら、子供の頃に自分たちの民族を抑圧した敵国の言葉・日本語を教える朝鮮人、それがキムさんである。

図 1–7　はじめての出会い
（前列右がキムさんで中央が筆者）

キムさんは、朝鮮半島の西岸地方の黄海に近く、黄海道長縁郡楽道面三川という、米や粟、唐黍を栽培する農村に生まれた。お父さんは金永善さん、お母さんは崔賢玉さんで、四人の兄妹の長男である。父親は日本の早稲田大学を卒業して、小学校の先生をしていたという。もちろん、日本の統治下にあっては、本名の金永善ではなく、「まつかわえいじ」と名乗らされ、キムさんも「まつかわただお」であった。

彼が生まれた時は、すでに日本の統治下にあって、日本語を強要されていたから、日常会話は日本語で、重要な話は朝鮮語でという言葉の生活だったという。たとえば、「水を持って来い」なんていう簡単な会話は日本語で交わしていたという。しかし、キム少年は朝鮮語よりも日本語を中心に教えられていたので、一九四五年の四月に中学校に入学し、その年の八月に日本が敗戦し、朝鮮が開放されるまでは日本語教育の中に育っていた。彼が朝鮮語をほとんど喋らなかった理由は、郷里の三川里から四km離れた地郷里という村には、鉛を掘っている日本の鉱山会社の社宅があり、そこに住んでいる日本人の子供が友達だったから、日本語ばかり使っていたためだという。

キム少年は一三歳だった。それ以降、数奇な運命を経てカザフスタンに住むようになるまでの三〇年間、キムさんには日本語を使う機会はなかったという。なのに、一九八九年に私が初めて出会った時、彼は完璧な日本語で私を支えてくれた。爾来、二〇年間、私は彼を頼ってアルマティに通い、彼の支えによって、ロシア語が話せないのに、ロシア語圏で仕事ができた。そして時々、アルマティの我が安アパートで彼の半生を聞かせてもらった。

朝鮮戦争の中で

農村に住んでいたとはいえ、第二次大戦終結後の朝鮮でも、食糧難は日本と同じであったという。楽道公立国民学校から海州東公立中学校を卒業したキム青年は、一九四九年に海州教育大学へと進学する。翌年の一九五〇年六月二五日に、朝鮮戦争が始まった。筆者の私が小学校五年生の時であった。滋賀県の湖西地方に住んでいた私は、梅雨空の昼、ラジオから流れる臨時ニュースで、朝鮮での戦争勃発を聴き、小屋で藁仕事をしている父に、「また戦争が始まった」と暗い気持ちで告げた六月二五日を鮮明に記憶している。同じ日に、大学一年生だったキムさんは、陸軍士官学校で短期講習の後に、陸軍少尉となって、砲兵として前線へと出て行ったという。最初は小隊長だったが、その内に、師団の作戦部、参謀本部に配属され、師団長の副官となり、朝鮮戦争の停戦を生きて迎えるのである。

年齢は弱冠二一歳のキム青年は、師団長からソ連邦への留学を進められる。北朝鮮の金日成総書記が朝鮮戦争後、北朝鮮全土から優秀な学生五〇名を選抜し、モスクワ大学へ留学させた。

留学を志願した学生は二〇〇〇名以上もいたが、キム青年は選ばれた五〇名の一人として、一九五三年秋にモスクワに留学した。希望は化学科であったが、モスクワへの到着が遅れたために、化学科は満席となり、映画大学に席を置くことになる。ロシア語を習得しながら、映画の撮影技術やフィルム現像の化学に興味を持ったキム青年は、モスクワ大学の芸術専門部で勉学を続ける決心をし、モスクワ市内のゴーリキ撮影所の近くに住んでいた。「静かなるドン」を製作したゲラシモフや、「戦争と平和」を撮ったパンダルチュウクの下で働きながら、一九五八年に大学を卒業した。なにごともなければ、ロシア語もマスターした秀才・キム青年は北朝鮮に帰国し、ピョンヤンの大学の優秀な先生として、芸術学や映画学を教えることになったのだろう。ところが、人生とは不思議なものだと、幾度もキムさんと話しながら思う。

ソ連邦への亡命

キムさんは私と親しくなり、謝金を支払って雇う通訳と雇い主の関係から、カザフに訪ねてくる日本の親戚を迎えてくれる、カザフにおける私の代理人ともいえる存在になった。二人で冬のベレケ・ソホーズを訪ねた時のことである。仕事が終わり、雪の荒野沙漠で車を止めて休息していた。前方には、沙漠に自生する灌木・サクサウールが群生する。茶色く色づいたサクサウールに夕日の朱色が映える。ポットから熱いチャイ（お茶）を注ぎ、二人でチャイをすすりながら、キムさんの「亡命顛末記」を聞いていた。突然、キムさんが「歌おうよ」と言い出して、歌い始めたのは、東海林太郎が歌って大ヒットした「国境の町」だった。私もキムさんよりは少し若いだけであるから、この歌を知らないことはない。「橇の鈴さえ　寂しく響く　雪の曠野よ　町の灯よ　一つ山越しゃ　他国の星が　凍りつくよな国境」。唱和し、三番まで歌い終わった。彼の思い出の歌は、日本の歌謡曲であり、軍歌であり、古賀政男である。一三歳までに覚えた歌である。

一九五三年というのは、世界史的に重要な年であるが、キム・ゾンフンという一人の男にとっても忘れられない年である。ソ連ではスターリンが死去し、短期政権のマレンコフからフルシチョフへ第一書記が代わった年である。フルシチョフは、その年に開催された第二〇次共産党大会で、スターリンの個人崇拝を厳しく批判した。この影響を受けたのかも知れないが、当時、北朝鮮のモスクワ駐在大使であった李相朝は個人崇拝を強制する金日成を批判し、大使を更迭されてソ連に亡命した。この事件は大使個人の問題では終わらなかった。その大使の友人の息子がキムさんと一緒にモスクワで映画を勉強していた。金日成政府は、大使と関係のある人物すべての本国召還を始め、大使の友人の子であるというだけで、キムさんの友達を反党分子として捕まえようとした。これだけでも理不尽そのものであるのに、金日成政府は、さらに映画大学にいる朝鮮からの留学生全員（九人）をも反党分子だとして本国に連れ戻し、強制労働による思想教育を施そうとした。卒業間近のキムさんらは激しく抵抗し、北朝鮮の大使や特高警察と渡り合う内に、金日成批判の手紙をソ連共産党と北朝鮮共産党に送り、個人崇拝や金日成の経歴詐称までをも批判したという。

かくして全面対決となり、キムさんらは大学を追われ、モスクワ近郊の小さな村に隠れ住むことになった。冬ならまったく不可能であるが、時は八月で、森の中でテントを張り、共同生活をしながら、政治亡命を求める手紙をソ連共産党・フルシチョフ宛に送った。その結果、ソ連共産党は次のような決定をした。同じ社会主義国家であるソ連と北朝鮮との間に、亡命というのは存在しえないから、亡命を認めることはできない。しかし、フルシチョフ第一書記の最大の政治主張はスターリンへの個人崇拝批判であり、金日成への個人崇拝を批判したが故に北朝鮮に追われている人民を北朝鮮に強制送還すれば、フルシチョフの政策は齟齬を来す。そこで、ソ連共産党はキムさんらに、政治亡命は認められないが、無国籍国民としてソ連で住むことを認めるという決定を下した。

北朝鮮への送還は阻止できたが、きびしい生活が始まった。生きて行くためには働かなければならないが、無国籍であるから、指定された街から外に出るときには官憲の許可が必要であり、行く先々で届け出る必要がある。届けを怠ったことを口実に多額の罰金を取られたり、賄賂を要求されるなど、極めて過酷な状況の中で、キムさんは記録映画のカメラマンの仕事にありつき、ムルマンスク、ウラルやエカテリンブルグなどを渡り歩きながら、ニュース映画を撮り続ける。時には劇映画の撮影もしながら、無国籍のキム・ゾンフンとして生き抜いた。

ある時、カザフスタンのアルマ・アタに住んでいた亡命仲間に呼ばれて、アルマ・アタにやってきた。いままで過ごした地方はロシアの中央部から北部地方であったから、南の地方のアルマ・アタは暖かく、朝鮮人も沢山住んでおり、市場にはキムチも米も味噌も売っている。すっかり気に入ったキム青年は一九六七年からここに住むことにした。まもなく、ロシア人の女性と結婚し、一九八〇年に国籍を得た。

キムさんに、無国籍時代の話を聞くと、際限なく、苦しかった出来事が口を突いて出てくる。たとえば、「一九八〇年に、ソ連のパスポートが取れた。その日以前は、無国籍国民として、とっても、あの何というか、冷たい、何というか、どこへ行っても、スパイ扱いをされてね、いや、誰も相手にしてくれないし」と言う風に。

しかし、朝鮮人社会があるアルマ・アタで昔の仲間に会い、結婚もしたキム青年は、爾来、アルマ・アタの映画撮影所や放送局の仕事、朝鮮人社会に向けた朝鮮新聞社の記者になり、ソ連の記者同盟にも加入できるようになった。それでも苦しい生活だったから、化学が得意分野だったから、日本の化学技術関係の論文の翻訳をして生活費を稼いでいたという。そして、ソ連邦が崩壊し、カザフスタンが独立し、カザフの初代大統領となったナザルバエフの経済顧問に就任したカリフォルニア大学のベン博士の通訳として活躍する。この頃に、私はキムさんと初めて出会った（図1—8）。

図 1–8　アルマ・アタのキムチ売り場

カザフスタン独立と日本語教育始まる

私がアラル海の仕事を始めたのは、一九九〇年からである。当時のカザフ側の窓口はカザフ平和委員会（委員長が作家同盟の委員長でもあったアリムジャーノフさん）で、平和委員会との会合で通訳をしてくれていたのがキムさんだった。公式にはそのような関係であったが、人の良さと、日本人へのやさしさから、いつの間にか、私の専属通訳兼カザフの代理人になり、我々の日本カザフ研究会の現地駐在員のようになり、何事も、キムさん、キムさんと頼っていった。とくに、一人でアルマ・アタに入った場合、朝から晩まで面倒をみてもらい、私がロシア語ができないのは、キムさんの面倒見のよさが原因だと笑い合う。通訳としても、ずいぶんと助けてくれた。ある時、私の言ったこととは違う翻訳をしたと気付いた。そこで、ちゃんと通訳してくれるように小声で言うと、「あんな言い方ではカザフ人には通じないよ。だから、こういう風に言った」という。私は一言、ありがとうと返事した。

カザフが独立すると、いくつもの私立大学が誕生した。国際ジャーナリスト大学もそのひとつで、ここに日本語学科ができ、キムさんは日本語教育の責任教授として赴任した。私も時々この教室に行き、日本のことなどを話させてもらったものである。この学科から何人もの、日本語を話せる若者が卒業した。カザフで日本語を話せる若者の半分はキムさんの教え子だろう。

彼の教育方法の一つを紹介しよう。一行三〇文字で四、五行の日本語の文章を、毎日二〇回ノートに書いてくる宿題を課していた。それをキム先生はしっかりとチェックし、間違いを学生に教えることを毎日繰り返していた。だから、私が京都大学で教えていた学生よりも、カザフの日本語学科の学生の方が、はるかに難しい字をきっちりと楷書で書いていた。

このようにして、日本語を勉強した学生が輩出されたが、日本語がしゃべれてもなかなか就職口がない。カザフが独立してから、日本の主立った商社がこのアルマティに支社を開いたが、そこで雇用するカザフ人は、日本語ではなく、英語を話せることを条件にしていた。だから、日本語学科卒では就職がむずかしく、日本語学科は人気がなくなり、閉鎖されていった。キムさんは、今では一校で教えているだけである。

朝鮮への思い

ここでキムさんの故郷への思いや北朝鮮や韓国への思いを書くには、私の文章力は遠く及ばない。朝鮮新聞社の記者となった頃から、北朝鮮へは無理であるが、韓国への渡航をキムさんは模索しだす。特に、ソウルでオリンピックが開催された一九八八年は、ゴルバチョフの時代に入り、グラスノスチ（情報公開）やペレストロイカ（再構築）が政策の柱となり、海外への門戸が開きだした頃であった。ソ連邦の記者団の一員として韓国行きを願ったが、無国籍時代の記録などから、ソウルでキムさんが逃げ出してはと危惧したソ連政府／KGBは渡航許可を出さなかった。

一九九〇年になって、新聞記者と一緒にソウルを訪問し、ソウルにいる母方の従兄弟と会うことができたという。その後、韓国の医者のカザフ支援プロジェクトの手助けや、難病の子供の韓国内での治療の手助けなどで韓国訪問が実現した。しかし、故郷は三八度線の北にあり、キムさんには見えない。

その後、日本語通訳の仕事で日本にも来るようになった。通訳の仕事の合間を縫って、京都の我が家にも泊まりにきてくれた。彼の教え子が何人も日本に来て、活躍しており、その内の一人が、九州の大学で大学院修士課程を終え、二〇〇九年の四月から京都大学大学院の博士課程に入学する。

日本の不当な侵略統治下で覚えたというよりも、否応なく覚えさせられた日本語から始まったキムさんの言葉は、朝鮮語と日本語とロシア語が複雑に絡まった彼の人生そのものである。日本を恨んで当然の彼の人生なのに、彼はいつも言う。「だから、結局、時代をそう見ては駄目ですよ。君は、その時悪いことをしたから、今も悪い人だと、そう思う。そりゃ駄目、そんな立場で、何にも出来ない」と。

私がアルマティに出向く時、彼へのお土産は、北朝鮮に関する本か、彼の青春の歌である古賀政男や東海林太郎や軍歌のCDである。彼の自宅に招かれ、おいしい食事をいただき、いつものように、「歌おうよ」と始まるキムの青春の歌に付き合う。日本で歌おうものなら、ひんしゅ

図 1–9　カザフの花嫁とキムさん（左）

くを買う曲目だが、キムさんとなら懐メロと許されるだろうと私も歌う。その夜の歌は、西條八十作詞、古賀政男作曲の「誰か故郷を想わざる」であった。一番の歌詞は『花摘む野辺に日は落ちて、みんなで肩を組みながら、唄をうたった帰りみち、幼馴染のあの友この友、ああ誰か故郷を想わざる』で、二番は『ひとりの姉が嫁ぐ夜に、小川の岸でさみしさに、泣いた涙のなつかしさ、幼馴染のあの山この川、ああ誰か故郷を想わざる』である。読者諸氏には「?」の歌謡曲かもしれないが、大声で、手を振りながら歌うキムさんと唱和する私。歌い終わったときに涙ぐむのは私の方だけで、キムさんの目はいっそうやさしくなるのである（**図1—9**）。

第2章

カザフの自然

一　いよいよカザフへ

1　ベレケ・ソホーズへ

カザフスタン共和国の国土面積は日本の七倍もある。気象や景観によって国土は大きく三つに区分できる。北部は降水量が三〇〇から四〇〇㎜ある平原で、小麦を栽培するシベリア的風景の穀倉地帯である。中央部は降水量が二〇〇㎜以下の沙漠地帯で、かつては遊牧の民の地であった。いまでも羊を中心とする家畜とともに生きている人々の地である。南部は天山山脈の山麓地帯で、高山帯からの豊かな水が緑を養い、果樹や野菜や小麦などが栽培され、農耕地に適さない草原には牛や羊が放される世界である。当時の首都のアルマ・アタはこの山麓にあり、年間降水量は六〇〇㎜で、年間平均気温が九度という快適な気候である。

私たちは、いくつかの航空路でアルマ・アタに辿り着く。どのコースもなかなかきびしいものがあったが、途中のきびしさよりもアルマ・アタ空港に到着し、飛行機のエンジンが停止し、タラップを降りて、バスに乗せられて外国人待合室に行き、入国手続きと機内預け荷物を受け取り、出迎えの人に会うまでの二〜三時間に比べれば、一〇時間ほどのフライト中の機内のしんどさなどはレベルの低いものである。一九九〇年代半ばまでのアエロフロートでは、乗客は乗っていただいているお客ではなく、乗せてもらっている存在であった。だから、空港に到着し、エンジンが停止したのち、まず最初に機外に降りるのは機長などの乗務員であり、乗客はなぜか機内に一時間も閉じ込められることなど珍しくなかった。やっとタラップを降り、並んで待つこと一時間以上の入国手続きを終えて、山と積まれたスーツケースなどの機内預けの荷物群から我が荷物を発見するまでに有に一時間を要した。

通関がまたまた大変な仕事となる。スーツケースを開けさせせられるのは仕方がないが、すべての紙幣を勘定させせられる。例えば、八五二五ドルを持っていると申告書に記載して、係官の前で紙幣をすべて勘定して、不運なことに一二ドル多かったとすると、まず一二ドルは没収され、その上に虚偽の申告をしたという言いがかりで一〇〇ドル紙幣を一枚は取られる始末である。もちろんこちらが差し出すのではなく、向こうが抜いて行く。このピンハネや強制ワイロを拒否するのにいかに多くのエネルギーを二〇世紀の間は費やしたか。二〇世紀の終わり頃なると、各国の大使館がカザフにでき、外国人の出入国が多くなって、カザフ政府にクレームが殺到した結果、大統領命令が発動されたようで、出入国手続きは大いに改善された。それまでは、二〇代の空港税関係官が自宅を新築したと評判になっていたほどである。

アルマ・アタ市街の南側には標高四〇〇〇から五〇〇〇mの高山帯が衝立てのように聳え、急勾配の車道を走って三五〇〇mくらいまで登れば氷河の末端に手をかざすことができる。逆に走って北方へ直線距離で五〇km も行けば、植生は急激に貧弱になって、年間降水量が二〇〇mm以下の沙漠の地となる。このような自然景観の中を流れ下るイリ川は天山山脈の中国領に源を発し、中国とカザフスタンの国境を横切って西へと流れ下り、沙漠の中の湖であるバルハシ湖に注ぐ。その下流域に、我々が第一段階の調査地として選定したベレケ・ソホーズがある（図2―1）。

図 2–1　ベレケ・ソホーズの位置

図 2–2　イリ川からの農業用水取水口

年間降水量が一三〇mmの緩やかな丘陵沙漠にはアカザ科の草本類がまばらに生えている。このような沙漠地帯をバルハシ湖に向かって流れるイリ川の右岸が割かれて水門が造られ、そこから沙漠の中に農業用水を流す運河が掘削され、地平線まで延びている。主運河からいくつもの支線が分かれ、その先に灌漑農地がある。イリ川流域の灌漑農地は水稲を栽培しており、もっとも早くに開拓された村であるバクバクティは一九三〇年代である。

そこからイリ川下流域に展開するソホーズ群は一九七〇年代に開拓されたものが多い。調査地と決めて、一九九二年から一九九五年まで多くの研究者が調査研究を続けたベレケ・ソホーズは一九七一年に開かれた大規模灌漑農場である。我々がここを選定した理由は二つある。一つは水稲栽培が中心であり、日本人の農学研究者には理解しやすい作物で、日本の水田との比較研究が出来ると考えたからである。もう一つは、大都市のアルマ・アタから二五〇kmの距離にあり、強行すれば日帰りも可能であるから、問題が発生しても農業科学アカデミーや平和委員会との連絡が取りやすい位置にあるからだった（図2―2）。

2 ベレケ・ソホーズの概略

ベレケ・ソホーズでは、集落を中心にして、周辺の沙漠に農業用水路と排水路が編み目状を呈し、水田が広がる。集落の広さは三五haほどで、十字に走る幹線道路と街路でできた碁盤目状の村には、

図 2–3　ベレケ・ソホーズ全景

住宅、幼稚園、小学校、文化会館、地区役所、宿泊所、診療所、公衆浴場（サウナ）、商店、縫製所、給水施設、農業機械車庫、農機具修理工場、穀物集積倉庫、畜舎などがある。一九九二年の最初の滞在から一九九四年頃まではこれらの施設はそれなりに利用され、維持されていたが、市場経済化による経済混乱の中で、公共施設は順次閉鎖されるか、縮小されて行った。独立当初はすべての施設がきっちりと管理運営されており、たとえば、一日置きに利用できる村のサウナは我々にはありがたい存在であった。

　村の住人はほとんどがカザフ人で、世帯数は三四八、総人口は一六六九人（一九九二年）であったから一世帯当たり五人前後で、多い家族でも七―八人である。年齢構成をみると、中学生以下の児童が全人口の四四％、六五歳以上が五・八％を占めており、極めて健全な人口構成であった。ほとんどの成人がベレケ・ソホーズの労働者で、農業に従事していた。農業以外では、学校の先生や医療従事者などで、当然のこととして村人全員が村内で働いている。我々の調査団員は村の宿泊施設でお世話になり、村の主婦が賄いに当たってくれた（図2―3）。

ベレケが占有する土地面積は一万五四六二haで、その内、耕地面積は五一七二haと広く、一七・五km×一二・五kmの平地に、住居地区を取り囲むように農地が広がっていた。農地の一区画は二haで、図に示すように、升目状に整然と配置されている。その間を農業用水路と排水路がある。用水路はもちろんイリ川からの運河に繋がっている。排水路はイリ川方向に掘られているが、農業排水がイリ川に到着することはなく、多くの水は沙漠の土中に吸い取られて消えていく。河川から取水した農業用水が農地を経て再び水源の河へと戻っていくことはない。これが沙漠の農業用水の運命であり、アラル海の急激な干上がりの理由でもある（図2―4）。

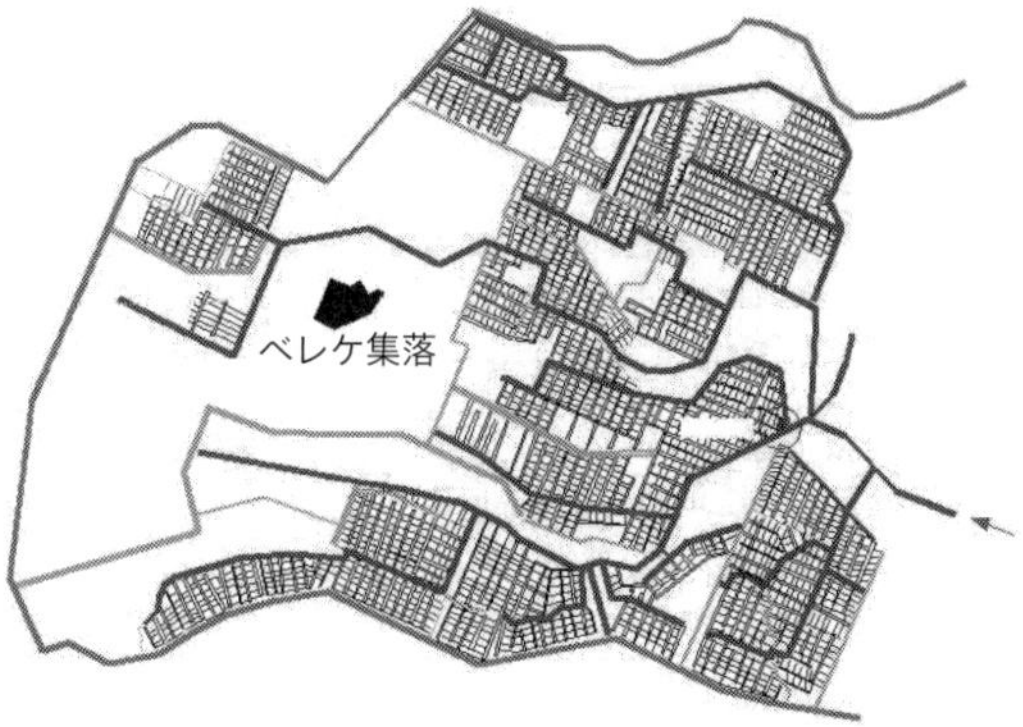

図2–4　ベレケ・ソホーズ農地配置図

このベレケ・ソホーズは一九七一年に開設された。ソホーズへの入村者は近隣のソホーズやコルホーズから応募してきたカザフ人であり、彼らは農業経験よりも牧畜を得意としてきた人々であったから、開設当初は朝鮮人が入植させられ、水稲栽培技術の指導を担当していた。そして、水稲栽培が軌道に乗ると、朝鮮人はこの村から出されて、次の開拓地へと移住させられたようである。カザフスタンで米を栽培している地域はこのイリ川流域と西方のシルダリア流域のクジルオルダ地域の二カ所であるが、いずれの地域とも朝鮮人の人口が多く、水稲栽培技術を持っていた朝鮮人が配置させられたからであろう。

五一七二haもの広大な農地では、水稲を主作物として、大麦と牧草（アルファルファ）を栽培する輪作体系を形成している。水稲を二年栽培したあと、大麦と牧草栽培へと移り、一年の休耕のあとに水稲栽培に戻るという輪作体系のもとで五〇〇〇haが管理されている。ベレケは水稲栽培農場であるが、牧草も重要な作物である。カザフは牧畜の国であり、ソ連邦が成立後の一九二〇年にスターリンによって実施された定住化政策以前は遊牧の国であった。中国のパオ、モンゴルのゲルと同じ移動式家屋をユルタと呼び、草と水を求めて羊を馬で追う遊牧生活していた。今でも家畜を飼うことは生活の重要な部分であり、一世帯に数頭の羊と一—二頭の牛を飼っている。その家畜の冬場のエサになる牧草は欠かせない作物である。

水稲栽培は種籾の直播で始まる。日本の五月の連休の頃が播種シーズンで、耕した乾いた水田表面に、トラックの後ろに付けた播種機（図2—5）で種籾を蒔く。後は運河から農業用水を引き入れて植え付け作業は終了する。日本のように苗を植えることはない。イリ川から運河によって導水された水がそれぞれの農場への支線に分けられて導かれて行く。運河も用水路も素掘りの水路であり、冬の間は導水していないから、運河も支線もカラカラに乾いており、水を引き入れてもなかなか流れの先端は進んで来ない。乾いた川床と地下を潤してようやく前に進めるのである。ゆっくり

ゆっくりと流れ進んでくる流水の先端には川に生息していた魚が固まりとなって移動してくる。これを捕まえようと子供たちが待ち構える。カメラを構え、水の進みを撮影していた私の足下の地中からカエルが顔を出し、世間の様子をうかがいながら地上に這い出してくる。用水路を流れ近づいてくる水の先端はまだここまで来ていないが、地下に潜った水は地表の流れよりも先を進んでいるのだろう。冬の間、川床の地中で冬眠していたカエルはきっと地中の水に濡れたのか、それとも水の近づきを感じたのか、いずれにしても春の到来、冬眠の終わりを感じて地上へと出てきたのだろう。短い春から、長くきびしい暑さの夏を経て、イネは育ち、九月半ばの収穫までを一気に駆け抜ける。

図 2–5　播種機

(1) ベレケ村の生活

カザフ人が何語を主に話すのかさえ知らないで飛び込んだベレケ村の滞在は、この国での立ち居振る舞いをどうするべきかを教えてくれる毎日であった。独立直後のカザフの公用語はまだロシア語で、アルマ・アタなどの都会ではロシア語が主流であるが、ベレケのような田舎村ではロシア語も通じるが、カザフ語が日常語である。この言語事情は今も変わらず、現在の公用語はカザフ語とされ、ロシア語は民族間交流語との位置づけになった。カザフスタン国内に居住する人々の民族数は一三〇にもなると言われている。一九九〇年当初のカザフスタン人口比率を多い順に見ると、カザフ人（四〇％）、ロシア人（三七％）、ドイツ人（六％）、ウクライナ人（五％）、ウズベク人（二％）、タタール人（一・五％）、ウイグル人（一・四％）の順で、ついで朝鮮人が〇・七％であった。北部カザフではロシア人の比率が高くなり、中央部から南部カザフではカザフ人の比率が高くなる。ベレケのような沙漠の村ではほとんどがカザフ人で、数名とか数世帯のロシア人やドイツ人がいる村がある程度だから、ここで使用される言語はカザフ語である。当時の我々の通訳として行動をともにしてくれたのはカザフ語、ロシア語と英語が話せるカザフ人の若き土壌学者であった。

村の朝は早い。いちばん早く動きだすのはもちろん家畜たちである。六時には村の家畜集合場所に集まらなければその日の食事にありつけない。家々から羊や牛がお婆さんか子供に追われて集まってくる。全員集合が終わると馬に乗った牧童（チャバン）が羊の群れと牛の群れをつれて今日の餌場の沙漠へと移動していく。沙漠と言ってもいろんな景観を呈し、砂沙漠ではなく、乾燥に強い草木類が生える荒野である。そこで彼らは終日草を食んでいる。

午前八時になると農民のミーティングが職種に分かれて始まる。屋内もあるが道端での集まりもあり、今日一日の作業内容を責任者から伝えられ、作業現場へと出かけて行く。ベレケ村の農地は大きく三つに区分され、それぞれを一つの生産大隊（ブリガード）が分担している。農業の技術責任者は村に一人おり、これとは別に農業用水管理者が一人居て、村の議長の指揮の下で働いている。

このミーティングが終わる頃には、白いカッターシャツに上下黒の制服姿の子供たちが登校し始める。女の子は白い大きなリボンで髪を飾るのが一番のオシャレである。一一年制の義務教育は午前と午後の二部制である。男は農場に、子供は学校に出かけると村の中は主婦と年寄りの世界となる。家の周りにはポプラが植えられ、乾いた風にかさかさと葉音がなる中で、洗濯が始まる。昼過ぎに午前の部の生徒が帰宅し、午後の部の生徒が登校していく。

夕方六時、村の入り口に羊や牛の群れが沙漠の餌場から帰ってくる。出発時間も一定なら、帰着時間も定まっている。学校から帰った子供や老人が自分の家畜を迎えに行き、連れ立って帰って行く。故あって出迎えのない羊たちは、自分たちだけで自宅の門まで帰り着き、ご主人が柵を開けてくれるのを鳴き声で合図しながら待っている。その頃には、夕食の準備の煙が民家の庭から立ち昇る。夏の日没は午後九時以降であるから、ゆったりと平和な時間が過ぎて行く。日中には四〇度を超す気温の日でも、日没を過ぎれば二五度以下になる。六月から九月中旬まで真夏日は毎日のことであるが、熱帯夜はまずない。地平線に太陽が沈み、夕焼けが終わると満天の星空と涼しい夜が一日の疲れを癒してくれる。沙漠の村は過ごしやすい。

(2) 村の食生活

ソ連邦崩壊前後のカザフには三四〇〇万頭の羊がおり、大都会以外では羊と人が共に暮らす国であった。ベレケ村でも、羊は各家の財産でもあり、食料でもある。カザフ人の主食は何かと訊ねられたら、羊肉のようでもあると答えるのがよいのかもしれない。イネを栽培しているソホーズだからと言って主食が米ではない。小麦で作ったパン（ナン）が主食であるが、それ以外の食卓に並ぶ料理が想像できない。我々の宿舎の料理は村の主婦が作ってくれていたが、やはり日本人向けにずいぶんと工夫をしてくれているようである。味付けはほとんど塩のみの料理が多く、水の塩分量とともに料理に含まれる塩分が気になった。

村人の食事を知るために保健婦である調査団員の一人が料理人の女性宅に通い、食事を共にさせてもらうことにした。男性が訪問するとどうしても接待料理になってしまうが、村のおばさんと女性なら日常を披露してくれるだろうと目論んだのである。かくして、二日間の食事内容が記録され、カザフ人の食事の一端をみることができた。朝食は簡単な内容で、主食の黒パンに酸っぱい牛乳かヨーグルトである。それ以外に、炒った麦や粟、バター、ビスケットやキャラメルがいつも並べられている。食事時には牛乳を少しまぜたチャイ（紅茶）を何杯も飲む。一二時の昼食と一九時の夕食には、朝食にもう一品のメインディッシュが加わる。昼食にはパスタと肉の炒め煮かジャガイモと肉の煮物が、夕食にはマンティ（肉まん）やコメと肉の煮物などが出された。その他に、お客用として作ってくれたと思われるピロシキやタバナン（麦粉を練って発酵させてから蒸し焼きにした厚みのあるパンで、なかなかの美味）なども出たようである。二日間の食事をまとめてみると、主食がパンでありながら、メインディッシュも炭水化物の多い食品であり、予想に反して肉類が少なかった。栄養学的にみると、穀類を全粒で使用したり、乳製品を効果的に摂るなどして、各種の栄養素は十分に含まれていると思われるが、野菜類が少なく、ビタミンCの不足が心配されるというのが全般としての感想であった。

　農家の裏庭が家庭菜園になっている家も多くあったが葉っぱものを作っているようでもなく、都会の市場（バザール）では葉っぱものもたくさん売られていたが、食卓ではタマネギとキュウリとトマトのサラダくらいしかお目にかかれなかった（図2―6）。

図2–6　ベレケ住民の食卓

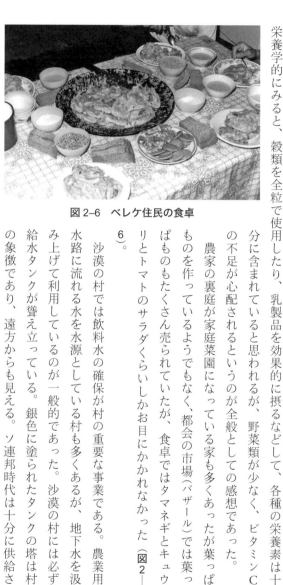

　沙漠の村では飲料水の確保が村の重要な事業である。農業用水路に流れる水を水源としている村も多くあるが、地下水を汲み上げて利用しているのが一般的であった。沙漠の村には必ず給水タンクが聳え立っている。銀色に塗られたタンクの塔は村の象徴であり、遠方からも見える。ソ連邦時代は十分に供給さ

れる電力を使って、六〇~七〇mの地下からくみ上げた水をこのタンクに蓄え、村の中に張りめぐらされたパイプによって各家庭に供給された。ベレケの飲料水はカザフの沙漠の村としては良質の部類であった。

塩分濃度の高い水ではコーヒーを煎れてもコーヒーの味がしない。一年三六五日、朝食前にコーヒーをいれないと気の済まない身にとっては良質の水がないのは寂しいかぎりである。一九九二年当時は炭酸入りの水は売っていたが、アルマティでも炭酸抜きの水は売っていなかったから、沙漠の村としては良質の水とはいえ、含まれる塩分は日本の水の五倍近くはあるベレケの飲料水に頼る以外に手がなかった。調査が終わり、アルマティ市の宿舎に戻り、アルマティの水道水で煎れたコーヒーのおいしかったことが忘れられない。

二　カザフの自然

1　ベレケでの調査

ベレケでの自然科学系の調査は幅広い分野にわたって展開しはじめた。水文気象班は水田や沙漠にテントを張り、気象観測と地面からの水分蒸発の様子を追いかけ、土壌班は土質や化学成分の分析を、水質班はイリ川水系の水質とプランクトンの分析を、灌漑班はソホーズでの灌漑システムと農業用水の必要量の分析を、植生班は沙漠に自生する植物の採集と分類を手がけていた。社会班はベレケ・ソホーズの水稲栽培管理システムを、医療班は村の保健医療の実態と村人の食生活を記録し始めた。それぞれの調査成果については、日本カザフ研究会調査報告書（一—一三号、1993-2007）をお読み願いたい。

ベレケ・ソホーズの最高責任者である議長のアマンゲルディさんは冗談好きの働き者で、我々の調査に大いに協力してくれ、村人と我々の距離を縮める役割を果たしてくれた。しかし、社会主義国のソ連邦崩壊とカザフの独立から開放社会への変化を認めたくない心情の村民も中にはいる。つい先日まで敵対国だった西側の日本人への反発を秘めながら我々を見つめている人が存在しても不思議ではない。

そんなある日、ちょっとした騒動が発生した。議長のアマンゲルディの秘書が私のところに駆け込んで来て、村で問題が発生したから、至急役所まで来てほしいと伝えてきた。この滞在中の通訳はキムさんで、二人で役所の二階に上がって行くと、議長を中央にして副議長や村の顔役が難しい顔を並べている。議長が切り出した。「ある村民が言うには、日本人が村の子供にお菓子を与え、それに群がっている子供たちの写真を撮って、ベレケの村人を侮辱した。そのように我々を侮辱するなら、即刻村から出て行ってくれ」と。何を言われているのかしばらくは分からなかったが、医療班が聞き取り調査の際に、お婆さんや孫にお菓子を渡して一緒に食べたようである。そして、同じ時間帯に写真班が村の人物や風景を撮影していた。この二つの事象が合わさって、日本人が村人を侮辱したとの物語ができあがったようである。

否定し、弁明してもなかなか埒が明かない。そこで、「そこまで我々を疑うなら写真班が撮影したフィルムを持って来る」と宣言して、宿舎に帰り、フィルムを一本持って役所に戻った。待っていた面々の前で、「皆さんに誤解されては今後の調査ができないから、このフィルムには学術上の貴重な記録が映っているがボツにする」と言ってから、フィルムを引っ張り出し、露光させ、議長に渡し、「これでよいか」と訊ねると、議長は「これで終わりだ」と全員に解散を命令した。小さな出来事はこれで終わり、翌日からは何の問題もなく調査が継続できた。日本人に対する悪意なのか、単なる誤解なのか分からなかったが、村の中での立ち居振る舞いをより注意深くするきっかけになった事件であった。もちろん、露光させたフィルムは新品の未撮影のものである。

大波小波を受けながらも、ベレケ・ソホーズを舞台にしてカザフスタンの自然環境と社会環境の大枠を把握していく我々の作業は順調に進んで行った。しかし、カザフスタンの農村は夏の酷暑、冬の厳寒よりもきびしい社会経済状況に直面するのである。沙漠の水田地帯で独自の輪作体系を開発しながら、大規模な灌漑農業を展開してきたが、ソ連邦の崩壊によって独立国となり、社会主義経済から市場経済の真っただ中に放り込まれ、如何に生き残るかの苦闘の時代に入って行く。独立直後の一九九四年まではソ連邦時代の財産を食いつぶして生き延びられたが、大型農業機械の老朽化や農薬や化学肥料の入手困難から農業継続が危うくなりはじめてきた。

2　カザフの気象

内陸のカザフスタンの季節は、冬と夏が長く、春と秋が短いとは知っていたが、どのような暑さ寒さを伴ってやってくるのかも知らないまま当初の調査は始まった。水文気象班の研究者は京大農学部の林学科に所属する若手の院生である。沙漠に自生する灌木のサクサウールがまばらに生える荒れ地に小型の気象観測機器を持ち込み、テントを張って、気象観測と水分の蒸発散の連続観測を実施し始めたのは六月の末である。

ベレケは日本の北海道宗谷岬に相当する緯度にあり、この頃の日照時間は長く、日の出は午前六時頃とそれほど早くないが、日没は午後一〇時過ぎである。夜明けの気温は一八度で、日の出とともに上昇し、日中は三八度を越えてくる。それに対して、湿度は逆の傾向を呈して、日の出の頃には九〇％ほどであるが、日が昇るに連れて低下し、昼間は二〇％程度となる。体温を超える暑さの中でも耐えていられるのは、この湿度の低さのお陰で、七月、八月には沙漠の中では四五度を超えることも稀ではないが、湿度の低さに救われる。我が住まいのある京都はどうかといえば、体温を超える三八度の高温下で、湿度が八〇％以上もある。これに比べれば沙漠の酷暑は楽なものである。そう言えば、大学院生の頃に、大学生協の食事で京都の夏と冬を乗り越えられれば世界の何処でで

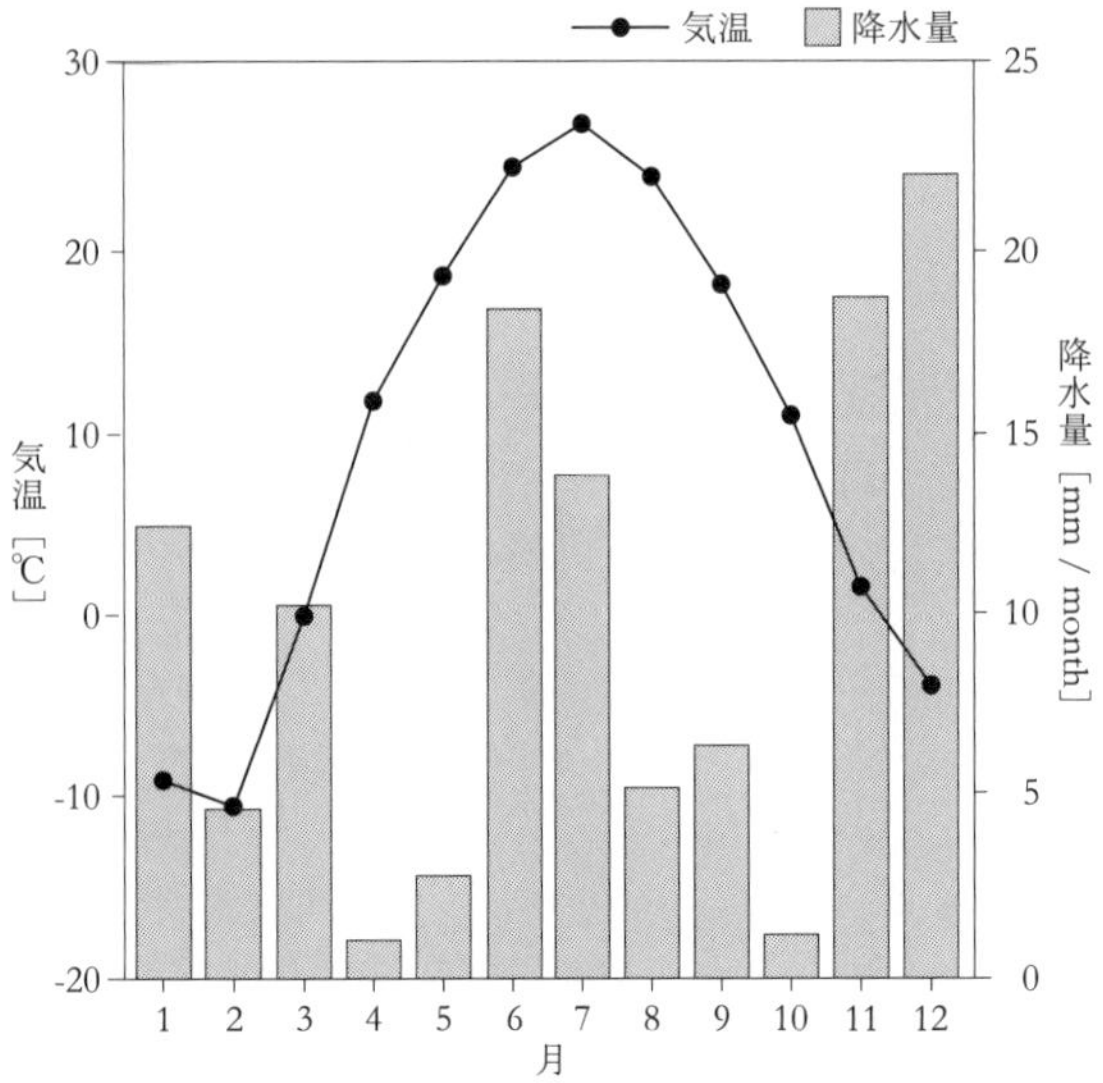

図 2–7　バカナス地区の気象

も生き残れると仲間うちで慰めあった。

ベレケ村のあるバカナス地区の月別平均気温と降水量を示す（図2―7）。カザフスタンの中でもこの地区は南方にあるので、夏の暑さはきびしいほうであるが、冬の寒さは穏やかである。年間の降水量は一〇〇mm程度で、図から分かるように冬と春さきに降る雪や雨がその大部分を占めている典型的な沙漠気候である。真夏だから毎日が猛暑、酷暑の連続かというとそうではない。時として、真夏に北方から寒気が南下してくる。

一九九二年七月もそうであった。まだまだカザフの日々の気象を判断できない頃であった。調査団全員がフィールドでの仕事をしていた時のことである。前日までは日中の気温は三八度を優に超えるほどの猛暑であった。それだから朝の曇り空も昼には透き通る青空と高温になるだろうと思って田圃に出かけた。午前一〇時を過ぎても気温は上昇せず、昼に近づいても気温は一七度のままである。服装はといえば、前日と同じく三八度越えを想定してのTシャツだけである。土壌試料採取のための穴掘りで体温を高める者もおり、この日は土壌班の仕事は捗ったようである。農業用水路の魚釣りと決め込んでいた連中は対処のしようもなく、ひたすら寒いを連発していた。昼食を取りに宿舎に戻る頃には疲労困憊で、がたがたとふるえながら迎えの車に乗り込んだが、時はすでに遅く、午後から夜にかけて数人が下痢と発熱に苦しむこととなった。

カザフの農民はと言えばこの突然の寒さにも平気である。大抵の男はどこに行くにも、いつでも皮ジャンパーを着るか、ぶら下げており、これが大陸気候の中での気象の急変への最良の対応策なのである。しかし、人は対応できたとしても農作物はきびしい状況に置かれることになる。七月はベレケの稲も開花期を迎えるころで、そんな時に、最高気温が一七度では冷害発生となり、不作の原因ともなる。カザフの米の収穫量は日本の五割程度で、その理由はいろいろとあるだろうが、この突然の低温襲来も一因であろう。また、秋の収穫時期に寒波や降雪が予想外に早くくることがあり、収穫作業が終わらない内に真冬の到来となれば収量は激減する。カザフの稲作りの難しさを知らされた真夏の寒波であった。

3　イリ川の水とバルハシ湖の水

中国から流下するイリ川は、カザフ領内に入るとまもなく平坦な沙漠をバルハシ湖に流れ込んで長い旅を終える。イリ川はもとより、アラル海に流れ込んでいるシルダリアやアムダリアの河川水の水質上の特徴はといえば、pHが八・〇以上とアルカリ性の高い値を示すことと主要カチオン濃度*が高いことである。一九九三年の我々の調査結果をみると、イリ川の流水のpHは八・〇六〜八・五六の値を示し、バルハシ湖内の湖水では八・四三〜九・三〇と高いアルカリ性を示している。また、水に含まれるカチオンの濃度（mg当量／ℓ）をみると、イリ川ではカルシウムが二・五二〜二・八〇、マグネシウム三・一四〜三・二七、ナトリウム一・三六〜一・五一、カリウム〇・〇七〜〇・二五である。それに対してバルハシ湖ではカルシウムが一・一四〜二・〇九、マグネシウム六・七五〜一七・八、ナトリウム一〇・一〜三八・四、カリウム〇・三八〜二・三三となり、流入水と湖水の成分濃度に大きな差異があることが判明した。流水のpHが酸性の琵琶湖淀川流域で環境問題に取り組んで来た身には塩分濃度の高く、アルカリ性の水系ではどのようなことが生じるのだろうと興味が大いに沸いてくる。

　イリ川とバルハシ湖の水中のカルシウム濃度の異なることに関心を寄せた調査団水班の院生は数度のイリ川とアラル海流域の調査を続けて博士論文にまで仕上げた。連綿としてイリ川からバルハシ湖に運ばれるカルシウムはバルハシ湖内で蓄積されるが、湖水中に溶解している濃度は上昇せず、一定の濃度を保っている。ということは、何らかの除去機構が働き、例えば湖底の泥の中に不溶性の物質となって蓄積することによって、水中のカルシウムの濃度が上昇しないと考えられる。そして、種々の環境要因や水質を多角的に分析した結果、イリ川からバルハシ湖に流入した水に含まれるカルシウム成分は方解石となって湖底の底質に沈殿すると結論した。カルシウム以外のカチオン成分の除去機構についてはまだまだ謎のままであるが、流入する塩分によって湖水の塩分濃度が上昇することなく一定の値を示し、バルハシ湖は存在し続けている。それに反して、流入する水量が激減し続けているアラル海では、湖水の塩分濃度は日々上昇し、一九八〇年代までに多くの魚介類が絶滅した。アラル海ではどのようなメカニズムで塩分濃度がかつては一定に保たれていたのだろうか。今日も干上がりを続けるアラル海に早く行きたいと思っていたものである。

＊　主要カチオン濃度とは：カチオンとは陽イオンとも正イオンとも呼ばれ、原子核の陽子の数よりも電子の数が少ないために、正に荷電しているイオンのことである。水に含まれる主なカチオンとしては、ナトリウム、カルシウム、マグネシウムなどがある。

バルハシ湖の北岸にバルハシ市がある。旧ソ連邦内でも有数の産出量と質の高さを誇る銅山と精錬工場がある（図2—8）。工場周辺の沙漠には鉱滓がボタ山台地となって積まれており、乾燥した沙漠の風に銅や亜鉛を含んだ砂塵が飛散、工場排水はバルハシ湖へと放出されている。一九九〇年に調査船を出し、バルハシ湖西部流域で、水と泥の試料を採取し、含まれる重金属を定量分析して驚いた。泥の中の銅含有率が二五〇〇ppmを越えているが、水中の濃度は低い。日本の環境ならば、泥にこれほどまで含まれているならば、水での含有濃度も高くなるが、アルカリ性のカザフの湖水では重金属は泥の中に含まれたままで、水に溶け出すことは少ない。こんな調査結果を得ながらカザフの自然特性を理解する端緒に我々も立てたようである。かくして、調査団は日々新鮮な発見と驚きを繰り返しながらアラル海調査への基礎訓練を続けた。

図 2–8　バルハシ湖岸の銅精錬工場

4　沙漠のＫＧＢ

ベレケはカザフスタン共和国アルマ・アタ州バカナス郡の一村であり、郡庁所在地のバクバクティからは一五〇㎞離れている。例の写真事件が一段落し、調査団の仕事もそれぞれの専門別の班単位で進められる状況ができあがってきた。そうなれば、団長たる者は暇となり、ぶらぶらと調査に付き合えばよい。そんなある日のこと、これまでの苦労をこの暇で取り返すべく、カザフの青空と乾いた風を楽しめばよい。そんなある日の朝、村の議長がやって来て言うには、バカナスにいる郡長が日本の調査団についてクレームを付けてきた。ＫＧＢの長官も同じことを言っており、バカナスまで責任者に出頭せよとのことである。クレームの理由は、この地区は外国人の立ち入り禁止地区であり、郡に無断で立ち入り、あまつさえ調査をやっているのはけしからんということらしい。我々のこの地区への立ち入りに関しては、共同研究機関の農業科学アカデミーがすべての手続きをすることになっており、日本側としては問題が発生するなどとは思ってもいなかった。農業科学アカデミーの関係者が今回は村に同行していないから、団長が責任者としては出頭せざるをえないだろう。通訳と運転手と私は沙漠の一本道を車で飛ばし、バカナスに赴いた。

まず郡長に会い、それからKGBの長官に会うが、問題が拗れれば、今夜は帰れないかもしれないと覚悟を決めて郡長のドアを開くと、そこには見た顔があった。去年会った人物で、事情を説明すると、「私は了解するが、KGBがうるさいから」と長官に会いに行くようにとのこと。ひとまず、第一関門は通過したが、なにせ元はソ連邦恐怖政治の元凶であるKGBのことだからと、顔をこわばらせて長官室に入る。薄暗い部屋の奥に、むずかしい顔の男がこちらを睨んでいる。来室の理由を通訳が話し、一瞬の緊張のあと、男は両手を広げてのロシア式挨拶をしながら、「なんだ、日本人というのはお前のことか。お前なら問題はないんだ。よく来てくれた」とニコニコ顔である。しかし、再び机に戻ると、「しかし、あの地区には外国人は立ち入り禁止のはずだから」とむずかしい顔つきで宣う。「私もかつてはそうだったことは承知している。しかし、今は新生カザフスタン共和国である。その国がソ連邦時代のこんな古い法律を守っているとは思えない。その法律は現在も生きているのか？」と尋ねた。すると、長官は「私も生きているか死んでいるかはっきりと分からない。首都のアルマ・アタに問い合わせて、法律が生きているなら、もう一度出頭してくれ、死んでいるなら連絡しない」と言って、ふたたび笑顔を取り戻す。ほっと一息である。もちろん、ふたたび出頭することはなかった。

前の年に、日本のテレビ局の取材チームを案内して旧ソ連邦時代の核実験場であるセミパラチンスク州カイナル村を取材し（第9章参照）、その帰途に、アルマ・アタで大宴会を開いた際に郡長も長官も同席しており、お互いに酔いつぶれるまでに飲み交わした相手であった。本来、下戸の私が酔いつぶれるまで飲んだ苦しみに、ここでお返しをしてくれるとは。帰りの一五〇kmは軽快で、あっという間だった。独立後数年間は、旧ソ連邦の法体系から新生カザフスタン共和国の法体系へと変わり、一応の体系が整うまで、空港でも、税関でも、地方官庁や交通検問所でも法的混乱状況下にあり、外国人にとっては難行苦行の旅が続いた。

〈コラム〉日本兵の慰霊碑

沙漠の街に慰霊碑建立を支援する

京都の鴨川の東、四条通りに面したビルに、歌手の加藤登紀子さんのお兄さんが経営するロシア料理店「キエフ」がある。カザフでの仕事を始める前から、有名なこの店には時々ただの客として行った。

カザフ通いを始めた一九九〇年から一九九三年ころまではハバロフスクを経由してのアルマ・アタ行きであった。ある時は、琵琶湖の環境保全運動をしている市民団体とバイカル湖の自然保護団体とが交流する「琵琶湖とバイカル湖を結ぶ」運動に関与していたから、バイカル湖や湖岸のイルクーツク市を何度か訪ねた。その行き帰りに、数少ない日本人乗客同士の交流の中で、加藤登紀子さんのお父さんと知り合った。ロシアに通じ、両国の交流を長年牽引されてきた加藤さんからは、空港の待合室やイルクーツクのホテルでいろいろと教えていただいた。

そんな縁もあって、京都のキエフでの「ロシアの夕べ」というサロンに招かれたことがある。ロシアの音楽が好きな人、なんらかのロシアとの関係を持っている人などなどの美味しいロシア料理を食べながらの歓談会である。私と同じテーブルに同席された二人の方は、カザフのバルハシ湖近くの捕虜収容所におられ、バルハシ市の銅山で採掘労働に従事させられていたとのこと。まだまだカザフを知らない私としては絶好の機会とばかり、バルハシ湖のことやその頃のカザフ人の生活などを知りたいと意気込んで質問を発したが、的確な答えは返って来なかった。それもそのはずで、彼ら捕虜は収容所と銅山との行き帰りは幌付きトラックに乗せられ、窓外の景色を見ることも禁止された状態に置かれていたから、途中の風景を知ることなどおぼつかなかったという。そして、カザフ社会の事情はほとんど知らないままに日本に送還されたとのことであった。ただ二人の話の中で、「自分たちが無事に日本に帰って来られたのは、収容所の塀の外からカザフ人がパンを投げ込んでくれ、それでずいぶん助かったからだ。投げ込んでくれたわけは、同じアジア人同士だからと言っていた」との話は忘れられない。

一九九二年、ベレケでの調査が順調に進行しだしたころ、東京の松尾寛さんから連絡をいただいた。松尾さんは、カザフスタンの西部地方のケンタウ市の鉱山へシベリアの捕虜収容所から移送され、鉱山での採掘労働に従事させられていた方々の戦友会（陣戦友会）の代表をされている。松尾さんの要請は、ケンタウ市に送られた捕虜の内、現地で亡くなられた三九名の慰霊碑を現地に建立しようと思っているので、支援して欲しいとのことであった。なにも事情を知らないままに、そのような事業の支援は厚生省の当然の仕事であると思うと伝えたところ、意外な答えが返ってきた。陣戦友会の活動に対して、当時の厚生省の考えは、(1)シベリア抑留者と南方諸島の戦死者対応だけで精一杯であり、中央アジアの日本人抑留者のことまで手が回らない、(2)そのような慰霊碑は建設後の維持管理が難しいので作るべきでないというものであり、厚生省としてはなんの支援もしないという。この回答と態度は当事者のみならず、関係者にとってきわめて寂しく、その場に居合わせれば怒鳴りたくなるものである。こんな経緯で、戦友会としては独自でこの事業を進めねばならない状況にあり、カザフ平和委員会の助力があれば実現するだろうとの思いから私への依頼となったようである。

国家がやらないならば自分たちでやるしかないと動き出した。松尾さんと打ち合わせをしていると、ずいぶんと急いでおられる。目の前の松尾さんが若々しく見えたので、迂闊にもことを急ぐこともあるまいと思っていたが、それでは駄目だと気がついた。なぜなら、戦友会の会員はすでに多くの方が高齢で、この二、三年の内に慰霊碑を完成させないと完成式典への参加は体力的におぼつかなくなるという切羽詰まった事情があった。戦後五〇年近くが経過し、抑留当時は二〇歳の方でもすでに七〇歳であり、ケンタウ市までは、当時は、成田からモスクワまで一一時間のフライトで、モスクワに一泊するとして翌日にアルマ・アタまで八時間のフラ

図 2–9　ケンタウ市の位置

イトである。さらにアルマ・アタから列車でトルキスタンまで一日半の旅をし、トルキスタンから車で約五〇kmを走ってケンタウに到着する。こんな中央アジアへの旅は高齢の戦友会メンバーにとってはたぶんつらいものとなるだろう。だから、慰霊碑の建設を急がれたのである。事情を了解した後は、慰霊碑の設計図や資材選定書面などを持ってアルマ・アタに出向き、平和委員会を通して建立までこぎ着けた。一九九三年に、無事に慰霊碑は作られ、カザフ政府関係者、戦友会も参加して記念式典が開催された。私は残念ながら参加できなかった(図2—9)。

シベリア抑留のことは知っていたが、中央アジアに二万人を越える日本人捕虜が移送され、厳しい環境下で過酷な労働につかされていたとは、カザフに来るまでは恥ずかしながら知らなかった。ウズベキスタンの首都であるタシケントに有名なナボイ劇場があり、この劇場は日本人抑留者の手で建設されたというのはよく知られたことであるが、中央アジアの各地に抑留者がシベリアから送られたことはほとんど知られていなかった。アラル海問題を追いかけてカザフに来るようになり、未だアラルに到達しない内に、両国の交流促進や戦後処理の一端に関わるようになるとは思っても見なかった。しかし、このような過程は私たちの調査活動を単なる環境調査以上の深みのあるものにしていったと思う。

図 2–10　日本兵の慰霊碑（ケンタウ市）

慰霊碑には、次のように刻まれている。「一九四五年、元第六三師団（陣）将兵の一部は、労役のためこの地へ送られ、二カ年の後、日本へ帰ったが、内三九名は病を得て没し、遂に日本の土を踏む事はできなかった。陣戦友会は戦友の死を悼み、ケンタウ市の絶大な友好協力のもとに、国内で広く募金を行ない、その浄財をもって一九九三年にこの碑を建設したものである。陣戦友会平和慰霊碑建立委員」（図2—10）。

この後、日々縮小を続けるアラル海をめざして、この慰霊碑のある町を遠くに見ながらトルキスタンを通り過ぎる沙漠の国道を毎年走ることになる。そして、二〇〇四年の九月一七日に、私はやっとアラルからの帰り道でこの慰霊碑に行くことができた。その日の日記には、「走行距離メーターが三万七六二kmでクジルオルダを出発した車はチリを経て、ジャナコルガンで三万九五四kmを示す。チムケント州に入ると綿の収穫が盛んである。三万一〇六七kmを示したトルキスタンの外周道路の交差点を左折してケンタウに向かう。ケンタウにある日本人元兵士の慰霊碑に、いつかはお参りをしたいと願っていたが、やっと今回実現した。市の入り口のガソリンスタンドで慰霊碑の位置を教えてもらい、ちょうど来合わせていたタクシーに乗り換えて、慰霊碑まで運んでもらう。ケンタウ市は緑豊かな小都市である。落ち着いた雰囲気で、沙漠の街としては埃が少ない。慰霊碑は公園の一角にあり、側を小川が流れ、清掃も行き届いている。タバコ二本を供えて黙禱する。やっと、一〇年を経過して念願をかなえた。これで、陣戦友会の松尾さんに報告できる。国道に戻ると、シムケント市郊外の農場はタマネギの収穫で忙しそうである」。

二〇〇七年に松尾さんも他界され、陣戦友会も解散したことを聞くにつけ、訳も分からないままではあるが、お手伝いできてよかったと当時のことを思い出している。中央アジア諸国にはまだまだやらなければならない戦後処理が今も多く残っている。

第3章

二つの大河——シルダリアとアムダリア

一　シルダリアと運河

1　資金調達とテレビ放映

ソ連邦が崩壊し、カザフスタン共和国をはじめとして中央アジアの五つの国々が独立国として世界に登場するという激動の中で、私たちの「アラル海環境問題」研究は出発し、四年間が経過した。この間に、カザフスタン社会の諸事情もわずかながら理解できるようになり、信頼できる人間関係も広がり、調査研究の端緒が開けてきた。まずは、トレーニング期間としては充実した年月であり、日本側の研究体制も一応の目途が立ってきた。

とはいえ、これから「アラル海」という本丸に乗り込む人材はともかくとして、日本からもっとも遠い国と言ってもよい中央アジアに調査団を派遣するだけの資金が集められるかどうかが最大の課題であった。筆者個人が調査準備のために単身でカザフに出向くだけならば、私費を工面すればなんとかなるし、今までの数回は私費渡航であった。しかし、調査団には若手の大学院生や学生が参加していなければまともな仕事にはならないから、彼らの経費はなんとしても集めなければならない。学会や大学のバックアップがあって始めた研究会ではなく、まさに個人の集団である。ある研究者から、「日本カザフ研究会は個人商店だから、それでは大きな仕事にはならない」と言われ、彼は研究会から去って行った。

あれから二〇年、個人商店の店主としての四苦八苦がつづいている。個人商店であったが故に中央アジアと二〇年も付き合えたのだろうと思う。大きな組織や機関が大型プロジェクトを組むのはせいぜい五年間で、それが終了すれば誰も引き継ぐことなく散ってゆくのが世のならいである。これでは対象地域とそこの住民に失礼である。とは言え、大学に席を置きながら学会活動を止めて久しく、所属学会もなければ、学会業務もやってない身には調査研究費の調達は最大の難題である。国内の公害現場を歩いて来たが、自分の車で移動し、テント暮らしをするか、公害現地のお寺や公民館に世話になれば、それほどの経費はかからない。しかし、海を越えて行くとなれば話は別である。「金と情報が一極集中」した東京に行くしかないと、大統領特使招待事業（第1章二―2参照）で身にしみて覚えたので、かくして、東京に詣でて、中央アジアを説明し、アラル海問題を説明する行脚が始まった。それまで、背広など着用したこともなく、大抵はサファリと呼ばれるジャンパーのような物で凌いでいたが、国会や省庁周りには似つかわしくないと慣れない背広とネクタイを着用する羽目となった。

この初期段階での我が研究会の現地調査を資金的に支えてくれたのがトヨタ財団の研究助成であった。財団の側からすれば、聞き慣れない中央アジアのアラル海の環境問題を十分に説明するだけの資料もない申請書から問題の本質を読み取り、日本の研究者が係わる意義を見出し、一九九二年にはじめて採用された。まさに沙漠の中の水であった。この資金を基礎にして、自己資金も提供しながらの調査を展開した。そして、一九九四年に、それまでのイリ川水系におけるトレーニングからアラル海流域の本格的調査へと転進できた。

しかし、再びというか、慢性的というか、資金の目途がまったく立たない状態である。トヨタ財団の一年間の助成期間が終了し、継続研究支援を得るための申請書を書きながらこう考えた。アラル海問題が日本社会にほとんど知られていない現実では、文部省管轄の科学研究費にしろ、民間財団の助成金にしろ、採用されるのは難しい。それならば、テレビで報道してもらうしかないだろうと。そこで、「環境と文学に関するフォーラム」(第1章一—1参照)を取材してくれたテレビ朝日に「アラル海環境問題の現地取材」企画を持ち込んでみた。一九九三年五月に二週間に亘るアラル海現地取材と「ニュース・ステーション」での特別番組放送に漕ぎ付けた。この報道番組は視聴率が二五%以上という当時のお化け番組であったから、この放送を境にして、アラル海問題は一気に知られるところとなり、テレビの恐ろしさを実感したものである。その後、トヨタ財団の継続助成も決まり、シルダリア、アムダリア、そしてアラル海への現地調査行ができることとなった。

2　シルダリアの流れに沿って

シルダリア(シル川)は天山山脈に源を発し、氷河の融雪水が数千mの高山帯から流下し、キルギス、ウズベキスタンを経てカザフスタン領内の沙漠を通ってアラル海に流れ込む大河である。一九九三年にアルマティからアラル海に向かって飛び始めたヘリコプターはテレビ朝日の取材クルーと筆者と通訳を乗せてシルダリアを眼下にしながらクジルオルダからノボカザリンスクへと向かった。広大な沙漠の中を文字通りに蛇行するシル川は、流呈は短く、急勾配を流れる日本の河川しか見たことのない筆者にとっては、これが大陸の河なのだと驚きの連続であった。その流呈は二二一二kmである。そのシルダリアを、一九九四年は水を採取しながらカザフスタン領内を川に沿って車で下って行った。陸上からの最初のアラル海接近調査がやっと始まった。

シルダリアの概況は次のようである。天山山脈のキルギス共和国領内を源流とし、ウズベキスタン共和国のフェルガナ盆地を通過して、ウズベキスタンの首都であるタシケントの南部からカザフスタンに入り、流れはチャルダラ・ダム湖で一旦止まることとなる。我々の調査もこのダム湖から始まった。はじめての長距離調査行は二台の車に分乗した一〇人の団体である。団長は農薬汚染などの水質に詳しい動物学研究所の主任研究員で、通訳は若手の昆虫学者、そのほかに水生微生物の専門家もいる。運転手は二人で、一人はウイグル人で口ひげを生やした中年、もう一人はカザフ人の若者である。

一九九四年といえば、ソ連邦が崩壊し、カザフスタン共和国が独立国となってから三年目で、ソ連邦の遺産で食いつないできた社会資本が枯渇し出し、日常物資の流通も滞りがちで、とくにガソリンの流通システムが大きく変わり始めた頃である。ガソリンスタンドにはガソリンがなく、何軒ものスタンドを巡ってやっと給油できた。この調査行の最大の課題は、ガソリンを如何に確保しながら、アルマティからアラル海までの往復四〇〇〇km以上を走り切るかであった。日本側がアルマティで保有しているロシア製ジープ（ワジック）と小型のワンボックスカーにはガソリンタンクが十数本、大型の飲料水タンク二本が積み込まれた。アルマティから西に向かって走り出し、最初の野営地は五〇〇km行った山麓の草原であった。

次の日は小さな峠を越えたが、その峠には数台のタンク車がガソリンを積んで道ばたに止まっている特設ガソリンスタンドがあった。ウズベク人の兄ちゃんから十数本のガソリンタンクを満タンにした。この日はそれほどの長距離移動でなかったので、この兄ちゃんの誘いに乗って彼の家にお茶を飲みに出かけた。はじめて出会った日本人に興味を持ってくれたようで、ウズベク式の自宅への招待となった。土塀に囲まれた屋敷に板戸を開けて入るとそこには中庭があり、ブドウ棚の下にはウズベク式の床几がある。ナン（パン）を食べながら一杯のお茶（チャイ）をいただいた。再び国道に戻ると、側面にロシア語の「水」と書かれたタンク車でガソリンを売っていた。コルホーズに配給になったガソリンを横流しして売っているのだろう。次に心配なのが飲料水の確保であるが、カザフ側のスタッフはみんなフィールド屋であるからキャンプ地の選定から飲料水をどこで手に入れるかを熟知しており、心配はなかった。アルマティの水道水をタンクに詰めて運んできたが、次の補給地はトルキスタン市のイスラム寺院の入り口にある井戸だという。おいしい地下水が自噴式井戸水となって噴き出しているから、遠慮することなくタンクに詰めた。

最初の調査はチャルダラ・ダム湖である。シルダリアがウズベキスタンのフェルガナ盆地を流れ下って、ウズベクの首都のタシケントに水を与えてカザフスタン領内に入り、巨大なダム湖となる。ここからがカザフスタンの大規模灌漑農地にシルダリアから農業用水を分配送水する運河網の始まりである。このダム湖のダムサイトに立って、沙漠に向かって左右に分かれながら流下していくシルダリアと運河を眺めて驚いた。どちらが本流のシルダリアでどちらが運河なのかと戸惑うほどで、この下流に展開する灌漑農地の規模が想像される。文献的には知識を持ち、ヘリコプターや航空機からは何度か眺めた沙漠の農地であるが、陸上で接近するのは最初である。「大規模灌漑農地」とはどんなものであろうか、そしてその開拓の結果、アラル海が干上がったのであるから、そのスケールに戸惑う旅がはじまるだろうと、地平線まで続く運河を見ながら思った（図3―1）。

図3–1　シルダリア本流（右の太い流れ）**と運河**

3　綿花ソホーズを訪ねる

カザフスタンは遊牧の国であったから、今でも牧畜はもっとも大事な生業である。都市でも農村でも家畜に出会わないことはない。南部のアラタウ山脈の山麓では水が豊かにあり、牧畜の中心は牛である。もちろん馬も羊もいるが、ラクダがいることはない。降水量が二〇〇〜三〇〇mmの地域ともなれば家畜の中心は羊に変わり、ヤギが仲間入りをしてくる。シルダリアに近い村では牛も多くいるが、中心は羊である。さらにアラル海に近づき、降水量が一〇〇mm以下ともなればラクダへと変わり、さらに五〇mmともなればラクダさえいない地域へと入る。沙漠の道路を走る車の中から、散見できた家畜の種類を地図の上に書き記しながら次の村へと移動する。記録用に持ち歩いた地図のところどころには、「なんにもない」とのメモがある。人も動物も見えなかった沙漠が地平線まで続いていたのだろう。

シルダリアとその周辺の村々の水事情調査を主目的として、農村事情全般の情報を集めながらの調査行が続く。ベレケ村では水稲栽培農業を調査してきたが、シルダリア沿いのソホーズは綿花栽培の灌漑農業が中心である。沙漠の中に一九六〇年代以降に開拓された綿花畑が連綿と続き、少し途切れて、沙漠を挟んでまた綿花畑が現れる。その内の一つの村に、飛び込みで聞き取りと水試料の採取を試みた。旧ソ連時代なら相当以前に手続きを始め、地域の共産党機関の許可を得ないと外国人の調査に協力などしてもらえなかっただろうが、訪ねて行ったジデリ・ソホーズの議長は、てきぱきと対応して、村人にいろいろと采配してくれた。

人口が一七〇〇人のこのソホーズは、一九八四年に開村したというから、この地域でも新しい開拓地である。農業の規模は、綿花栽培が一二〇〇ha、牧草のアルファルファ栽培に六五〇ha、コムギ栽培に六五〇ha、オオムギ栽培に七〇ha、スイカやメロン栽培に三五haが使われているとのことで、栽培面積合計が二五七〇haとそれほど大きくないソホーズである。しかし、よくよく聞いてみると、保有する農地のうちの一〇〇〇haは塩類集積が激しく進み、栽培が不可能となってしまって放棄したというから、もともとは四〇〇〇haほどの農地があるソホーズだったらしい。開村以来まだ一〇年ほどであるのに、塩害での放棄田が大面積で発生したというのだから、これから先が思いやられる。農業用水は上流にあるチャルダラ・ダム湖からの運河で送水され、田畑を潤したあとの農業排水は下流側のソホーズに送水することなくシルダリアに戻しているという。川に近いソホーズならではの排水の行方であり、

図 3–2　シルダリアと農地

シルダリアから離れた農場では排水は沙漠の中へとしみ込んでしまい、シルダリアに戻ることはない。こんな風に流水を農地に取られて行き、シルダリアは下流に行くにつれてやせ細り、チャルダラ湖の辺りでは大河であったシルダリアはアラル海に注ぐ頃には、京都の鴨川ほどのか細い流れになる季節もある（図3―2）。

4　シルダリアの農薬汚染

今回の調査項目の中心は、河川水や飲料水に含まれると言われてきた農薬について、その汚染の有無と程度を明らかにすることである。アラル海の環境問題が話されるとき、とりわけ飲料水の汚染問題では、その主因として農薬汚染が常に語られてきたし、現在も語られ続けている。さらに、干上がったアラル海の旧湖底は塩沙漠となり、ここに蓄積した農薬が砂塵とともに地域住民を襲い、人々の健康を害し、乳児の死亡率や女性の高い貧血発生率に関係していると言われてきた。我々もそれに依拠して調査を始めたが、その証左を文献的に求めることは困難であった。今回のシルダリア水質調査で農薬を主要な項目にしたのは、これまで聞かされてきたことを確かめるためである。

シルダリアがアラル海（小アラル海）に流れ込む河口の少し上流に、アマンウックル村がある。この三角州に開けた村は、シルダリアの川岸近くに家々が立ち、かつてはシルダリアからアラル海にかけての漁業を生業として栄えていた村である。一九九一年当時の村の規模は、三五〇世帯で二〇〇〇人の住民が住んでいたが、アラル海の干上がりで村での漁業は壊滅的となり、村の漁師四〇人ほどがカザフのもう一つの大きな湖であるバルハシ湖に漁に出かけているという。村に住んでいる住民は扇状地であるから良好な耕地があるわけでもなく、川での漁とわずかな数の家畜で生計を立てている貧しい村である。

村での悩みのひとつは飲料水の確保である。家の前には、痩せ細ったとはいえ、一秒間に三〇〇tも流れるシルダリアの流れがあるが、彼らはこの水を飲用しないという。その理由を尋ねてみた。村長の曰く、「アラル海が干上がって、村から遠くなった頃から、シルダリアの水質が悪化し、飲用に適さなくなったと言われたので飲まなくなった」と。どんな風に水質が悪化したのかと訊ねても要領を得ない。結局は、「この村が所属する地区の中心都市であるアラリスク市の衛生管理局に水質などの資料があり、そこからの指令で、シルダリアの水には農薬が含まれているから飲用禁止となった」ということである。もちろん農薬名やその濃度に関する情報は村にはない。アマンウックル村が特殊かといえばそうではなく、どの村でも同じである。隣接地区のノボカザリンスク市浄水場でさえ同じであった。一九六〇年代にソ連邦政府が水質汚染状況を調査した結果、飲用に適さないと判断して出した指令だけが今も生きているようである。斯くして、「シルダリアの水は農薬で汚染されており、それを飲用した住民には多くの困難な健康被害が発生している」というストーリーが出来上がったのではなかろうか。その根拠は人々には知らされないままに。

我々もまた、今まで、このストーリーを「アラル海環境問題」の重要な部分と認識し、シルダリアを、アムダリアを、そしてアラル海への調査行を始めたのである。はたして飲用を禁止するほどまでにシルダリアの水は汚染されているのだろうかと思いながら岸辺に下り、水を汲み、泥を取りながらシルダリアをアラル海へと下って行った。

5　綿花栽培と農薬

中央アジアの主要な農作物は綿花と水稲と小麦である。いわゆる大規模灌漑農地では綿花と水稲が栽培されている。この農業で過去に使用された農薬の種類と量を知ることは難しく、カザフスタン農業科学アカデミーの研究者の協力を得ながら資料の収集を試みてみたが、残念ながら入手できなかった。その理由は、旧ソ連邦時代は、農薬に関する資料は公表されず、国家の機密事項として扱われていたため、モスクワのどこかにあるのだろうが、カザフでは入手が困難であった。これまでに手に入れた僅かな資料から、カザフスタンをはじめとする中央アジアで使用された農薬についての検討した結果は以下のようである。

（1）落葉剤（Butifos）

綿花畑を見たことがない者が多い我が研究チームであるから、栽培法も病害虫防除法についても、行き当たりばったりの勉強をしながらの調査である。なぜ農薬が使われるのかが、風景も入れて心に浮かばないと調査計画も立てられないが、カザフの綿花地帯で実地で学習しながら、一日一日と賢くなりながらの調査である。フィールド現場で働く面白さは、一〇〇km走行すれば、一〇〇km分だけ賢くなることである。この調査行の全走行距離は五〇〇〇kmだからずいぶんと賢くなるはずである。

　綿花栽培地帯で使用される農薬は落葉剤と殺虫剤が大部分である。落葉剤としては、butifos（図3—3）という有機リン剤が大量に使用され、人的被害を発生させた化学物質として注目され、記憶されている。この農薬は日本では農薬として登録されていないため、毒性などのデータが少ないが、植物に対する毒性が強く、綿花の落葉剤として、収穫前に一・〇〜一・五kg／haの割で散布して、葉を落とし、機械収穫を容易にするために使用されていた。メルカプタンに似た悪臭を発する化合物で、ウズベキスタンからの報告によると、吐き気をもよおす悪臭が農場から村に忍び寄り、時には住民のアレルギー反応を起こしたという。

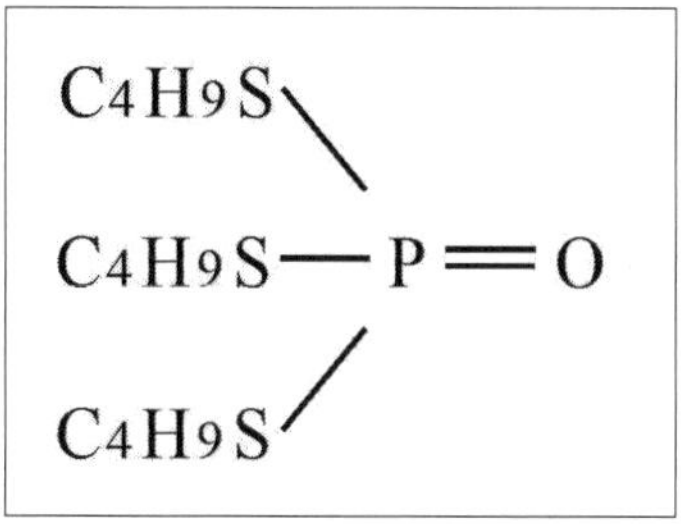

図 3–3　Butifos の化学構造

　アマンウックル村の村長の記憶にも、一九八五年に農業労働をしていた小学生数名が作業中に倒れた事故が記憶に残っているとのことで、当時、この村でもbutifosを使っていたと話してくれた。経口急性毒

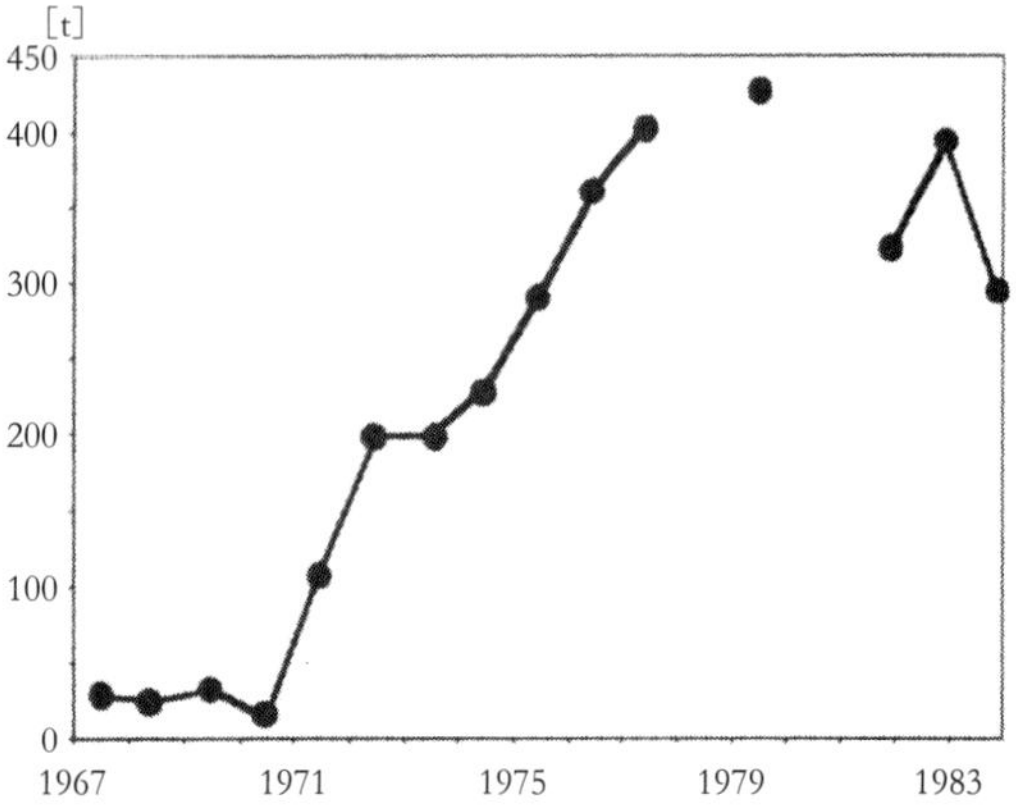

図 3–4　シムケント州における Butifos 使用量

性（ラット）は三二五mg／kgで、劇物に相当する。中枢神経毒性があり、心臓、肝臓、腎臓に作用し、とくに子供に対しては免疫反応を破壊すると指摘されていた。綿花栽培地帯には肝炎が広範囲に発生しており、butifosを禁止しないかぎり、肝炎に対処する方法がないという報告や、また、少量であっても女性の生殖機能にとくに影響を与えるという警告もあり、この農薬は相当な悪影響を住民に及ぼしていたものと推定される。そこで、一九八三年にソ連公衆衛生省はこの農薬の使用を禁止したが、その後もウズベキスタンの約六〇%の農場で使用されていたという。そして、一九八七年に「butifosの使用と生産に関する決定」が連邦政府でなされ、この決定の中で、butifosはもっとも高い毒性のある物質とされ、以降は使用されなくなった。

すなわち、一九六〇年代から一九八〇年代後半まで、この化合物がシルダリア流域での農薬汚染の最重要物質であった。しかしながら、butifosがもたらした人的、自然環境的汚染の実態がどの程度のものであり、前述した「アラル海の環境破壊」にどの程度の関係があったのか、また一九八七年から現在までにどのような影響をもたらしているのかを明らかにした資料はない。当時は環境中に残留し、生物への影響が当然あっただろうが、塩素系農薬と異なり、分解も早く、使用されなくなってからも長期間残留するとは考えがたいから、現在のシルダリアの水を飲むなという理由にはならないだろう。この農薬のシムケント州(綿花栽培の盛んな州)での使用量統計だけが入手できた(図3—4)。年間数百t規模で使用されていたことがやっと判ったが、シルダリア流域での全使用量については悪戦苦闘の甲斐なく不明のままである。

(2) 殺虫剤(BHC、DDT)

河川水が農薬で汚染され、長年に亘って飲用禁止措置がとられていることからすると、欧米や日本をはじめ世界的に大量に使用された有機塩素系農薬が考えられる。アラル海流域でも有機塩素系農薬が殺虫剤として多用されていた。そのうちでも、BHC(Benzene Hexachloride)およびDDT(Dichloro-diphenye-trichloroethane)がソ連邦でも大量に使用され、現在でもアムダリア、シルダリアの水や底質に残留していることが報告されている。これら化合物に関する環境調査は現在も継続されており、カザフスタンの研究者も注目している農薬である。

カザフスタン共和国農業科学アカデミーが一九七〇年から一九九三年までに行なったシルダリア川の河川水中のBHCをはじめとする農薬調査の結果を入手した。調査地点はシルダリア川のカザフスタン国内での三地点（上流部：Chardara、中流部：kzyl-orda、下流部：Kazalinsk）である。河川水中にα－BHCが一～三〇ppt*の濃度範囲で、γ－BHCが一ppt～九pptで検出されている。この調査から、BHCが使用されていたことが確認されている一九七〇年代とそれ以降の試料について、その濃度を比較すると、シルダリア川の上流・下流域との間でBHC濃度に大きな差が認められないこと、一九七〇年代よりも一九九三年にカザリンスクで高濃度が検出されていることが特徴的である。年間の調査回数および調査時点の環境条件が不明であるから、直ちに結論を引き出すことはできないが、この二〇年間におけるシルダリア川のBHCの濃度は大きく変動していないのではないかと思われる。

＊ pptとはparts per trillionでpptと略記する。一兆分のいくらかを表す単位。

また、このBHC濃度を日本における河川水（飲料水源）の濃度と比較してみると、日本よりも高い濃度域にあるわけではなく、一九七〇年代以前あるいは以後において、日本でもたびたび検出された濃度範囲内にある。農薬を含んでいる水は飲料水として適していないと考えるのはもちろんのことであるが、この程度のBHC濃度ではシルダリア川の水を水道水原水として不適当とする理由になるだろうかと疑問に思う。また、シルダリアの底質中のBHC濃度もpptレベルであり、琵琶湖の底質と大差ないか、それよりも低い濃度である。BHC以外の農薬に関する調査結果もまた異常に高い農薬濃度が検出されず、農薬による水汚染および底質汚染を住民の健康被害の主要な要因と結論づけることは困難だと思う。とくに、ソ連邦崩壊と中央アジア諸国独立後の政治経済の混乱から、この調査の頃は、農村で化学肥料や農薬購入が難しい状況にあった。それまでは、複葉機やセスナ機で農薬を散布していたが、一九九二年以降はそんな風景がまったく見られなくなり、一九九四年ころは農薬をほとんど使用していない時代であった。

6　昔の汚染と現状の区別を

大規模灌漑農業で使用される農薬による環境汚染が、冒頭に記したアラル海環境問題の人的被害の要因であるのか否かを結論することは困難である。大規模灌漑農地の開拓の進展によって綿花栽培が拡大し、当然のことながら農薬使用量も増大した時代に発生したと推定される環境汚染と、現時点での環境汚染が同一であるかどうかを明らかにしなければ、〝アラル海環境問題〟の物語の過去と現在が混同してしまい、求められている問題解決施策の実施を遅らせることになるのではないだろうか。

アラル海問題を取り上げた多くの文章の中に、農薬汚染が流域の健康障害を引き起こす原因物質として取り上げられているが、どのような農薬が重要な汚染物質であるかとの記載はない。「アラル海環境問題」が「ストーリー」として語られるのではなく、詳細な調査と因果関係に迫る科学的営為の成果を踏まえて、科学的に語られるべきであり、我々の調査はやっとその緒に付いた段階であった。そして、その後の分析成果を概観すると、水や土の農薬汚染の現状は特段に激しいものではなく、「アラル海の旧湖底沙漠土壌に蓄積した農薬が、砂嵐とともに住民を襲い、人々の健康を害している」とよく言われるストーリーは成り立たないのではないかと思うに至った。

以上述べてきたことはこの調査行から帰国し、何カ月も費やして化学分析した結果から判ったことであり、昼間は河川の流水や民家の井戸水を集めるために沙漠を駆けずり廻り、夜になって沙漠に張ったテントの側で、真夜中までヘッドライトに頼りながら水の濾過や吸着作業をしている現場では、悲しいかなどんな汚染具合なのか分からない。だから、その場ではなんの見通しも立たない農薬汚染調査は、的確にサンプリングが出来ているだろうかと思い続ける、ストレスのかかる作業である。水処理をしながら、満天の星を仰ぎ、鼻歌でも歌っていないと気持ちが持たない。若い学生は私の知らない歌を、私は学生が知らない演歌か左翼運動の歌を、それぞれ小さな声で歌っている。すると、テントの横でウォッカを飲んでいたカザフ側スタッフのロシア人と朝鮮人が、メロディーに合わせてロシア語で唱和しているではないか。それは世界中の左翼運動で歌われた「ワルシャワ労働歌」であった。彼らもソ連邦時代によく歌ったか、歌わされたものである。しばらく一緒に歌ってから、カザフ人は「ニィー・ハラショ」（よくない）と苦笑いしながらテントに入って行った。ソ連邦が崩壊し、共産党がなくなり、カザフスタンがソ連の支配から独立して三年目、カザフ人の複雑な心境が伝わってくる夜だった。

二　シルダリアの下流域

1　シルダリア下流域へ

カザフスタン共和国クジルオルダ州を、シルダリアに沿いながら沙漠の中を走る国道M39は、ソ連邦時代から連邦内の幹線道路で、道は西北へと延びてモスクワに至る。それゆえ、簡易舗装ではあるが、それなりに整備されていた。過去形で書くのは、我々がこの道を最初に走った一九九四年は新生独立国カザフスタン共和国が、ソ連邦時代の遺産を食いつぶし、独立国に生まれ変わるための社会資産が目減りの極に達した時代で、この数年間で痛んだ道路は補修しきれていない状態にある。国道の真ん中に大きな穴や、穴とまでは言わなくとも窪みがある。運転手は急ぐ心を抑えながら、実に鋭く道の状態を把握して走ってくれる。今回から専属運転手となってくれた朝鮮人は、それから一五年後も、我がカザフ調査の重要メンバーで、活動の継続を支えてくれている。

そんな国道は豊かな農村地帯で、綿花を中心として、夏にはスイカやメロンの大産地となるトルキスタン市を通過し、しばしの間は荒野沙漠を経て、水稲栽培地域へと進んでいく。ソ連邦が一九六〇年代以降に、カザフスタンで開拓した大規模灌漑農業地帯は綿花栽培を中心としているが、ここクジルオルダとその周辺は水稲栽培農業地帯である。日本の水田は平野部にあるか、斜面地に棚田となって展開していることが多いので、ここは水稲を栽培している農業地域だと判る。ところが、ここカザフでは、水田はまったく傾斜のない平原に開拓されており、また水田に導水する運河の両岸はもとより、水田周辺には、八月ともなれば草丈二〜三mのヨシが密生している。車からでも水稲を確認するのは容易ではない。注意することなく車で走り去れば、沙漠にしては草がよく茂った地帯で、地下水位が高いところだろうと納得してしまう。ヨシに囲まれた水田には、花の時期が終わって穂を付けたイネが生えている。

クジルオルダ市はこんな水稲栽培地帯の中心都市で、コメを中心とした農産物の集積地であり、人口は四〇万人と多い。駅構内にはコメを貯蔵する大型のカントリーエレベーターがあり、その壁面にはイネの穂が描かれている。イネ栽培であるから、その技術を持った朝鮮人が多数入植させられたとのことで、我が車の運転手も両親とともに子供の頃はここに住んでいたという。久しぶりに生まれ故郷に来たからと、市の入り口に立っている稲穂をあしらったアーチの前で写真を撮ってくれという。クジルオルダ市周辺はシルダリアの氾濫原で、まだ農地に大量の用水を必要としない四月から五月にかけて、広大な氾濫が発生し、道路が通行不可能になり、村が孤立することもあるという。

水田地帯を通り過ぎて、再び沙漠の荒野を両側に見ながら、緩やかな丘陵をいくつか過ぎると、国道近くの沙漠の中に数本の鉄塔と円形の巨大なアンテナなどの構造物が遠望できる。農業地帯で農地を見てきたあとであるから、よけいに異質な風景の登場である。国道の反対側にはそれほど大きくはない街が登場する。鉄道の駅もある。ここがソ連邦の宇宙基地があったバイコヌール市で、現在はカザフスタン共和国がロシア共和国に貸している。「地球は青かった」と言ったガガーリン

図 3–5　クジルオルダとバイコヌール

や「私はカモメ（ヤー・チャイカ）」と言ったテレシコワ女史が宇宙へと飛び立ち帰還した基地である。この基地があるお陰で、クジルオルダ州カザリンスク地区に入るには特別の外国人登録が必要である。クジルオルダ市にある担当の役所に赴き、登録を申請しても、その日の内に登録してもらえるわけでもなく、長々と待たされ、やむなく一泊することもある。特別の審査をしているわけではなく、要はワイロを要求するタイミングと渡すタイミングが調和しないと時間がかかるということである。

　バイコヌールは荒野沙漠の中にできた基地の街で、緑のない荒野の原に羊と牛が首を下げてひたすら草を探している。道路の両側に小高い丘が出現して、石を並べた文字の列が見えてくる。不思議な光景であるが、たぶん、

羊を見張っているチャバン（牧童）が暇に任せて石を集め、並べて遊んだ跡だろう。今日の野営地を捜して国道を逸れて荒野沙漠へと入る頃、風が強まり、砂塵で遠くの村が消えてゆく（図3―5）。

2　シルダリア流域の飲料水事情

今回の調査行の課題は、本章一―4に書いた水系の農薬汚染の実態調査と、もうひとつは、どのような水源から住民が飲料水を得ているのか、またその水質（とくに塩分）はどのようなものであるかを調べることである。シルダリア流域の村々を訪ね、飲料水諸事情を聞き取り、アラル海が縮小し、環境が変化した結果、この地域で発生しているとカザフの医学関係者が主張する「エコロジカル・ディジーズ」（公害病）の実態を解明するための基礎資料を得ることである。

カザフの住民が飲んでいる飲料水は二つに大別される。ひとつは、クジルオルダ市やノボカザリンスク市などの都市のように、シルダリアの水を原水とし、浄水場で浄化された後に各家庭に供給される水道水である。水道水が引かれている家庭でも敷地内に井戸を掘って、水道水と井戸水を併用している場合も多い。ソホーズやコルホーズでは、集落の中に高い給水塔があり、ここに井戸水を汲み上げるか、シルダリアの水をタンク車で運んで来て貯留し、集落の道端に敷設された水道栓に水を供給している。このような場合は浄水されることもなく、もちろん塩素消毒もされていない。いずれにしても、水道管が埋設されて、送水されており、水道事業の形態を取っている。これに対して、多くの農村集落では、個々の家庭が水源から水を運んで、自宅の小形の貯水升（レゼルワール）に貯留して使っている。水源は村によって異なっており、全戸が同じ水源に依拠しているとは限らない。まず、深井戸（本章二―3参照）や村の近くを流れる農業用水路、あるいは水量の豊富な浅井戸などがあり、それらが複数あるとすれば、より水質の良い（多くは塩分濃度が低い）水源に足を伸ばして運んでいるようである。

図 3–6　深井戸

3　深井戸と浅井戸

カザフのどの村でも夕方になると、アルミ製のミルクタンクをコロ付きの台車に乗せて水源に出かける子供の姿が見られる。飲料水や生活用水を汲みに行くのは子供か女性の役割である。集落に一カ所はある深井戸（スクワージナ、**図3―6**）が主な水源であるが、それ以外に、村によっては、シルダリアの水を給水車で運んで、タンクに貯留している水を取りに行く場合もあれば、イシャクと呼ばれるロバに引かせた荷車にタンクを何本も乗せて農業用水運河に水を汲みに行く場合もある（**図3―7**）。

シルダリアの流水量が激減すると、地域の地下水位は低下し、数mの浅井戸には水がなくなるか、水質が悪化して使えなくなった。この事態に対して、一九七〇年代にソ連邦政府はシルダリア河口地域のアラリスクとカザリンスク地区で二〇〇〇本以上の深井戸を掘った。住民の生活用だけではなく、家畜用にも深井戸が掘削されたから、村の中だけではなく、人家とは離れた沙漠の中にも深井戸を見つけることができる。深井戸は概ね深さが一七〇m前後の自噴式井戸で、口径一五cmほどのパイプから地下水が勢いよく飛び出している。この水を汲み

図 3–7　イシャクが水を運ぶ

図 3–8　母と子の水運び

に子供や女性がやってくる。子供たちは水汲みを当然の仕事と思っており、友達とのお喋りを楽しみながら家路を急いでいる夕焼けの風景はなぜかホッとさせてくれる。だから、水汲み風景は筆者の撮影した写真の中でももっとも枚数が多いジャンルなので、すこし調子に乗って、水汲み写真を多く掲載させてもらう（図3—8）。

深井戸は概ね同じ様な水質（塩分濃度）であるが、井戸ごとに水質が少しずつ異なり、それは村

図 3–9　民家の浅井戸

図 3–10　最下流の砂丘の村の浅井戸

の位置に関係している。時には、豊富な水量ではあるが、余りにも塩分濃度が高く、人間用はもとより家畜用にもならず、地中から塩類を地表に運んでくるだけで、井戸の周囲の土地が使えなくなるから、井戸を閉鎖してほしいと村の長が嘆いていた深井戸もあった。しかし、多くの深井戸はシルダリア河口域の村の唯一の飲料水源である。

浅井戸は、村ごと家ごとに大事に使っている例が多く、井戸は柵で囲まれ、時としては木製の蓋がされ、鉄の鎖と錠前で保護されていることもよくある（図3―9）。こんな井戸は水質が良好であるが水量はわずかであり、利用している家でも飲料用に一日バケツ一杯しか汲まないという。図3―10は最下流の村で、押し寄せた砂で学校や民家が潰され、村人の大部分が二km離れた地域に新しい村を創ったカラテレン村の旧村の砂丘に掘られていた井戸である。村を潰した砂の丘であるが、そこに溜まった地下水を老人が掘り当て、大事に使っている井戸には厳重に鍵がかけられていた。

4　シルダリアと農業水路の水

ソ連邦時代はソホーズやコルホーズの村の中には銀色に塗られた給水塔が建ち、遠くから帰ってくれば、沙漠の彼方にそれぞれの村の給水塔が遠望でき、村人はホッとして家路を急いだのだろう。筆者にとっても、最初の調査地ベレケ村の給水塔が我が家のように思えたものである。

ところが、独立後の経済混乱の中で、塔に水を汲み上げる電気代がなくなり、銀色の塗装も錆び放題となり、かつては村の活気のシンボルであった給水塔が、今では困窮のシンボルとなり、シルダリアの村の中には、塔そのものが倒壊したまま捨て置かれているところもある。シルダリアの流水をタンク車で運んでいたが、そのガソリン代も負担できなくなった村では、農業用水路を流れる水をミルクタンクに入れて運んで帰る（図3—11）。用水路の水はもとはシルダリアの水であるから水質的には両者の間には差がない。しかし、前に書いたように、シルダリアの水は農薬などに汚染されており、飲料しないことというソ連邦時代の通達が今も生きていて、家畜には飲ませるが、人間は飲まない村もある。干上がり始める前のアラル海西岸地域の村々は湿地帯の中に点在し、シルダリアの水がいつの間にかアラル海に流れ込んでいるような地帯であったが、今ではアラルは遠く去り、シルダリアの水が形成していた湿地帯は干上がり、水事情はきわめて劣悪な状態にある。ここでは深井戸だけが頼りである。

図3–11　農業用水路で水を汲む

5　飲料水の塩分濃度

コーヒー好きの筆者にとっては水は大事である。一九九四

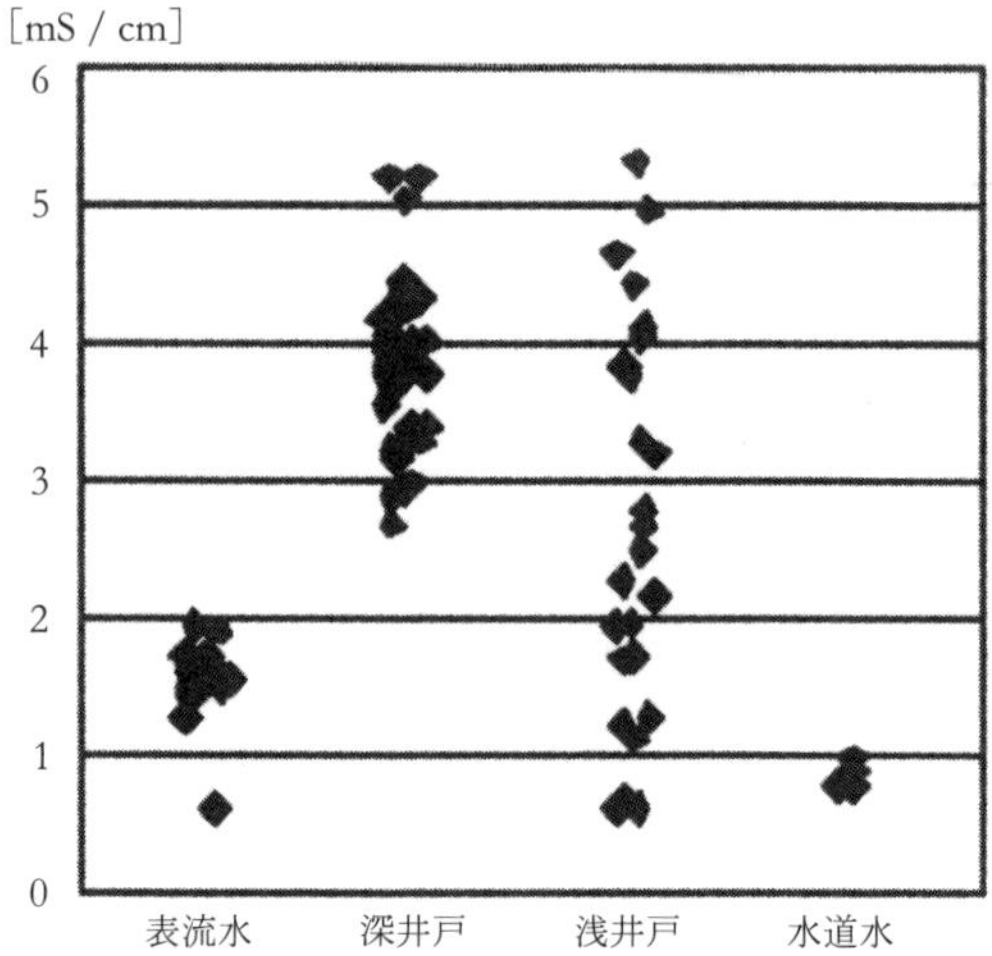

図 3–12　水源別飲料水の電気伝導度

年のこの調査行では、カザフスタンにはまだ「ミネラルウォーター」がなく、アルマティやトルキスタンの良質の水をタンクに詰めて運んでいたから、水を贅沢に使える訳がない。一人で飲むコーヒーは僅かな水をいただいていれていた。いよいよタンクの水が欠乏してくると地元の水を使わざるを得なくなるが、もはや美味しいコーヒーなど望めない。毎朝一人が歯磨きと洗顔に使える水はコップ一杯だけである。この水量で歯を磨き、顔を洗い、さらに砂埃がいっぱい付いた頭髪を洗う術を身につけないと沙漠の旅は快適とはならない。その上に美味しいコーヒーを毎朝毎夜などと贅沢を言おうものなら、周囲の冷たい目に遭う。

なにがまずい水の原因かと言えば、単純に塩分濃度が極めて高いということに尽きるだろう。そこで、調査行の過程で出会うすべての水の電気伝導度*を測り続けてきた。その内で、飲料水として利用されていた水の電気伝導度の計測値を水源別でまとめた結果を図示する（図3―12）。シルダリアや農業用水はまとめて表流水と表し、水道水とはノボカザリンスク市やアラリスク市の浄水場を経たものである。大雑把に表現すると、シルダリア河口域の人々が飲用している水の電気伝導度（mS／cm）は、表流水：一～二、深井戸：二・五～五・二、浅井戸：〇・五～五・二、水道水：〇・五～一である。日本の水道水なら〇・二前後であり、水質基準値は〇・七五であるから如何に高い値であるかが判る。村の住民の大部分が飲用している深井戸の水質の悪さは一目瞭然であり、浅井戸は触れ幅が大きく、季節変動が激しいようである。灌漑農地に農業用水が引き入れられている時期かどうかで大いに異なる。

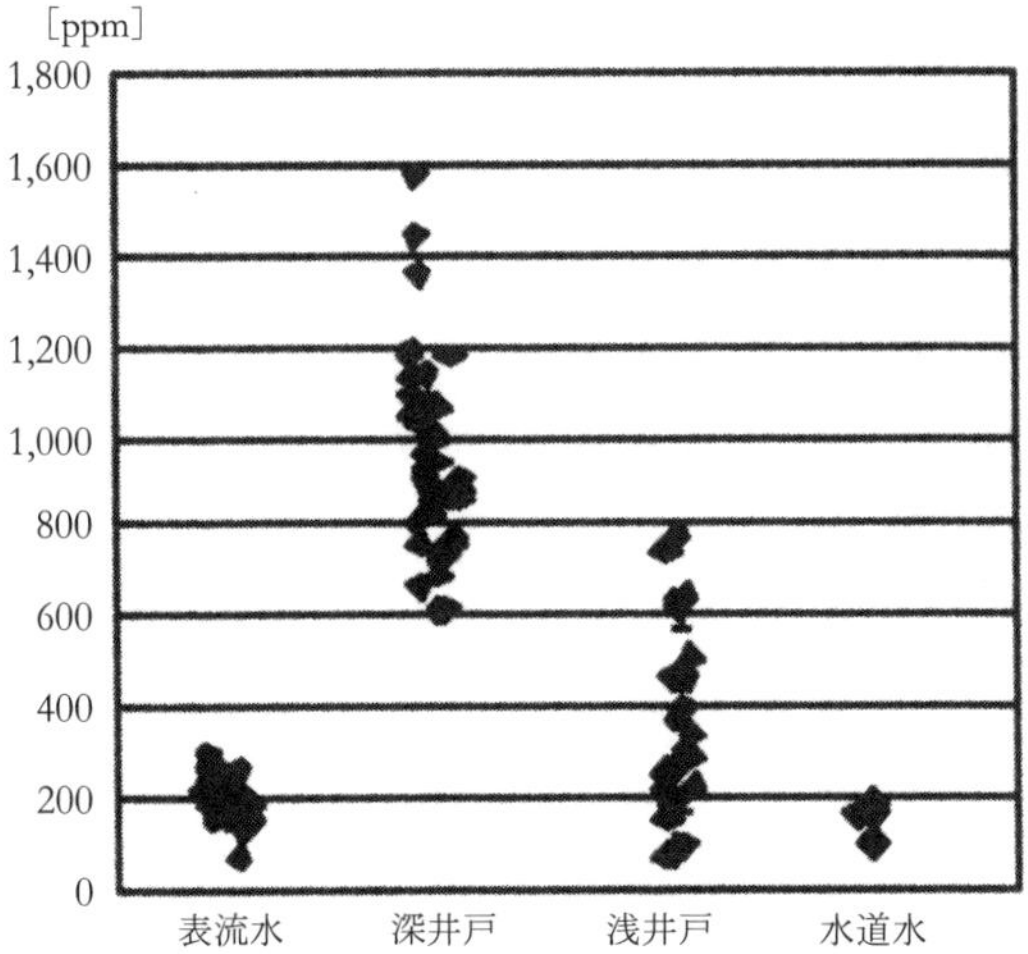

図 3–13　飲料水中のナトリウム濃度

世界保健機関が設定している飲料水水質規準のナトリウム濃度は二〇〇ppm＊である。電気伝導度を測定した同じ飲料水中のナトリウム濃度を見ると

＊　電気伝導度とは：水に含まれるカチオンなどの電解質が多いほど電気を通しやすくなる。その電気を通しやすさを示す指標を電気伝導度という。ナトリウムやカルシウムを多く含む水ほど高い電気伝導度（ＥＣ）を示す。

図3―13のようになり、表流水：二〇〇ppm前後、水道水は二〇〇以下であるが、浅井戸は二〇〇以下のものから八〇〇近いものまでと幅があり、深井戸ではおしなべて六〇〇以上と劣悪である。まさに、塩辛い水しかない生活環境の中で人々が暮らしていることだけは確かであり、コストのかからない塩分除去の装置が望まれていた。そんな村のひとつにコージャバッヒ村があるが、この村にはフランス政府が贈ったという大型の脱塩装置が備えられていた。しかし、この辺境の村に電気が定常的に送られず、脱塩装置は動かないままに部品が盗まれ、もはや修復さえむずかしいと思われる状態であった。どのような援助をするかが問われる風景である。

＊ ppmとは百万分の一のこと。

ガソリン代はかかるが、もっとも塩分が少ないシルダリアの河川水を村まで運んでくる村もあった。また、冬期には、氷結した農業用水路や小河川の氷を切り取って持ち帰り、貯水槽で解かして飲料水にしており、冬場にもっとも良質の水を手に入れていた。ちなみに、バスカラ村で調べた結果によると、ナトリウムの濃度が、七月のサンプルでは二四五ppmであるのに対して、氷を溶かした一月の水では四ppmで、カリウム、カルシウムも半減していた。人々の知恵である。

6 サモワールとチャイ

かつてはシルダリアの氾濫原にあったローハリー村周辺には沼地は僅かとなり、三本の深井戸が五〇世帯三〇〇人の生活用水の水源である。深井戸の間には水質上の差がないので、人々は自宅から近い井戸に行き、持ち帰る。家によっては、ロバに運ばせたり、バイクで運ぶこともある。持ち帰った水は、炊事やお茶用、掃除や洗濯などに使われる。

カザフスタンはチャイ（お茶）の国である。乾燥した沙漠の生活なので、チャイの時間は一日に何度もある。チャイ用のお湯を沸かすのはサモワールと呼ばれる道具である。カマドとナベが一体になった持ち運び自由の重宝な道具が、どこではじめて考案されたのかには諸説があるが、中央アジアで発明されたとも言われており、遊牧民の生活にはなくてはならないものである。この構造を説明するのは実にむずかしいが、ウィキペディアには次のように書いてある。「素材は銅やニッケルなどで、胴部の中心に縦に管が通っていて、そこに固形の燃料を入れて点火し、湯を沸かす。胴の下部には蛇口がついていて、そこから湯を注ぐ」とある（図3—14）。固形の燃料とは特別のものではなく、沙漠の灌木の枯れ枝などのことである。戸外で火を付けてお湯が沸くと、室

図 3–14　サモワール 2 台

内にサモワールごと持ち込んでくる。ちゃぶ台の端に座ったその家の主婦が、食事中ずっとチャイを入れてくれる。チャイが欲しくなったら、隣に座っている者に飲み干した湯飲み茶碗を渡すと、次々と手渡されて主婦の所まで運ばれ、チャイが入れられ、逆の経路で戻ってくる。カザフに入り出したころは、何度も人手を煩わしてはいけないと遠慮していたが、遠慮は失礼な態度なのである。何度も湯飲みが行き交うのが親しくなるきっかけである。

このサモワールは木っ端でお湯が沸くのだから、災害時には便利だろうと思い、ザックで背負って日本まで持って帰ってきた。地震でライフラインが途絶えたとしても、近くの川の水を汲み、付近に落ちている木っ端でお湯を沸かせる。コーヒーの粉さえ確保できれば、一服して災難にも備えられるだろうと、我が家の災害グッズの一つにしている。乾燥の国カザフではチャイを一日に何回も飲む。その水の塩分濃度が高いのでは健康によくないし、チャイもおいしくない。せめて、世界保健機関の基準値の水を供給してあげたいものである。

7　旅の終わりのイベント二つ

シルダリアに沿ってアラル海河口までの調査行は多くの新しい発見を続けて終わり、あとは再びアルマティまでの一五〇〇kmを無事に帰り着くだけである。八月が過ぎ、九月に入ったためか、日射しも柔らかくなり、ずいぶんと涼しくなってきた。朝晩は寒いくらいである。最後の水試料の処理も能率良く終わったところで、魚釣りを始める。シルダリアの本流から分かれた支流が流れ込んでできた大きな内湖には魚が豊かに棲息している。岸辺にはヨシが生い茂り、橋の上からでも魚影が見える。全員が魚釣りに興じて釣り上げた魚は三〇匹以上である。筆者も数匹釣ったが、中には六〇cmの大物のレーシーという魚もいる。十分に自慢できる大きさだが、それでも日本に帰って話す時には、この魚の大きさは一mになっているだろうと笑い合った。

初めてカザフに来る学生や研究者に、これだけは忘れずにカバンに入れてくるように注意するものがある。その正解はなかなか出てこない。梅干しとか蚊取り線香とか、味噌醤油などと答えが返ってくる。常識的には大事な品物であり、ほとんどの人が持ってくるが、残念ながら答えではない。答えは水着である。とくに女性には重要である。沙漠に行くのになぜ水着かと思われるだろうが、川を見たら着替えて飛び込み、沐浴するのである。アルマティを出て、再びアルマティに帰り着くまで、風呂や行水などできることはない。出会った川や農業用水路が風呂場となる。魚を釣り終えて、全員で川に飛び込み、石鹸で身体を洗って、岸に上がれば身体が震えるほど涼しくなっていた。夕焼けの中での食事のおかずは魚の唐揚げだった。

三　もう一つの大河、アムダリア

1　アムダリア調査に向けて

地域への道を開くのが任務の筆者としては、本丸のアラル海そのものに出向く前にやり遂げておきたい河があった。それはカザフ国内は一度も流れないでアラル海に流入するアムダリア（Amu Darya）である。流域国はタジキスタン、アフガニスタン、トルクメニスタンとウズベキスタンである。タジキスタンは源流国で、この河の水を大いに取水し、大規模灌漑農業を展開しているのはトルクメニスタンとウズベキスタンの二カ国である。トルクメニスタンには、アムダリアから農業用水を導水している、世界最長の運河（一四〇〇km）であるカラクム運河があり、いずれは訪ねてみるつもりだが、この時点では調査の対象外として、最大の取水国であるウズベク領内のアムダリア踏査を次の目標とした。とはいえ、ウズベクには一人の知り合いもいない。そこで、カザフスタン農業科学アカデミーの副総裁スレイメノフが書いてくれたウズベキスタン農業科学アカデミーのウルドシェフ副総裁宛の紹介状一枚を持って、首都のタシケントに出向くことにした。一九九五年六月のことである。

アルマティのアパートを出発して、タシケント街道を西に八五〇km走れば、ウズベキスタンの首都タシケントに至る。夜行列車でなら、一泊しながら行けるが、今回は車で行くことにした。運転手はキムさんがやってくれ、当時、アルマティに滞在して土壌学分野の研究をしていた院生の鈴木くんと私の三人旅である。車はキム所有の日本車・スカイラインの中古車である。一九九五年ともなれば、日本からの中古車輸入も活発となり、シベリア方面から輸送されてくるが、輸送の途中で部品が盗まれることもなくなったようで、市内には日本の中古車が全車両の二割程度の比率で走っている。時々、日本車を購入したカザフ人から、キムさんを通じて、車内に書いてある仕様書などの問い合わせを受けて出かけることもあったが、これほど日本車が多くなると、業者の知識も豊富となってきたのだろうか、そのような依頼もなくなっていた。

図 3–15　アラタウ山脈

スカイラインは快調に、カザフの南端にあるアラタウ山脈の裾野を、山に平行するタシケント街道を西へ西へと走った（図3—15）。六月初めの山麓草原は花の季節も終わりで、赤いケシの花畑も少しはあるが、もっとも奇麗な季節は過ぎている。街道は旧ソ連邦時代からの幹線道路で、ほぼ整備されているとはいえ、六三歳のキムさん一人で八五〇kmの運転はきびしい。村がなく、交通警察の検問所もないと判断した沙漠の一本道では、国際免許証は持っていないが、私が運転を代わって走った。助手席に乗っている鈴木くんが、検問所や交番所の在処を地図に克明に記録してくれ、帰り道でも大いに役立った。タシケントに到着したのは深夜も一一時を過ぎ、ホテル・ウズベキスタンを探しあぐねての到着であった。人口二五〇万人の大都市タシケントは深夜でも車が行き交う。ホテル前の交差点の向こう側に農業科学アカデミーのビルがあった。

たった一枚の紹介状であるが、旧ソ連邦を構成していた隣国同士で、お互いに旧知の間柄なのだろう、副総裁はアカデミーの構成とウズベクの農業事情を丁寧に説明し、当方の計画を理解して、綿花栽培研究所の所長を担当者に指名してくれた。共同研究の計画書と合意書作成を進めることになり、九月にはアムダリア沿いの調査行も実現できる運びとなる。アルマティを出発するときには、タシケントまでの大きな無駄足ではとの思いを半分抱きながらの旅であったが、新しい関係が展開できそうであった。

この頃の中央アジアは、旧ソ連邦諸国が結成したＣＩＳ（独立国家共同体）の一員であったので、構成国のどれかのビザを所持していれば、その他の国に三日間だけはビザなしで滞在できるという「三日間ルール」があった。我々もビザなしでウズベクに入国していた。共同研究の見通しも立ったので、三日目の早朝にタシケントを出て、カザフ国内に戻った。

2　アムダリア踏査

アムダリアが国土の西側を、シルダリアが東側を流れ、二つの大河に挟まれて、長くのびるウズベキスタン共和国の西北端にアラル海がある。シルダリアはフェルガナ盆地からタシケントやサマルカンドを潤し、アムダリアはカルシやブハラの綿花地帯を支えている。このシルダリアとアムダリアが流れ込んでできているアラル海の干上がり縮小の理由と背景に迫ろうとかねてから計画していた。

そして、やっと一九九五年九月一六日に、ウズベキスタンの首都であるタシケントを出発点としてアムダリア沿川を見ることができた。そこには、広大な綿花栽培農地があり、オアシス農業の国から、近代農業国へと変貌した旧ソ連邦の構成国ウズベキスタンがあった。この農業を支えている水源のひとつであるアムダリアは二五〇〇kmを流れてアラル海に到達することなく、小さな湖であるシガクリ湖となって終わっていた。アラル海の湖岸線は一九九五年当時も今も、一日に二〇mから数mの速さで後退している。その原因である大規模灌漑農業と水の実態を調べるためのアムダリア踏査である。

シルクロードの古都タシケントは沙漠の中にあり、人口は二五〇〇万人と中央アジア最大の都市であり、天山山脈を源とするシルダリアが、ウズベキスタン共和国のフェルガナ盆地を経て西進してタシケントに至る。街中に縦横に張り巡らされた運河がこの街を支え、街路樹は大きく伸びている。

図 3–16　ウズベキスタンの運河網

ブハラ、ヒワ、ウルゲンチンを経てヌクスへと、アムダリア沿いにあるシルクロードの街はロマンをかき立てる佇まいである（図3—16）。

ウズベクの国土面積は日本の一・二倍で、七倍の国土面積を誇るカザフより遥かに小国であるが、総人口は二七〇〇万人と、カザフの一七〇〇万人をはるかに凌駕し、中央アジアの中心国である。人口の八〇％はウズベク人で、数％ずつのロシア人、タジク人、カザフ人が続いているが、カザフ人とロシア人が半々で住んでいるカザフの大都市アルマティとは街の雰囲気はずいぶん異なる。街を歩けば、羊肉や牛肉の串焼き（シャシリク）を焼く光景が、カザフと同じようにあっちこっちで見受けられるが、異なるのはプロフ（焼き飯）の店が多いことだろう。サフランの色素（黄色）を混ぜた焼き飯を大鍋で作っている。ウォッカが好きな人々であることには変わりはないが、敬虔なイスラム教徒も多く、とくにフェルガナ盆地の街々を訪ね、招待され、お宅に伺うと、おいしい料理とともにウォッカが当然のことのように振る舞われるが、主人から「どうぞお飲みください。けれども私はイスラム教徒なのでウォッカは失礼します」と言われることが度々あった。そんなことはカザフでは一度もなかった。同じイスラムの国で、国境を接している国同士であるが、ずいぶんと雰囲気も習慣も違う国へやってきたものだと思った。カザフの風土に慣れてきた身であるが、戸惑うことにいくつも出くわした。アムダリアの踏査行は、まずタシケントからシルダリアが流れるフェルガナ盆地を経て、山岳地帯を横断してアムダリア流域に入り、アフガニスタンとの国境の街・テルメスへと進んだ。同行者はウズベキスタン農業科学アカデミー所属綿花栽培研究所の所長と植物学者の通訳である。こんな重鎮がガイド役として来てくれたおかげで、行く先々の宿舎は綿花栽培ソホーズの宿舎で、ソホーズの議長自らが歓迎してくれる。

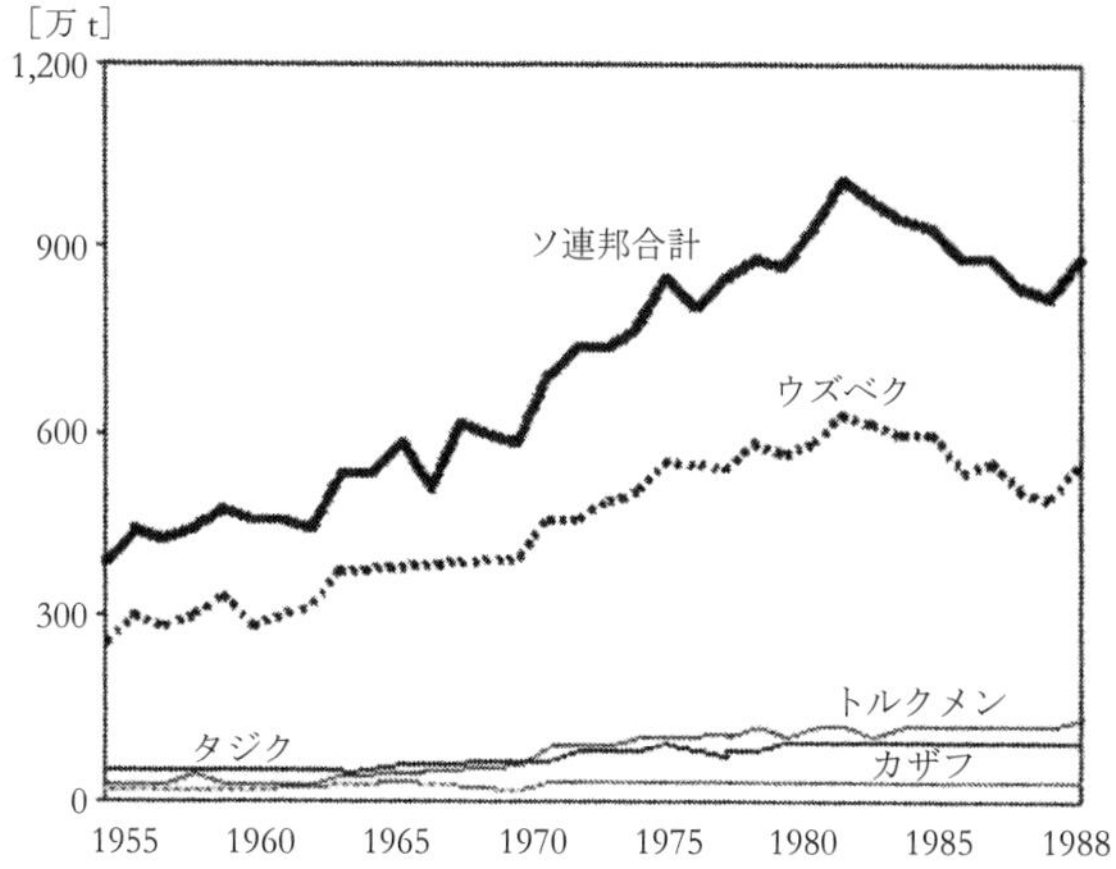

図 3–17　綿花生産量

ウズベクの綿花生産量は、アラル海縮小の原因となった大規模灌漑農地開拓によって急激に増加し（図3―17）、ソ連邦の全綿花生産量の大部分を占めるようになった。その綿花栽培農業の大元締めの綿花栽培研究所の所長がガイドであるから、栽培地帯を知り尽くしており、道に迷うことはない。

出発の朝、ウズベク側メンバーがホテルまで迎えに来てくれた。日本側メンバーは筆者と大学院生の辻村さんと、カザフから来てもらった英語通訳のイスカコフさん（コムギの遺伝学研究者）である。カザフでは、出発時間が守られたことはなく、八時出発の約束なら、まず一〇時に出られれば上出来である。こんなカザフとの付き合いが五年も続いているので、中央アジアではどこでもそんなものだろうとゆったりと朝の準備をしていたら、出発予定時刻前に迎えに来てくれ、大慌てとなった。遊牧民のカザフ人と、農耕民のウズベク人の違いだろうか。三週間の踏査行が終了するまで、時間はきちんと守られ、私の中央アジア感は大いに変わった。

3 綿花栽培

カザフスタン領内のシルダリア流域も、トルキスタンを中心として大綿花地帯が展開するが、いずれの綿花農場も一九六〇年代以降に開拓されたものである。それに対して、ウズベクの綿花生産の歴史は古く、シルダリア上流域であるフェルガナ盆地では三〇〇年前とか、四〇〇年前から綿花を栽培していると所長が紹介してくれる農地をいくつも見ることができた。

シルダリアが盆地の中心を流れるフェルガナは、コーカンド、ナマンガンやアンディジャンなどの汗国が建設され、豊かな自然と高い農業生産の中で、多くの文化が栄えた地方である。ほとんどの食糧用の農作物が自給できるこの盆地では、ジャガイモや砂糖を他地域から移入すれば賄えるという。

一面の綿畑のように見えるが、綿花ばかりを連作しているのではなく、牧草のアルファルファを三年栽培したあとに綿を七年栽培するという旧来の輪作に加えて、コムギや野菜栽培を組み込んだ輪作が導入されている。やはり、シルダリア流域より塩類集積がしにくい地形に拡がる農地でも塩類との闘いが続いている。

図 3–18　綿摘みの少女

4　三大繊維の国

綿花畑がウズベクの農地である。一枚の畑は一〇 ha かそれ以上の広さである。季節は九月中旬を過ぎ、綿花の収穫最盛期に入りつつある。一〇人ほどの農民が胸の高さまで伸びた綿花の間で、首から大きな袋をぶら下げて、綿を摘んでいる。大人も多いが子供、とりわけ女の子が賑やかで、綿摘みの主力でさえある。子供は重要な労働力で、フェルガナ盆地は子沢山だと言う。手摘みの方が、機械で収穫したものよりも品質がよく（葉の切れ端などのゴミが混ざっていないので）機械摘みの二・五倍の値がつくという（図3―18）。

この旅の間中、宿舎の朝食は七時で、出発は八時であったが、時として遅れる日もある。日本側の問題ではなく、ウズベク側が原因である。理由は彼らの怠惰でも、準備不足でもない、毎朝のテレビのニュースで、ウズベク国内の地域ごとの綿花収穫割合が放送され始め、ウズベク側スタッフがテレビに釘付けになるからである。「アンディジャン地区では六二・五％も収穫したぞ。なんて速さだ。コーカンドは遅れているよ」と画面に釘付けである。まさに、綿花の国の真剣勝負である。

フェルガナ盆地のこの季節は強風が吹く。盆地の入り口は峡谷で、ここで圧縮された大気が、盆地内でいっきに開放されてつよい風となる。道案内の綿花栽培研究所の所長は三〇年間に亘って、この強風による畑の土壌が飛ばされる被害（風食）防止を担当していたという。綿花畑の周囲には必ず木が植えられている。道路の両側にも同じ樹種が果てしなく続いている。風食防止を兼ねた桑の木である。ウズベクは綿花の国であるばかりではなく、お蚕さんの、絹の国でもある。綿の栽培は五月からはじまり、それまでに農繁期が終わる蚕の飼育とは労働がかち合わないので、綿の国だが、養蚕も可能だという。残念ながら、未だに養蚕の現場を見る機会がない。養蚕に詳しい知人によると、ソ連邦時代の内に世界の蚕の品種改良の波に乗り遅れ、現在は絹糸の質が低く、中国に安く買いたたかれているようである。フェルガナ盆地からタシケントを経てアムダリア沿いへと連なるシルクロードは、単にシルクが中国からヨーロッパに運ばれただけではなく、ウズベクのシルクも育てた道なのだろうか（図3―19）。

図 3–19　綿畑と桑の木

沙漠の荒野には羊や山羊が放たれている。なだらかな丘や山腹には編み目状の模様がついている。正方形の連続ではなく、菱形が連続した編み目である。ウズベクのどこに行っても、斜面にはこの模様が見られる。これは羊や山羊が斜面を草を求めて登り、夕方には小屋に帰るために下りてくる日々に記された彼らの足跡の道である。国土を限無く歩き尽くしている羊や山羊こそが、この国の主人公である。そんな羊も加えて、人類が頼ってきた世界の四大繊維（綿、絹、羊毛、麻）のうち、綿と絹と羊毛を見ることができる国がウズベキスタンである。羊毛がどの程度の生産量であるかは知らないが、四大繊維の内の三つまである国が貧しくなるはずがないだろう。いつかは綿と桑と羊を一枚の写真画面に捉えてみたいなどと思いながら、シルダリア流域から分かれて、アムダリア流域のスルハンダリアへと調査行を進めた。

5 国境での水採取

アムダリアはパミール高原を源として、ヒンドゥクシー山脈を抜けて、トルクメニスタンとウズベキスタンの国境を北西方向に流れ下る。多くの街や農村を涵養しながら、ウルゲンチやヌクスなどのシルクロードの街を経て、かつてはアラル海に流れ込んで二五〇〇kmの旅を終えていた。今は、河口域の大デルタ地帯もなくなり、乾涸びた沙漠の一部になってしまっている。ウズベキスタンの領内で、この河の最上流部にまず行きたいと思っていた。

サマルカンドの外周道路を経て、南へと走れば、何本もの運河を跨ぎ、綿花地帯を抜けて、アムダリア沿岸の街であるテルメスに達する。旧ソ連時代は、ウズベク人といえども簡単には街に入れず、まして外国人は全く受け入れなかった街である。無線用の大鉄塔やレーダーなどの軍事施設が現れ、緊張した雰囲気が街全体にある。なぜなら、国境の河であるアムダリアに架けられた橋を渡れば、そこはアフガニスタンである。この橋（ソ連・アフガニスタン友好の橋）を通って、一九七九年にソ連軍はアフガンに侵攻した。八七〇mの橋の向こうはアフガニスタンのアエラトン市である。そして、一九八八年にこの橋を渡ってソ連軍が撤退したあとは、閉ざされたままである。

一九九五年九月二三日の午後、私たちはこの橋の近くにまでたどり着いたが、橋の近辺はもちろんのこと、周辺の川べりは国境警備隊の軍事基地で、川岸に近づくことさえままならない。日本からとは言わないまでも、はるばるタシケントからアムダリア最上流部の水を採りたいとやって来た。

中央アジア六年目にしてやっとたどり着いたアムダリアである。軍との交渉は難航したが、二時間ほどねばった介があって、日本人一名、通訳一名だけが川岸まで兵士と一緒に行くこと、三〇分間で水と泥を採取して戻ってくること、カメラは持参しないことを条件に軍事基地への立ち入りを司令官が許可してくれた。貴重な試料を採取して戻ってくる辻村くんを待つ。北緯三七度一六分一四秒、東経六七度一〇分二八秒の夕闇が迫る午後六時であった。

6　アラルに達せずに消える川

アムダリアから運河が敷かれていれば緑の農地が豊かに開け、運河がなければ、キジル・クム沙漠の荒野が広がる。年間降水量は八〇mmの世界の光は、乾ききった空気の中を飛んでくる。そんな荒野沙漠の中に小さな川が現れると、そこは小さなオアシスである。こんな村を車で走り抜けた、ある日の日記には、「緑が生え、白い塀の前にロバに乗った白いヒゲの老人が白いチャバンに身を包んで通り過ぎ、若者はゆっくりと歩き、老婆は座って我々の車を目で追う。五分間でオアシスを通過して、再び白い光が跳ね返る沙漠に入る。羊も牛も黄土色の地肌の一部と化し、風景に浮き上がるものとてなく、羊飼いの少年二人が陽に背を向けて羊の群れを眺めている。真っ赤な民族衣装の女の動きだけが目につく」と記している。

そんなキジル・クム沙漠はベルルージャ・カリューチカ（ラクダだけが食べる草）だけが生えてい

る荒野沙漠で、トルクメニスタンとウズベキスタンの国境である。四方が地平線の沙漠の中に、掘ったて小屋と遮断機が、一応国境の存在を伺わせる。

沙漠が農地に変わった綿花畑の都市・カルシ市の農業用水はトルクメニスタンを流れるアムダリアから送水されている。その取水ポンプ場へ、農場の議長とともに出かける。我々はトルクメニスタンのビザを持っていないが、議長の顔ですべてフリーパスである。走ること一時間でアムダリア取水ポンプ場に到着する。灌漑農地との標高差は一一八mもあるので、巨大な送水パイプが五本も並び、毎秒二四〇tの農業用水を、毎年三月から一二月の間送り続けている。このような取水場や自然流下の取水口が各地にあり、取水された水を利用して、「沙漠を緑に」変えてきた。かくして、アムダリアもシルダリアと同様か、それ以上に水を搾り取られて、痩せ細り、アラル海に到達する前にその流れが途絶えている（図3―20）。

図 3–20　テルメス送水場

一九五〇年代には、アムダリアやシルダリアの下流には広大な湿原・湿地があり、春になると、水源地である天山山脈やパミール高原から流れ出る融雪水によってアラル海の手前には氾濫原ができ、河畔林があった。魚や鳥の生息地であり、渡り鳥の休息地であった。今ではその面影を探すのも大変である。一九九五年当時は、今のようにGoogle Earth™を使えなかったから、我々にとっては、どのような形でアムダリアが終息しているのかを容易に把握できなかった。

アムダリア中流域の調査を終わって、シルクロードの有名な都市・サマルカンドを経由してタシケントに一旦戻り、そこから広大なキジル・クム沙漠を眼下に見ながら、空路でアムダリア下流の都市・ヌクスへと移動した。ヌクスは、ウズベキスタン共和国内にある自治共和国・カラカルパクスタン共和国（アラル海を含む地域）の首都である。かつては湿地帯であったが、今は干上がった平坦な土地に、アラル海に向かう道路が、東経五九度の線をなぞるように真っすぐ北に延びている。この道を走れば、大アラル海南岸の、大漁港だったムイナクに至る。

この港の手前で、アムダリアは湖というよりも池と称した方が似つかわしい水面へと流れ込んで、長い旅程を終える。ウズベク政府はこの干上がった氾濫原を少しでも復元したいと考え、この池の土手を高くした人造湖建設を計画し、淡水魚漁業の復活や、河畔林や放牧地を作り出そうとしている。人造湖や湿地帯の復元は、干上がった旧湖底での砂移動を防ぎ、住民の生活を保護するだろうか。かつての港、ムイナクの岸壁に立ち、北方を凝視しても、押し寄せる砂と旧湖底沙漠以外は見えない。たぶん一〇〇km先まで行けば、アラル海の水に会えるだろうが。

7　棄民の地カラカルパック

海を奪われ、魚を奪われ、漁民としての生活が成り立たなくなって、カラカルパックの多くの人々は村を出た。残った人は、大海原の復活を願って、わずかに魚が捕れる池や川で漁をして凌いでいるが、アラル海の復活は絶望的である。数万ｔの漁獲を誇ったアラル海南部最大の漁港は、年間二〇〇〇ｔほどの漁獲しかない、うら悲しい沙漠の村になっていた。

カラカルパクスタン共和国はカラカルパック人の国で、以前はカザフスタンに属していた。カザフ人やウズベク人との複雑な関係のもとで、現在の自治共和国に居住するようになったモンゴロイド系の民族である。風習的にはカザフ人に近く、民家に招かれて食事となれば、漁民であるから、魚のフライやすり身のミンチボールがまず登場する。しかしこれで終わりではなく、最後は羊の頭をまるごとゆでたものと、ビシュマルマック（羊肉と麺）である。まさに、カザフそのものである。

Google Earth™を見られるなら、このヌクス辺りをぜひ見て欲しい。濃い緑色に見える湖沼以外の土地は白くなっている。雪景色ではなく、塩景色なのである。干上がった湿地帯の表面は塩で覆われている。砂に襲われ、塩が舞うこの地で、人々はどのようにして生きて行けばよいのか。私たちがアムダリア踏査をした一九九五年の夏、ヌクスである国際会議が開かれた。中央アジア諸国の政府首脳が出席した会議で、「アラル海再生には三つの考えがあり、一つは北極海に向かって流れる川を南に転流させてアラルに水を入れる案、二つ目はカスピ海の水を導入する案、三つ目は灌漑農業と灌漑システムの見直しで水を節約する案」が真剣に討論されたという。いまだに、一とか二の案が議論の対象になっているのが悲しい。どれほどの建設費が必要であり、どれほどの環境影響があるかを十分に分析した上での議論とは考え難い。茶番の議論をしているだけである。三番目の案は、アラル海に水が戻るかどうかは別にして、十分に議論の価値があるだろう。

こんな不真面目な議論が続けられる間に、人々は苦しんでいる。ウズベク政府はこの地への対策を考える気もなければ、経済的余裕もないというのが現実である。旧湖底沙漠での植林事業が細々と続けられているようだが、それも独立後四年でソ連邦時代の遺産を食いつぶしてしまった今は頓挫している。ムイナクの昔の海岸に立って、筆者の心に浮かんだ言葉は「棄民」であった。広大なキジル・クム沙漠の向こうのタシケントにある政府にとって、干からびたアラル海と魚が捕れなくなったムイナクは、もはや迷惑な存在でしかない。その後、日本の海外青年協力隊員としてはじめてこの地に入った青年もまた同様の感想を持ったと後日語ってくれた。そして、干上がった湖底沙漠での天然ガス採掘が始まると、掘削用の櫓が簡単に建設できるから、アラル海は早く干上がってくれた方が都合がよいと言われ出した。まさに、民も地域も棄てられていく。

アムダリア上流域から中流域での大河の様相と、下流のか細い流れまでを踏査した調査行も終わり、タシケントを経て、列車でカザフスタンのアルマティに戻った。これで二つの大河を見終わったので、次はアラル海本体である。

〈コラム〉日本大使館開設に尽力

一九九〇年代はじめに、中央アジア諸国へ出かける日本人は稀であった。かの国の社会状況も分からないことだらけであり、行くとしても航空機の便は悪かったから、シルクロードのロマンの旅にウズベキスタン・タシケントへの観光に出向く人くらいのものであったろうか。

成田空港からモスクワのシェレメチボ国際空港に到着し、そこからタクシーで六〇㎞ほど離れた国内線空港であるドボジェドボからアルマ・アタ行きのアエロフロートに乗った。電灯を可能な限り節約した、暗く不便なドボジェドボで日本人に会うことはなく、分からないロシア語のアナウンスにオタオタと対応していたものである。アリムジャーノフ大統領特使を招待したり、カザフスタンにある旧ソ連邦の核実験場の村・カイナルの被爆者を紹介するテレビドキュメンタリー番組を作成するなど、なんとかカザフスタンを我が国で知られるようにしたいと動いていた。

そんな時、大阪府は高槻市に住んでいる方から、「アルマ・アタにバレエ留学をしている娘にバレエシューズを届けてくれないか」との便りをいただいた。当時、航空便でシューズを送ると、モスクワ空港でなくなるのか、アルマ・アタでなくなるのかは分からないが、箱に詰めた三足の内、届くのは一足だけだとか。アルマ・アタに日本人が留学していることだけでも驚きであったが、それも中学生の女の子であるという。喜んで運び屋を引き受け、アルマ・アタ市内のバレエ学校を探し、シューズを無事に届けた。

このような経験を重ねる内に、この国で調査研究をやろうと思えば、どうしても国レベルの交流が必要であり、その為には、ぜひとも大使館を開設すべきだと考えるようになった。と言っても、そんな政治的な力はないから、いろんなカザフ情報を日本に持ち帰り、宣伝するくらいしかできないが、カザフスタンと日本の民間外交的活動を細々ながら始めることとなった。

大使館ができるまで

カザフスタン側の受け入れ団体とその責任者がカザフ政府の中でも政治的地位が高かったので、必然的にカザフと日本の政府間交流を強くのぞまれた。また、カザフスタン領内にソ連邦が配置したままになっている核兵器の管理と処理が世界政治でも重要な課題になっており、カザフと日本の国家間交流をどうするかが常に話題になっていた。カザフ側の言い分は、「アメリカからはゴア副大統領が、ドイツからはコール首相が、フランスからはミッテラン大統領がアルマ・アタにやってきたのに、なぜ日本の首相は来ないのだ」というものだった。

最初の日本政府高官の訪問は、宮沢内閣の外務大臣である渡辺美智雄さんであった。前年の大統領特使アリムジャーノフさんとの会談の席でカザフ訪問を即決した渡辺外相が一九九二年の五月にアルマ・アタを訪問し、テレシェンコ首相と会談した。ただし、外相はタジキスタンからアルマ・アタに入り、首相との会談とレセプッションだけでモスクワへと通り抜けて行った。いくつかの理由はあるが、この訪問はカザフ政府内ではきわめて評判が悪く、同じ日にトルコの経済使節団が来ていたこともあり、翌日の新聞各紙ではトルコの記事が大きく扱われ、日本の外相来訪は小さな記事でしかなかった。カザフの言い分は、タジキスタンには宿泊したのに、カザフでは泊まりもしないで素通りして行ったのはどういうことだというものだった。草原の彼方からやって来た遊牧民を客人としてユルタに泊めてもてなす習わしをコケにされたというのだろうか。

渡辺外相訪問の前後に、外務省に在カザフスタンの日本大使館の開設を、いろいろなルートから要請してもらった。ところが、当時の外務省の方針は、「ソ連邦が崩壊して一四の国が誕生した。すべてに大使館を創るのは不可能である。中央アジア五カ国についてはウズベキスタンのタシケントにまず創る予定で、一年で一カ国しか創れない」というものだった。たしかに、いくつもの大使館を同時に設立するのは大変なことであり、必要か否かの見極めも重要であり、タシケントが中央アジア随一の大都市であるから、その選択が間違っているとは思わなかった。しかし、カザフスタンにはソ連邦が置いて行った核弾頭が一二六〇余発あり、セミパラチンスク核実験場もあるカザフスタンに大使館を開設するのは、被爆国日本としては急務ではないだろうかと言うのが私たちの主張であった。核兵器の拡散を防止するためにも日本はカザフとの関係を深めるべきであると考えて、直接に、あるいは間接的に外務省に要請した。どのような議論が政府内部で交わされているかを知るよしもなかったが、渡辺外相が一日訪問しただけで、それ以外にカザフスタンに出かけた国会議員は皆無である。

それなら、経費負担はできないが、道案内くらいはできるからアルマ・アタに出かけ、カザフを知り、カザフ政府と接触し、帰国後はアルマ・アタに日本大使館を開設するように政府に働きかけてほしいと武村正義さんにお願いした。大統領特使の面倒も見ていただき、カザフに関心を持ってもらっていたので、カザフ訪問を快諾してもらった。

武村さんの他に、河村建夫さん、井出正一さん、小沢潔さんの四名の国会議員と武村さんの秘書と私の一行は、一九九二年八月四日に、成田空港からモスクワを経由してアルマ・アタに到着した。出迎えは平和委員会委員長のアリムジャーノフさんとカザフ外務省の幹部である。

図 3–21　テレシェンコ首相と武村代表団

日本の国会議員をはじめて迎える故に、カザフ側もテレシェンコ首相とナザルバエフ大統領との個別会談を用意してくれており、会談は順調に進んだ。

八月七日、武村団長とナザルバエフ大統領との会談が持たれ、主要話題はODAについてであった。カザフ政府にはまだODAとは何であるのかという深い知識がなく、そのような援助を受け入れることに疑義を抱いている様子であったので、我々は事前に日本外務省から英語で書かれたODA関連資料を取り寄せ、この会談でカザフ側に手渡し、武村さんが種々説明してくれたはずである。会談の通訳を誰にするかは大きな問題であったが、カザフ側に日本語通訳の準備がされていず、仕方なく、嫌がるキムさんを説得してというか、無理矢理に通訳として大統領との会談の部屋に押し込んだ。

かくして、日本の国会議員とカザフ政府首脳との最初の会談が終わった。代表団はイリ川水系をヘリコプターで眺めたあと、帰国の途に付かれたが、私は残り、ベレケへ出かけて行った。

その後、どのような議論と経過があったのかは知らないが、一九九三年一月にカザフスタン共和国の首都アルマ・アタとウズベキスタン共和国の首都タシケントにそれぞれ日本大使館が開設された。初代カザフスタン大使は松井啓さんだった。この大使館開設で私の民間外交活動は終わり、一日も早くアラル海調査に出かけるべく、カザフスタンの研究者との交流を深めて行った（図3―21）。

第4章

アラル海調査へ

一　本丸、アラル海

1　世界最後のアラル海大航海

中央アジアに通い始めて七年目に入っていたが、この頃に使っていた渡航ルートはモスクワ経由であった。ソ連邦時代には、新潟からハバロフスクへの道程であったが、ハバロフスクで一泊せざるを得ないことや、途中の立寄り空港で機外に出されるなど不便の極みであったので、アエロフロートでの成田―モスクワ便へと変更した。

ソ連の通貨であるルーブルの値打ちが激変する時代であった。一九八七年に最初にバイカル湖に出かけた時の交換レートは、一ルーブルが二〇〇円だったろうか。それが、一九九〇年には一〇円となり、ソ連邦が崩壊した一九九一年には五円に、一九九二年には一円に、一九九三年には五〇銭となった。アラル海本体の調査に出かけた一九九六年の九月のルーブルと円の交換レートはなんと一銭くらいではなかったか。こうなると、もはやかわいそうとしか言えない気分だった。モスクワのレストランで普通の昼飯を食べて、支払いをする段になって、一〇万ルーブル紙幣や五万ルーブル紙幣を何枚も扇子状に広げてレジで抜き取ってもらわないと、どの紙幣で支払っていいのか分からない状態だった。

それに比して、カザフスタンの通貨テンゲは安定していた。それでも、円をドルに換え、ドルをテンゲに交換しての支払い会計は、なかなか難しい作業である。この数年間、大学院生の辻村くんとイリ川やシルダリア、アムダリアを踏査してきたが、今度はアラル海の航海を目指してのアルマティ入りである。この間の会計は、すべて彼に任せての旅であった。日本を出る時か、アルマティに到着した時に、その調査行の予算の全額を彼に渡して、帰国後に清算してもらうことにしていた。もちろん調査行の途中でも、残額を知らせてもらうこともあったが、大抵は任せきりである。会計のおおまかな目安としては、予算の五％までの使途不明金は知らせてくれる必要がないが、一〇％の金が不明になったときには、団として、重大な勘違いやミスをしているかもしれないから、相談することにしていた。もちろん、そんなことはほとんどなかった。

海外だけでなく、国内でも、筆者の経理はこの考えを基礎にしている。まして、慣れない外国の、しかも三週間で沙漠の中を数千km も移動しながら、経理を完全にするのはまず不可能である。それなら、帰国できる程度に金が残っていれば、上出来の会計だと判断するやり方の方が、効率的であり正確だろうと考えている。文章にすると、えらく厳格なもののようであるが、「一〇〇万円を使って、四〜五万の不明金があっても、お互いに知らなくてもよいだろうが、一〇万円になったらこれはちょっと問題だよ」くらいで考えようというだけである。今の日本では、一円まで合わせないと、と力を込めているから、使途不明金の数百倍もの人件費を投入して、精査している。まったく無駄

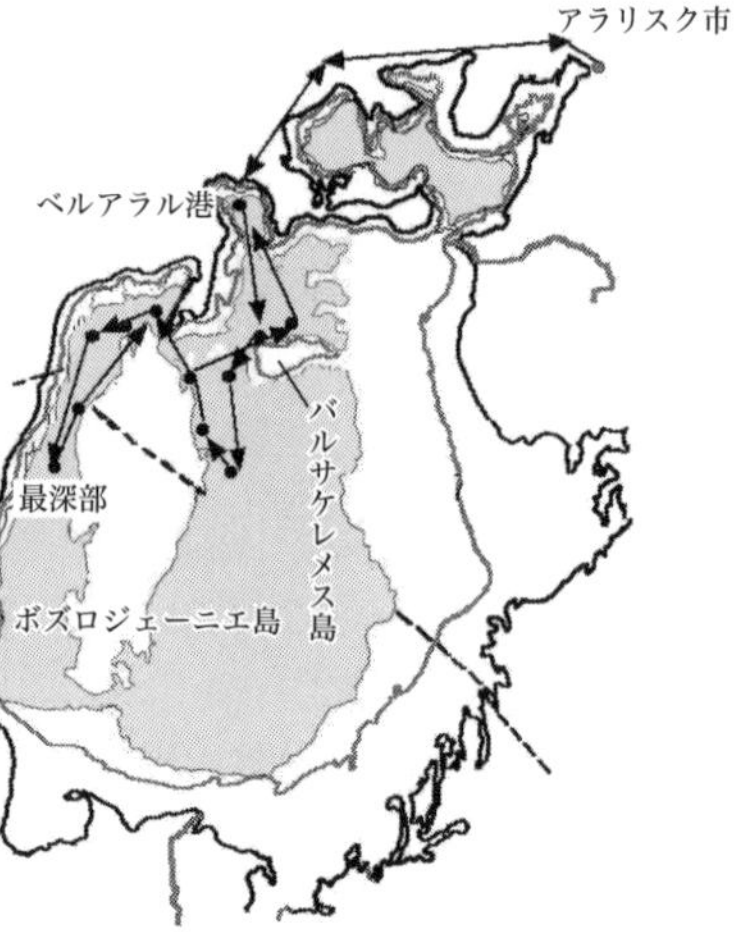

図 4–1　調査行程図

な金遣いだと思う。

このように、筆者は現地通貨を持たずに何度も彼と調査行に出かけたが、たったひとつ不便なことは、旅の途中でなにかを買いたいと思ったときに、彼に小遣いをもらわなければならないことであった。二日続けてアイスクリームを買いたいと現地通貨をもらおうとしたら、「昨日も食べたでしょう」と嫌みを言われるのだった。

2　一九九六年のアラル海

アラル海は、北アラル海と南アラル海に分けて呼ばれていたが、別段に分かれている訳でもなく、ひとつの湖である。縮小し始めてからは、北アラル海は小アラル海、南アラル海は大アラル海とよばれ、両者の境目は、島が繋がってできた半島で区切られ、狭い海峡（ベルグ海峡）で繋がるように変形してきた。もともとの大アラル海が琵琶湖の九〇倍の湖面積で、小アラル海が一〇倍であった。その小アラル海の北東の入り江にアラリスク港（市）があり、最盛期の人口が九・五万人を超えていたという漁業の都市で、アルマティからの鉄道はアラリスクを経てモスクワへと延びている。

一九九六年には、漁港にあった魚の加工コンビナートも閉鎖され、人口は三万人程度にまで減少していた。この街が、今回の大アラル海航海の出発地点となる（図4―1）。

アルマティから列車で二泊の車中泊のあとにアラリスクに到着したのは九月八日の夜である。日本側メンバーは水生微生物学が専門の中原さんと筆者と辻村くんである。カザフ側はアルマティから二名、ノボカザリンスクから二名の研究者に、船長と船員四名である。ここから、アラル海の北岸沿いに西に四〇〇km走り、ベルアラル港まで行き、そこに停泊している調査船で大アラル海へと乗り出す計画である。どんな船が待ってくれているのかと心が弾む。船名はオットー・シュミット号と言うらしい。船長はアラリスクに住んでいる無口なカザフ人である。

3　まずは北西海岸へ

アラリスクから沙漠のダートを西へ四〇〇kmも走るのだから、早朝出発で構わないかと、団長のボリスさんが聞いてくる。もちろん、深夜に到着は危険であるからと、五時起き七時出発とした。薄暗い民家の朝、調査機材など装備一式を玄関に山積みにして待機するが、一向に出発の気配はない。ジープとトラックの二台での移動だが、そのトラックがやって来ない。七時出発が、一〇時を過ぎたところで、一旦仕切り直しとした直後に、トラックが到着した。これで出発かと靴を履くと、今度は「これからガソリンを入れに行く」という。もはや怒る気力もなく、玄関に腰掛けて待つ。

図 4–2　沙漠の夕日

一二時にようやく出発した。カザフ人時間通りで、カザフに来るようになって七年目だから、イライラを抑えるコツが身に付いており、大声で怒鳴ることもなく出発した。一〇〇kmほどは、簡易舗装が剥がれた道を進むが、あとは草原や沙漠の踏みつけ道で、轍をなぞっての走行である。時には集落が見えるが、アラル海が干上がり、湖岸線が後退して、漁業が成り立たなくなった旧漁村の多くは廃村となっている。そんな村か村の跡を遠望できる地域を抜けて西に進めば、荒野沙漠に夕日が傾きはじめた。そして、事故が次々と発生した。

調査船には小型ボートが装備されていないため、アラリスクから五人乗りボートをトラックに積み込み、機材や食糧、アラル海の最大の島であるバルサケレメス島に行くという住民数人を乗せて、沙漠を走っていた。人家や村がまったくなくなった沙漠の真ん中で、トラックのタイヤ一本が破裂するようにパンクし、スペアータイヤを装着して走ること一〇kmほどで、再びパンクである。後輪はタイヤが二本セットの車輪であり、一本だけでの走行は危険である。仕方なく、日本スタッフの乗っていたジープで、最寄りの村までタイヤ調達に行かせることにして、我々は個人ザックだけを下ろして、砂の上で待つことにした。最寄りの村は四〇〜五〇km先だから、彼らがタイヤを調達して帰って来るまでには数時間がかかるだろう。夕日が西の地平線に沈み出した頃から、西の彼方から風が吹き出しはじめた。九月初旬とはいえ、沙漠の気温は日没とともに下がり始める。それぞれのザックを風避けにして、荒野にダウンジャケットを着たダンゴ虫となって横たわる。その時に撮影した西の空が**図4―2**である。風景に慰められて数時間、タイヤを積んでジープが戻ってきた。

再び走り出すと、今度は我々の乗っているジープのタイヤが破裂し、修理して走り出したころには東の空が明るみ出した。風は止んだが寒い。運転手のハンドルさばきがギコチなくなり、明らかに疲れが目立ち、心もとなくなった頃に、ジープは吹きだまりの砂にスタックされる。先行していたトラックが気づいて戻って来て、引っ張り上げてくれた頃には朝日が昇る。アラリスクを出発してから二〇時間近い沙漠走行である。午前八時、沙漠の向こうに水平線の青色が見え、手前に栈橋が遠望できる地点にまで達する。出発港のベルアラル港（旧軍港）に砂まみれ、疲労困憊で到着した。

4　船出の前に

アラル海旧湖底に座礁して動けなくなった廃船は多数あるが、現役の動力船は今ではこのオットー・シュミット号以外にない。栈橋付近は浅瀬になってしまっているため、僅か二〇tほどのシュミット号も接岸できない。アラリスクから運んできた機材、食糧を数次に分けてボートで運んでいる。今回の調査はアラル海の湖水の水質測定、底質やベントス（底生生物）の採取が主たる目的である。大アラル海にはまだまだ深い所もあるので、水深ごとの採水は最重要作業である。そのために持参したバンドーン採水器の収納箱を開けると、悪路走行で採水器そのものが大破しているではないか。一時は呆然と立ちすくんだが、ここでめげてはフィールド屋の終わりである。中原さんと私は、荷物の間に散乱した部品を見つけ出し、回収し、採水器の復活に取りかかった。「あれがなかったからできなかった」はフィールド屋にとっては禁句である。なければ探せ、なければ作れ、なければ別のものを考えろ、である。針金やガムテープなども総動員して、見事にバンドーン採水器は復活し、調査航海の最後までアラルの水をとり続けてくれた。沙漠の悪路走行中に潰れた野菜類や、同乗してきた住民が無断で飲んでしまったウォッカを補充し、最後に羊二頭を船の甲板に繋いで、出港準備は完了した。途端に、睡魔が襲ってくる。悪路四〇〇km、パンク修理三回、スタック一回、機材整備とで疲れ切った身体を船室で休める。

オットー・シュミット号は一九八五年に建造された調査船で、この型の調査船をバイカル湖でも利用した。ソ連の湖沼調査用に造られた二〇t規模の船である。船室は四部屋あり、船首側の船室に日本人三名が入る。船員は船長以下五名である。どれほどの航海を過去にしているかは知らないが、今年に入ってから二度目の航海を控えて、船長がエンジン始動試験を命じ、吹き出し始めた風を避けるように船首の向きを変える。老朽船もエンジンとともに生き返ったようである。そして、翌日早朝に、ますます激しさを増す砂嵐に霞む陸地と港を後にして、大アラル海航海が始まった（図4―3）。

図 4–3　アラル海大航海の船上で

出港後に、まず目指した先はバルサケルメス島である。アラリスクから同乗してきた住民をこの島に上陸させ、我々の航海中は島で仕事をして、帰路に拾って帰る予定だという。島にどんな仕事があるのかは知らないが、サービス寄港である。この島もアラル海の干上がりによって、日々砂浜が広くなり、島の面積が広がっており、昔あった港はもはや役に立たないため、沖合に停泊して、ボートで上陸となる。ただしその後二〇〇九年には、こんな苦労をしなくとも、シルダリア河口域から陸路でこの島に簡単に行けるようになってしまった。すなわち、島ではなくなり、二〇〇〇年ころには半島となり、今では大陸にある小高い丘でしかない。もともと、バルサケルメス島とは、「行けば二度と戻れない島」という意味らしい。

住民を島に下ろし、水質調査と採水を終わって、オットー・

図4–4　ボズロジェーニエ島の廃船

シュミット号は本格的調査航海のために大アラル海の東海域を南下し始めた。心配していたバンドーン採水器はどの水深でも問題なく作動してくれる。海は凪で、エンジン音も快調に、一〇ノット程度のスピードで南下し、北緯四五度一五分を最南端とし、北上を始める。今夜の停泊地はボズロジェーニエ島である。この島は、もともとは小さな島であったが、アラル海の干上がりとともに日々拡大を続け、何十倍、何百倍となり、南端はウズベク側の大陸に繋がりそうになるまでになっている。* 島での停泊予定地の湖岸には、輸送船や軍艦など数隻が錆びついた茶色を呈して座礁している（図4―4）。調査船はその内で、舳先だけはまだ湖面に触れている軍艦へと、舳先に立って分銅を結わえたロープを投げ込みながら水深を測る船長の指示で、慎重な舵取りをしつつ近づき、ロープを投げて係留された（図4―5）。

この島、ボズロジェーニエ島は、ソ連邦の生物化学兵器研究所が一九九一年まであり、秘密基地であったため、民間人がこんな風に接近し、停泊し、上陸できる島ではなかった。** ソ連が崩壊し、研究所は閉鎖され、科学者や従業員は去っていき、島には残骸が残されただけでなく、ペストやコレラ菌が放置されたと噂されている。調査船から廃船に乗り移り、島に上陸した。この旧港から廃墟になった研究所までは数kmはあるのだろうが、正確な位置を船長も知らないようである。港から鉄道線路が奥の方へと延びており、石油タンク車が一両だけ線路上にある。そんな風景を眺めていると、船員が調査船からドラム缶を下ろし、砂丘をタンク車に向かって転がして行く（図4—6）。

図 4–5　係留した調査船、オットー・シュミット号

図 4–6　ボズロジェーニエ島での重油採り

この場所に停泊したのは、タンク車から燃料を頂戴するためだったというわけである。ソ連軍が放置していったものは、カザフとウズベクで適当に使えばよいことになっているようで、このいただき作業は翌朝も続き、かくして調査船甲板上にはドラム缶が立ち並ぶこととなった。秘密基地は無料の給油所だった。

＊　現在はウズベク側の陸地に繋がり半島になり、二〇〇九年には北側がカザフに繋がったようである。

＊＊　この細菌兵器研究所については、一九九九年に出版された、ケン・アリベック『バイオハザード』（二見書房出版）に詳しく記載されている。

5　海峡を渡る

アラル海の天候は日替わりであるとは聞いていたが、昨日のベタ凪が嘘のように、気温は低く、風が吹き、白波が立つ中を調査船は北上を続け、大アラル海西部に入る海峡を通過するべく急ぎ足で接近した。しかし、海峡は狭く、水深は浅いため、この風波の中では通過するのは困難との判断で、岸に近づき停泊することとなる。

風のおさまりを待って、翌朝にはこの海峡の浅瀬をくぐり抜け、アラル海西海岸沿いを南下する。アラル海でもっとも水深が深い海域が広がり、干上がる前の一九六〇年代には五八mもあった水深が、現在は三八mほどしかない。なんとか現在の最深部に迫りたいと船長も粘ってくれ、一九九六年九月一四日の午後一時に水深三八m地点で採水した。表層の水温が二〇・五度で、水深一五mで六・六度、三五mで四・四度であった。電気伝導度は表層から五五・〇、五五・九、五八・二mS／cmだった。

ここを最南端として、これよりも南部は浅瀬が頻繁に出現し、船長も自信がないのか、船首を北に向ける。左舷側には、カラカルパクスタン共和国領の切り立った断崖が灰褐色で続く。もちろん岸辺には人影も船影もない。この調査船には無線装置がない。大海原で何が生じても自力で切り開く以外に道はない。船が故障でもすれば、乗せている手こぎのボートで何日も漕いで岸にたどり着き、沙漠を歩いて助けを求める以外にないよと、船長は気楽に言うが、彼も内心では心配だったのだろう、これ以上南下して、ウズベク領内にいるのが嫌そうである。

幅三・五m、長さ二〇mの調査船オットー・シュミット号は、船長や我々の心配など知らぬげに、相変わらず一〇ノットの速さで北上を続ける。船尾のベンチに座って、大海原を眺めていて、この海の水面にはゴミがないと気づいた。漂う木片も水草の死骸もプラスチックのゴミもない。流入河川のアムダリアからの流入水はなく、魚は死に絶え、漁業は壊滅したから船も浮かんでいない。魚がいないから鳥もいない。窪地に溜まった水の塩分濃度は海水以上に高濃度である。そんな紺碧の大海原の航海は続く。

図4–7　カンパラ

6　魚はいるか

停泊先ごとに、船員たちは夕日の中で刺し網を仕掛け、朝日の中で網をあげる。航海の楽しみは、いつでもどこでも海の幸をいただくことだが、このアラル海の獲物はさみしい。今朝も体長二五cmほどのカンパラ（カレイ）が一匹だけ上がってきた（図4—7）。これでは食べるほどの幸ではないから、農薬汚染分析用試料にいただいて、カンパラの腹を割いて内臓を取り出した。外見からも、腹の辺りがへこんでおり、エサを腹一杯食べているとは思えないとは分かっていたが、内臓を開けてみると、小さな貝殻がいくつか出てきただけだった。彼らが食べる餌生物がこの海域にはほとんどいないようである。流入する河川があれば、河口域だけでもプランクトンやベントスも育つだろうに。それにしても、この腹の内容物でよくもこれまでの大きさに育つものだと感心する。

この航海の全日程で、漁獲物はこのカンパラ一匹だけで、海の幸に舌鼓を打つなどは、何年も前に見果てぬ夢物語になっていたと実感する。アラル海の魚類の死滅、漁業の崩壊などについては文献的に十分に学習してきたはずなのに、大海原に出ると、魚が絶滅してしまったなどとは思えないほどの海の青さと広さである。この大海を、何百隻の漁船が行き交い、大漁に酔いしれ、ウォッカで何度も乾杯をしていただろう漁師達の大声や笑い声が、この海の何処かにまだ残っているような気がする。それはほんの四〇年ほど前のことであったはずである。

シルダリアやアムダリアの河口域や沿岸部には多くの漁村が在り、それぞれの村には複数のコルホーズが漁業組織として形成されていた。大きなコルホーズには複数の生産大隊（ブリガード）があり、大型船を中心にした船団を組織して漁に出ていたようである。例えば、シルダリア河口のブグン村には乗組員が一二人の大型船と六隻の小型ボードで一船団となり、魚種対応の網を駆使しての漁であったという。今、私たちが航海している、この大アラル海の大海原の下には、コイやチョウザメが泳いでいたのである。

縮小するまでのアラル海はもともと豊富な魚類が生息する内陸湖であった。そのアラル海に棲息していた魚類は、その起源から二通りに分類できる。太古からこの湖に棲息していた、いわゆる在来種と、二〇世紀になってから外洋から導入された外来種である。在来種はコイ、カワスズキ、チョウザメ、マス、ナマズ、カワカマスやトゲウオなどに分類される二〇種類の魚が、外来種としては、一九二七年に導入されたチョウザメの一種や、ニシン、ボラ、ハゼ、イワシ、ソウギョやカレイ（カンパラ）など一四種の魚が棲息し、豊富な漁獲量となって、中央アジアのみならず、ソ連邦内での

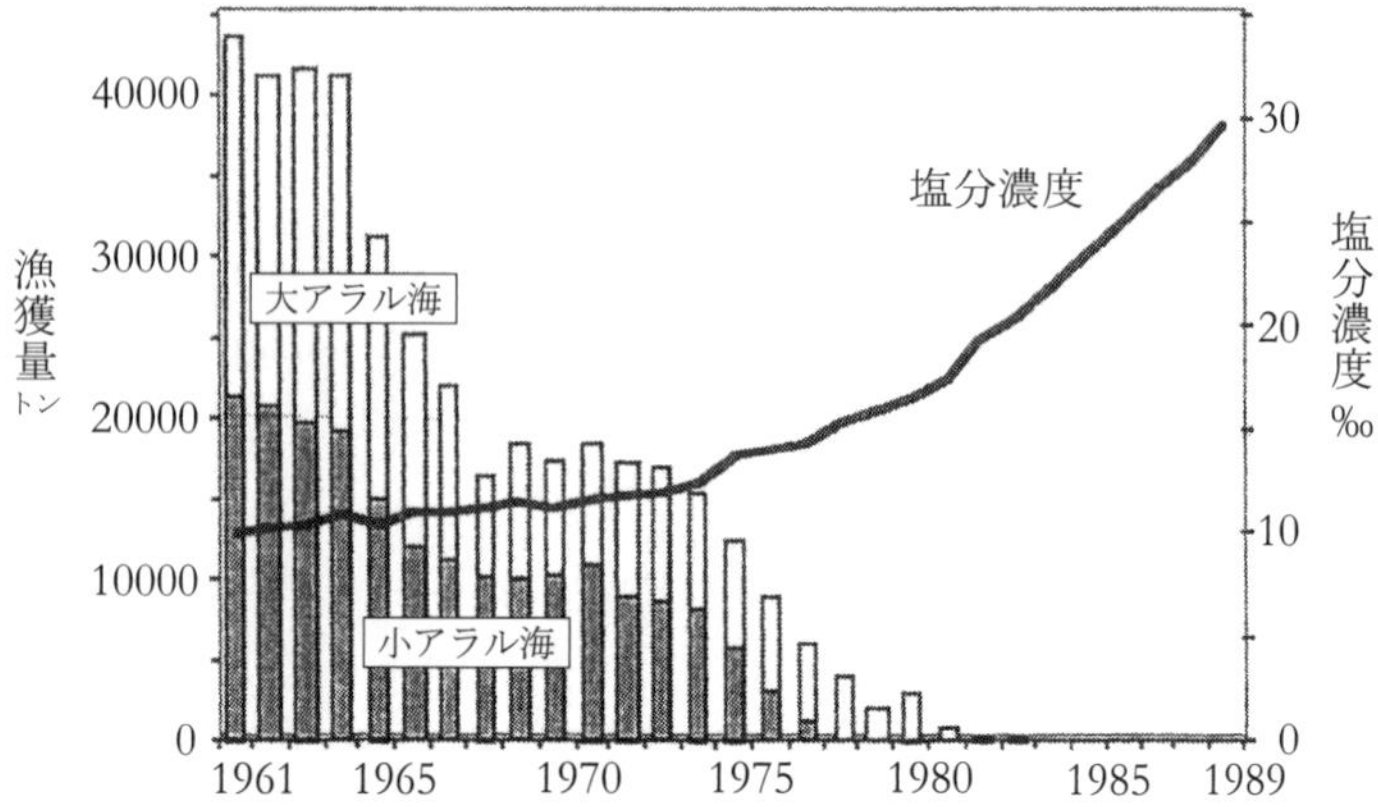

図 4–8　アラル海の塩分濃度と漁獲量の変化

重要なタンパク資源を提供し、多くの漁民の生活を支えていた。

漁獲量の変遷を**図4—8**に示す。一九六〇年代には五万t近くあった漁獲量は、アムダリアやシルダリアからの流入水の減少、それに伴う水位低下と湖面積の縮小、水中の塩分濃度の上昇などが影響して、一九八〇年代初頭にはほとんどなくなり、河川でのわずかな漁業のみとなった。漁業資源の減少は、湖面積の縮小による湖岸域の産卵帯（ヨシ帯など）の減少や塩分濃度上昇に伴うプランクトンなどの魚の餌生物の激減などが影響しているのであろう。もちろん、湖岸の後退による漁船の座礁など漁業自体の中止もある。

かくして、アラル海の大海原には、アラル海在来種の一種、外来種の六—七種が棲息しているに過ぎないという（Mitrofanov による一九九六年の調査結果）。この航海中に、毎日のようにカザフの魚類研究者が仕掛けた漁網での獲物は、わずかにカンパラ一匹であった。もちろん、キャビアを我々に提供してくれるチョウザメの影さえない。

7　塩分濃度が海より高い

今回の大航海の主食はやはり羊の肉である。出発時に購入し、甲板に繋がれていた二頭の羊の肉は、船員と調査団員の胃袋にほとんど収まり、後は甲板に日干しにされている肉が少々残るだけである。健全な湖なら、湖の幸の魚をいただけるのだが、瀕死のアラル海ではないものねだりであり、航海は最後の行程へと進んでいく。

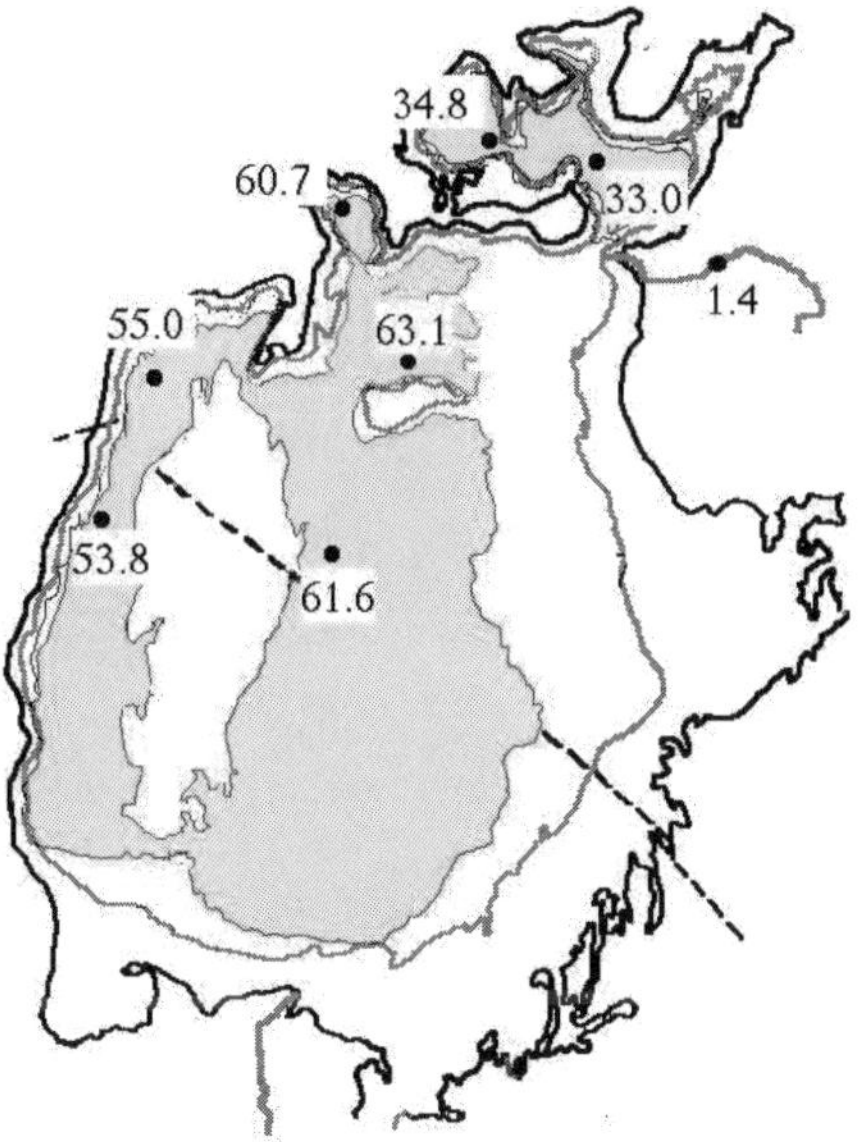

図 4–9　湖水の電気伝導度

この調査航海で測定した調査項目の内、湖水の電気伝導度の湖域内分布を**図4―9**に示す。大アラル海のどの調査地点でも、電気伝導度は五〇mS／cm以上の値を示しており、出発した港のある湾や東海域では、すべての地点で六〇mS／cm以上であった。

この大航海のあとに訪れた小アラル海の電気伝導度は三三mS／cm前後であり、シルダリアからの流入水を小アラル海にのみ止めようとして一九九二年以来進められているベルグ海峡ダムの効果が現れており、魚類の棲息数も回復していると漁師たちは実感しているようである。ちなみに、シルダリアの流水の電気伝導度は一・四mS／cm前後である。かくして、大アラル海は生き物がいない湖へと日々進んで行く。

アラル海の調査の航海も最後に近づいてきた。残り少なくなった水を少しだけ頂いて、身体を拭い、デッキで潮風に吹かれながら、最後の停泊地に到着した。羊肉の夕食と調査試料の整理を終えると、船の消灯時刻の一一時となっていた。真っ暗になった船室を抜け出して、甲板に出る。今夜はベタ凪で、空気はまったく動かず、九月中旬はカザフの秋である。長さ二〇mの調査船の甲板に立てば、前方の何処までも広がる湖面は鏡のようである。その夜は新月で、夜空には天の川が幾百万の星をともなって、天空に太く、長く延びて水平線に達しそうである。そして、さざなみひとつない鏡の湖面には天空の天の川が映り、星明かりの帯となって船縁にまで延びてくる。夜空のいくつもの一等星たちは、それぞれが放つ一条の光の線となって湖面を横切り足下にやってくる。天空の天の川と湖面の天の川の双方ともが、揺らぐことなく時は過ぎて行く。

人類は水を求めて、水辺で生活してきた。しかし、ここでは、その水辺は遠く去り、漁村は壊滅し、明かりを灯す人も村もなくなってしまった。一〇〇km、二〇〇km先にも人工の光はなく、星明かりだけの湖が現出した。天空の天の川と湖面の天の川の真ん中に佇んでいた私は、天国にいたのだろうか、それとも地獄にいたのだろうか。

このようにして、アラル海大航海は終了した。港に帰着し、沙漠の悪路を再び走り、アラリスクから列車に乗った。この年の冬に、嵐が襲い、オットー・シュミット号は大破し、廃船となったという。アラル海にはモーターボート以外の動力船は皆無となり、私たちの航海が世界最後のアラル海大航海となった。

二　アラル海と漁業

1　漁業を失ったアラルの漁民

内陸国のカザフであるから、海の魚を市場でみることは稀である。冬になると、凍りついたというか、氷に埋め込まれたイカが市場で売られることはあるが、外洋の魚をほとんど見かけない。アルマティのような大都市では、二〇〇〇年前後からスーパーマーケットが出現し、そこには加工した海の魚が売られているが、一匹まるごと並んでいることはない。従来からの市場（バザール）には、コイ、レーシー、スダックやソム（ナマズ）といったシルダリアやバルハシ湖の魚類がいつも売られている。しかし、タンパク源としては、圧倒的に羊、牛、ニワトリや馬の肉が中心である。川魚の調理法はたったひとつといってもよいフライであり、煮るということはない。こんな習慣はカザフ人のことで、ロシア人やその他の民族では異なる食し方をしているだろうが。「遊牧民と魚」は面白い研究テーマであるが、十分に調べられていないようである。陸上の四つ足以外は食べないなどといわれているが、そんなことはない。とくに、川沿いの村に行けば、川漁師が居て、コイやスダックは好まれている。ただし、貝については、食べないかと尋ねると食べないと顔をしかめての返事である。

アラル海の大海原に大小の船団が往来し、カザフスタン側のアラリスク港やウズベキスタン側のムイナク港が豊漁で栄えていた時代を筆者は知らない。これらの港に船が接岸できたのも四〇年以上も前のことであるから、覚えている人々は年々少なくなって行く。まして、アラル海の島々の漁村にいた住民で、網を引き、漁をした漁師たちもまた少なくなっている。かつての漁村に住んでいる老人が話してくれた。「孫たちは、アラル海の入り江だったところに座礁して錆びついている漁船を見ても、それが海の上を走るものだとは思っていないようだ。孫たちの両親もアラルの海を漁船が走っていたのを見たかどうかあやしいよ」と。魚がおり、漁師がおり、漁船がいた時代はずいぶん昔のことである。

2　アラルの漁業――豊かな海

カザフ人は遊牧生活をする民であったから、ソ連邦に組み込まれ、定住化を強制されるまでは漁業を行っていなかった。もちろん漁具も漁法もなく、一九世紀の終わり頃にロシア人宣教師が、シルダリア河口付近のカザフ人に漁を教えたのが始まりらしい。そして、ロシア革命後、カザフスタンもソ連邦の一員となり、一九二一年の定住化政策実施などの時代を経て、水産業が急速に発達するのは一九二〇年代後半といわれている。

それ以降、ソ連邦政府は漁業の振興と漁獲の安定のために、中央アジアの多くの湖沼に、様々な生物の導入を試みた。アラル海にも多くの魚種が持込まれた。チョウザメ、ニシン、ソウギョ、ハクレン、ライギョ、イワシやカレイなどである。これらの魚種の内、長続きしてアラル海に住みつけたものもいるが、アラル海の干上がりと湖水の塩分濃度上昇によって死滅してしまった。アラル海在来魚とて同じ運命を辿るのであるが、シルダリアやアムダリアで生き残ったものもいる。

3　カスカクラン島の漁村

アラル海とは「島が多い海」という意味であるという。アラル海の東岸はきわめて遠浅で、沿岸部は沼沢がいっぱいあり、沖合には島々があった。遠浅であり、湿地帯が多い故に、カザフ側の居住地はシルダリア河口域か島々であった。

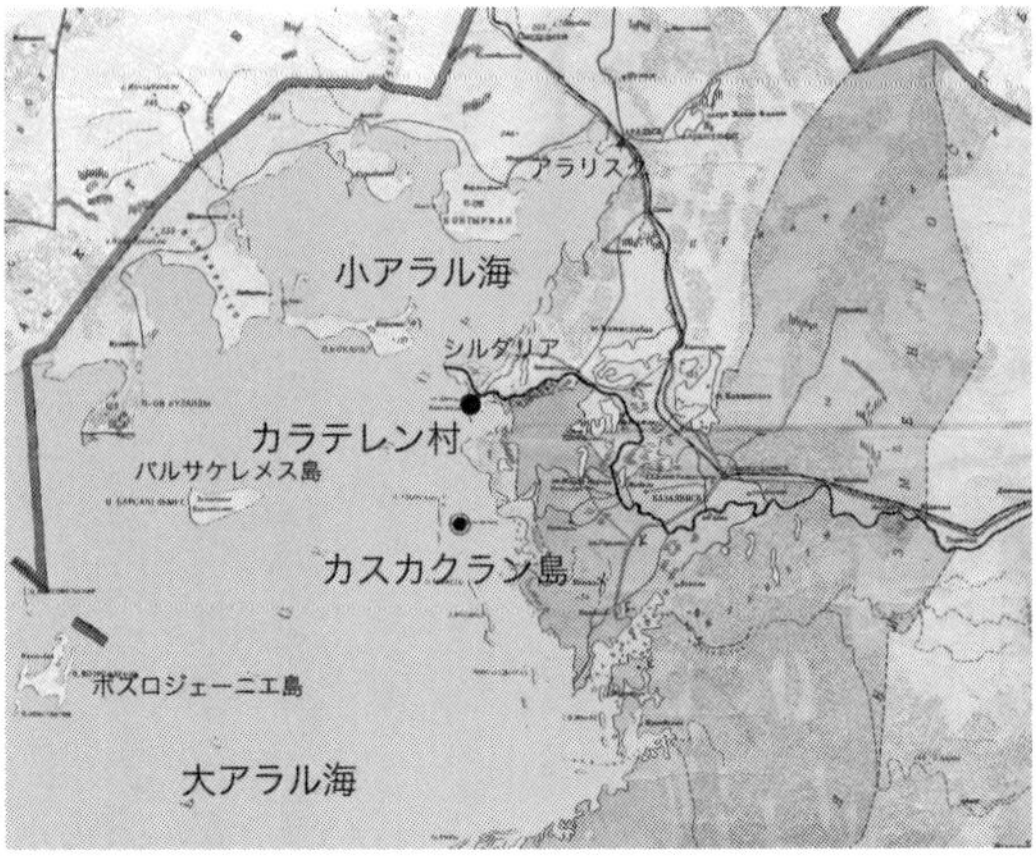

図4–10　アラル海の島々（1972年発行の地図）

その内でも、もっとも大きい島であるカスカクラン島に住んでいた住民に、当時の漁業・漁村の話を聞いたのは、アラル海大航海を実施してから数年後のことである。それまでは、アラル海流域の農業と環境の全貌を早く把握したいとの思いが強く、河川、農地、沙漠地を駆けずり回っており、かつての漁民への聞き取りが遅れていたが、数年前に、島の様子を数人の旧漁民と面談して教えてもらった。彼らが現在住んでいるのは、もちろん島ではない。アラル海の干上がり進行で、島は陸地となり、もはやこれまでとシルダリア河口域のカラテレン村やブグン村へと移り住んで来た。多くの漁民は、そこに定住することなく、さらにシルダリアの上流域やバルハシ湖流域へと移動したという。かろうじてシルダリア河口域に住んでいる旧島民に出会えた（図4―10）。

アラル海東岸域には大小の島々が点在しており、いくつかの島には人々が住んでいた。カスカクラン島（二〇〇軒）、ウズンガイエル島（一〇〇軒）、アッパス島（五〇軒）、コジェットベス島（一〇〇軒）、ジュングルドアラル島（六〇軒）、タスタ島（五〇軒）、マナス島（二〇軒）などで漁民が漁民として住んでいた。括弧内は島が島であった時代の民家数である。島の生活の様子を話してくれたのは、一九三一年にカスカクラン島で生まれたバイマシャーノフさんで、一九三九年というから八歳の時から漁師として働き出し、アラル海の水位が低下し、カスカクラン島が陸地に取り込まれて、もはやこれまでとなった一九七五年に島を離れ、カラテレン村に移住して来た。

彼によると、島の人口は分からないが、家は二〇〇軒あったという。一九四〇年代のアラル海では、水位が高く、小さな島では生活がし難かったため、比較的大きく小高い丘もあったカスカクラン島へ近くの小島から移り住む人々も居た。そのため一九五八～五九年ころには二〇〇軒が五〇〇軒にもなったという。カスカクラン島の漁村には、漁業組織であるカスカクラン・コルホーズがあり、このコルホーズにはいくつかの生産大隊（ブリガード）があった。たとえば、船長以下、乗り組み船員が一二人もいる大型船が母船となり、小舟六隻を従えてブリガードを構成し、アラル海全域を漁場として漁をしていた。カラテレン港からでも、カスカクラン島からでも、小アラル海側からでも、アラル海全域を漁場にでき、どこでも自由に操業できたという。バルサケレメス島やボズロジェーニエ島さらにはウズベキスタンのムイナク近辺まで遠征していたようである。小舟だけでの漁は島の近くだけだが、大型船での操業では、一回の航海が一～二カ月と長く、季節や対象魚種によって漁の内容も期間も変えていた。漁獲した魚は小アラル海の北東岸にあるアラリスク港に荷揚げすることが多かったが、一旦カラテレン港に陸揚げし、近隣の小島の漁師からも集荷したのち、

図 4-11　アラル海の漁船
［アラリスク市博物館所蔵］

アラリスクに運ぶこともあったという（図4―11）。

コイやウグイ、ナマズやチョウザメを追いかけ、春から夏、夏から秋とアラル海を駆け巡った漁師は、この聞き取りの間、時に目を閉じ、時には遠くを眺めながら、真冬の漁の様子も話してくれた。ナマズやチョウザメは、彼の記憶に残るほどに大きな魚であったようである。最大級のナマズは、体長が二・五mで一三七kgもあり、網にかかったとか。いやいや、一五〇kgのものも獲ったよと、横から別の老漁師が口を挟む。眺める彼方にはもはや海はないが、彼の目には大海のアラルを行く勇姿が見えているのだろう。チョウザメはどの漁師の話でも、おいしい魚の筆頭に挙がる魚である。三〇kgのチョウザメを獲ったこともあるというが、それは陸揚げせず、船の中で自分たちが食べたと言うところをみると、この魚はそれほど捕まらなかったのかもしれない（図4―12）。

こんな大きな楽しみをアラル海から得ていた漁師たちに、環境異変が襲った。アラル海の水位低下が急速に発生し、湖岸線の後退は息を飲むほどの早さでやってきた。何が原因でそうなるのか理解できなかったという。漁師達はそれぞれに孤立していたわけではなく、アラルの湖上で、あるいは港で出会い、相互に面識があったから、陸のカラテレンやカラシャランであろうと、離島のカスカクランであろうと、得られた情報は同じであったはずである。一九六〇年代は、その理由を知らないまま（知らされないまま）に、後退する湖岸線と悪戦苦闘しながらも、漁を続けていた。カラテレンの元漁師・セリンベートフさんは、「シルダリアの水量が減って行ったので、アラル海も干上がっているのだとは思っていたが、シルダリアの水量減少の原因が灌漑用水の取水によるとは思ってもいなかった。当時、キルギスが水をくれなくなったからだとか、ウズベクの綿畑のせいだとか言われていたが、ほんとにそうなのかどうかは誰も知らなかった。その他にも、ボズロジェーニエ島でなにか軍事的なことが実施されたためだとか、カスピ海とアラル海とをつないでいるパイプがあって、そこの蓋を開けたから、カスピの方に水が行ってしまったのだという人もいた」と言う。

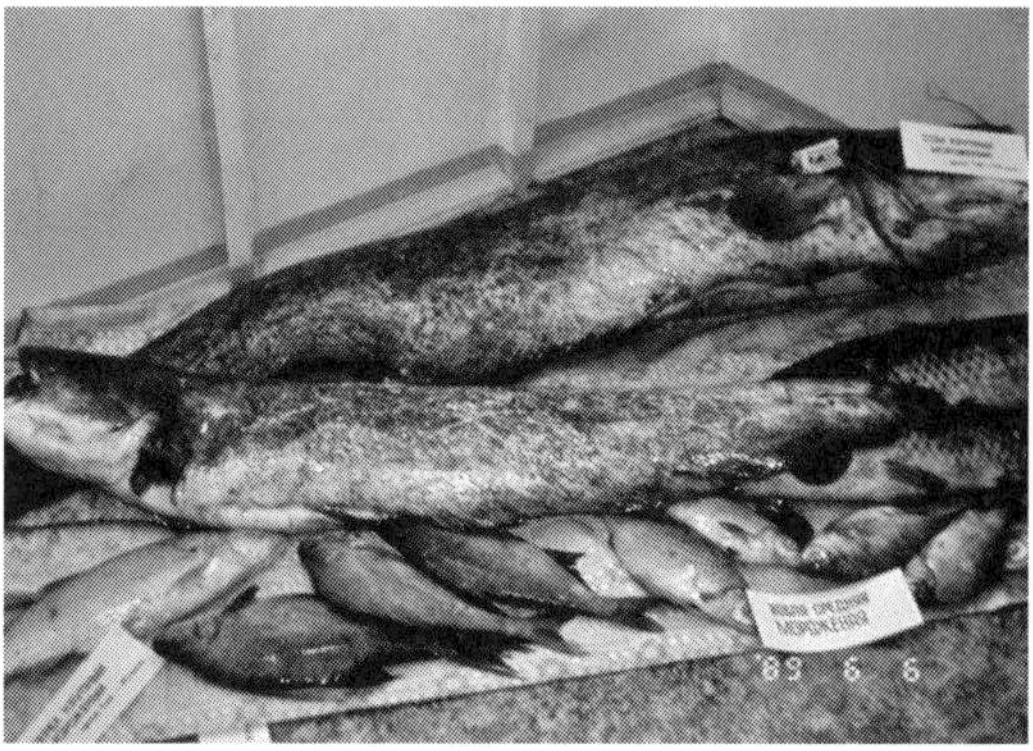

図 4–12　こんな魚がいたのだろう。1989 年にバルハシ湖で

シルダリア沿川の州都クジルオルダまで八〇〇km、トルキスタンまで一三〇〇km、まして首都のアルマ・アタまで二〇〇〇kmと離れたアラル海の漁村の一九六〇年代であるから、正確な情報がくる訳もない。日本で例えるなら、青森あたりから流れ出した川が鹿児島の湖に流れ込むとして、東京、名古屋や大阪で水を取ってしまい、ずいぶんと細くなった川ではあるが、なんとか九州北部地方を通過し、鹿児島に行き着いたようなものである。彼らが真相を知らなかったとしても不思議ではない。一九七〇年代になると、さすがにその理由を知るようになったというが、それでも彼らは、このままアラル海の水が減り続けるとは思っていず、そのうちにアラルは元の大きさになるだろうと楽観していた節もある。ひょっとして州政府に思わされていたのかも知れないが。その頃には、離島カスカクラン村は完全に陸続きとなり、島は旧湖底沙漠の中の小高い丘になってしまっていた。

4　島から内陸へ

島は陸続きの丘となり、島にいても漁業ができなくなってきた一九六〇年代後半になると、島人は次々と親戚などを頼って内陸の村々、シルダリア河口域のカラテレン村、ブグン村、さらにはノボカザリンスクやクジルオルダなどの都市部へと移住して行った。漁師が都市に移住しても仕事はまず見つからないから、多くの漁師は一五〇〇km離れたバルハシ湖やシルダリア上流域のチャルダラ・ダム湖へとさらに移住したようである。今では、離島からカラテレン村にやって来た多くの漁師の内で、四世帯が残っているだけである。島からの引っ越しに政府がしてくれた援助といえば、荷物を運ぶトラックを利用させてくれただけだったという。カスカクラン島では、一九七五年まで残っていた最後の五〇家族が島を離れて、カラテレン村に移り住み、島は墓地だけとなった。学校の先生、医者やコルホーズの役員などには、移住先の学校の空き部屋などが与えられたが、村人の住宅確保が難しかったから、彼らは島の自宅を解体して移住先まで運んだ。それゆえ、筆者がカスカクラン島を一九九七年に訪れた時、村の跡地には家屋らしきものは皆無で、一番高いところに墓地があるだけだった（図4―13）。

図 4–13　カスカクラン島の現在。丘の上の墓地

カスカクラン島からカラテレン村に移り住み、現在も同村にいるマルグランさんは筆者が調査時に定宿としている村人である。一九六六年生まれの彼は一九七五年まで島に住んでいたが、学校の化学の先生だった父とともに最後に島を後にしたという。父親は移住後、まもなく年金生活に入り、彼の家族はほそぼそと家畜を飼いながら生計を立ててきた。現在五〇歳を超えたマルグランさんは、カザフ政府の水文気象庁に委託されたシルダリアの水位、水量測定の仕事をしている。

家には牛二頭、山羊六頭を飼っており、この村の一般的な家庭の家畜の頭数であるが、生活はきびしいようである。彼の年代が離島の海風景を覚えている最後の世代だろう。大きな船が汽笛を鳴らして行くのを見たという。このようにして、一九七五年にアラル海離島住民はすべていなくなり、昔の島よりはるか沖合いまでが陸地となった。

5　湖面積の減少と塩分濃度上昇

アラル海の干上がりは一日たりとも止まることなく進行し、湖岸線は後退し、島は陸地に取り込まれ、島民はいなくなり、大型漁船は航行不能となって座礁し、手漕ぎのボートでわずかに続けていた漁も一九八〇年代初頭には消滅した。かくしてアラル海漁業は終焉したのである。

この間の湖水の塩分濃度の変化と湖面積の変化、漁獲量の変化をもう少し眺めてみる。シルダリアの流水に含まれる塩分を電気伝導度で表すと一・四 mS／cm程度であるが、アラル海に流れ込み、水は蒸発して塩分が濃縮されていき、一九九六年の湖水の電気伝導度は六〇 mS／cmを超え、海水よりも高塩分を含む水になっていた。[*] 塩分含有量を表す Salinity の変化を縮小以前の一九五〇年代から二〇〇〇年まで示したものが**図4―8**（前掲）である。流入水と蒸発散水量のバランスが維持され、アラル海が一定の湖面積をほぼ維持していた時代、湖水の塩分濃度は一〇‰であった。それが、流入水が減少し、バランスが崩れ出し、湖水量が激減し出すと、塩分濃度は一挙に上昇し、一九八〇年代には一五〜二〇‰となった。こうなると生息できる魚の種類も限られて、魚の量も減少し、このこともアラル海漁業終焉の理由であろう。

すなわち、湖水量の減少が湖水の塩分濃度を高め、その影響を受けてプランクトンや魚介類が激減し、漁業として成り立たなくなったことも一因ではなかろうか。塩分濃度の急激な上昇はなぜ発生したのかを明らかにすることは、なぜアラル海は一定の塩分濃度を長年月維持できたのかを知ることにもなるだろう。

＊　海水は淡水よりも多くのカチオンを含んでいるので電気伝導度が高く、塩分濃度は一般的には三五‰（パーミル）である。アラル海は塩水湖であり塩分濃度は一〇‰ほどであったが、干上がりに伴ってその値は上昇した。

シルダリアの河川水中のNa、K、Ca、Mgの濃度を一九九八―一九九九年に四回調査した結果では、Na：一八七、K：九・八、Ca：一〇九、Mg：六四ppmの濃度（平均値）で含まれていた。日本と比べれば高い値である。シルダリアから常時、流水とともに流れ込むこれらの塩分が湖内に留まるのだから、これらの元素の湖水濃度は上昇するはずであるが、アラル海の湖水の塩分濃度は一定値で推移してきた。そして、多くのプランクトンや水草や魚などが生息し、ペリカンやカモメが飛来する豊かなアラル海で、人もまた、その一員として豊かに漁業を営んできた。少なくとも、シルダリアやアムダリアの流域で大規模灌漑農地が開拓され、大量の農業用水が川から取り去られてしまうまでは、塩分濃度の上昇はなく、安定状態が継続していた。ところが、急激な塩分上昇が発生し、それに反比例するように漁獲量が減少した。湖水の塩分濃度と生物の棲息密度の関係を求めた調査結果がほしいところである。塩分濃度上昇に伴って、アラル海に在来の魚種がまず生存できなくなり、続いて海などから導入した魚種も死滅していき、最後まで残ったのはカンパラだけとなった。

流入する水量が激減したとはいえ、なぜ急激に湖水の塩分濃度が上昇したのか。それは、アラル海の塩分を一定範囲に保ってきた、湖水からこれらの塩分を除去する除塩機構が機能しなくなったのではと想像できる。いったいそれはどのようなものか。バルハシ湖流域の水質を研究してきた川端良子さんは、水中のカルシウムがバルハシ湖内で方解石を形成して除塩されることを突き止めた。アラル海でもその機構が働いているだろうが、それだけだろうかと思える。旧湖底沙漠を歩いているとそこにある貝殻の多さがそのように思わせるのである。

アラル海が縮小する過程で、一時、湖岸となっていた線が旧湖底沙漠のいたるところに見られる。そこには膨大な貝殻が層をなして、一m前後の幅で旧湖岸のラインを描いている。湖岸線が後退するひとときの間、そこが湖岸線となり、湖底から打ち寄せた貝殻の土手が築かれたようである。そんな旧湖岸線と思われる旧湖底沙漠の地面を掘ってみると、いくつもの層に分かれているが、地中一m深くまでも貝殻が見られる。まさに、貝塚以上の貝殻層である。この貝たちが、湖水中のカルシウムを濃縮して貝殻となり、湖水中からカルシウムを除く除塩機構として働いていたのではなかろうか。ところが、急激な水位低下によって、浅瀬にいた貝たちは、一日一〇〇m以上のスピードで後退する水を追って移動できなかったのではなかろうか。魚はその後退スピードについて移動できたが、貝は干上がる湖底とともに干上がり、生息数は急激に少なくなったのでは。その結果、湖水中のカルシウム濃度が急激に上昇し、生物の死滅を速めたのではなかろうかと推測している。流入水の減少、貝の減少、湖水塩分濃度の上昇、生物の生息低下という負の循環の中で、アラル海は死の海へと一気に進んだのだろう（図4—14）。

図4–14　貝殻堆積

大地に窪地ができ、そこに水が流れ込み、水溜まりができたからといって、それは湖ではない。湖とは、水があり、生き物が棲んでこそ成り立つものである。アラル海の干上がりと湖としての死は、このことを教えてくれている。アラル海環境問題に関係して現地を度々訪れる内に、アラル海にはいくつもの死があったのだと思うようになった。一番最初の死は「湖水と湖面の減少」という、湖としての物理的な死である。第二の死は「アラル海に棲息する生命の死」である。魚の死に象徴される生物の死である。そして第三の死は「漁民

図 4–15　水があった頃の漁村風景（ウズベキスタン）

の死」である。漁業を生業として生きてきた人々がアラル海から去った。そして第四の死が迫っていた。それは「地域社会の死」である。漁業という生業を失った地域の人々は、わずかな家畜に生計を支えられて生きているが、いつかはここを去らなければならないと思っている。求心力を失った地域社会はどうなっていくのだろうか。そして、次に迫ってくる、もっとも恐ろしい死は、カザフスタンから、中央アジアから、世界から「忘れ去られること」である。アラル海再生は不可能だろうが、忘れさることだけは避けたい。一九九六年のアラル海大航海を終え、アラリスクからアルマティに戻る列車の窓から、地平線まで続く沙漠を眺めつつ、アラル海の何段階もの死を、せめて追いかけ、記録し続けたいと思った（図4―15）。

〈コラム〉拠点としてアパートを購入

自前のアパート

カザフスタン共和国の首都アルマ・アタ市（一九九八年にアルマティ市に変更）は、天山山脈の山麓北斜面に広がる町である。標高が九〇〇mほどで、氷河から流れ出る豊かな清流で木々は育まれ、街全体を埋め尽くすように生えている。筆者は、世界中に数多くある緑豊かな街を知っているわけではないが、アルマティを世界で一番緑の多い都市だと誰かに言ったら、そうですねと肯定されたことがある。それ以来、独断でもっとも緑の多い都市と紹介することにしているが、あながち嘘にはならないようである。

人口は一二五万人と一九九〇年代初めに聞いたが、ソ連邦崩壊とカザフスタン共和国としての独立後は、経済状況の悪化にともなって国内各地からの流入人口や、現政府の大カザフスタン主義のもとでの、外国在住のカザフ人の帰国定住政策による帰還人口などによって、現在では一四〇万人前後である。山の標高は雲泥の差があるが、山が街に近いことや人口が同じほどであるので京都市に近い規模の都市と思っていただければよい。

図 4–16　木々に囲まれた我がアパート地区

街路樹が多いのがこの街の特徴であり、大通りを車で通っていると、街路樹に隠れて五階建てのビルやアパートが見えない。衛星画像で見ていただくと、アパートが木々の間にあると表現するのがよいほどである（図4―16）。

そんな街に来るようになり、世界史に残るソ連邦崩壊という変化の中で、私たちのアラル海調査を取り巻く状況も大きく様変わりせざるを得なくなった。最初は平和委員会というソ連邦の対外窓口を通して、カザフ政府の中枢部や科学界の総元締めである科学アカデミーや農業科学アカデミーとの協同作業を志向してきたが、一九九一年のソ連邦崩壊と連邦構成国の独立は、政治、社会、経済全般の大混乱を招き、いずれの組織も資金不足となり、協同事業を基本とすることは困難となってきた。折衝のためにアルマティを訪れた際、当初は平和委員会が準備し、経費を負担してくれていたホテルに宿泊していたが、アカデミー所有のゲストハウスや寄宿舎に宿泊するようになった。もちろん、招待旅行をするつもりはなく、必要経費は日本側の負担を前提として計画を立てていたが、研究費も潤沢でない我が調査団は、なるべく安い宿舎を確保する必要に迫られていた。

アルマティにはホテルがいくつかあるが、外国人が宿泊できるものは数えるほどしかなく、最初にここを訪れたソ連邦時代にはインツーリスト・ホテル以外では宿泊できなかった。ソ連邦崩壊後はどのホテルでも宿泊は自由になったとはいえ、外国人料金が設定されており、宿泊設備や条件のわりには宿泊料金は高額だった。それゆえ、ホテルのカウンターでの値切り交渉を余儀なくされたが、英語が通じないホテルが多く、ロシア語の単語を並べただけの会話で苦労したものである。

日本カザフ研究会の活動が活発になり、カザフに送り込む研究者の数が増えると、ホテル代をいかに安くするかが代表の仕事となる。そんな活動の中で一つ困ったことは、フィールドから重い機材と大量の水や土壌の試料を持ち帰った際、ホテルの部屋までの荷物搬入の大変さである。大人数ならまだよいが、運転手と二人きりとなると、荷物が盗まれないかと監視しながら何段階にもわけて自室まで運び込まねばならないため、フィールドの調査よりも大仕事となる。また、調査機材や収集試料の留め置き保管場所の確保も大きな課題となってきた。

さらには、食事をどうするかも問題であった。ソ連邦時代はもとより、独立後もレストランや食堂が少なく、あったとしても外国人にはどこにあるのかが皆目分からない。店の看板やそれらしき飾りが登場するのは一九九六年以降なので、日本人だけで食事をしようと思えばホテルのレストランに行くしかなく、少ない調査費では毎日というわけにはいかない。日本との国際電話も、なかなか通じにくく、多くの問題がでてきた。そんな課題を抱えながらそれぞれの調査班はいくつもの大きな成果を得たが、この地で長期滞在しながらの調査を実施するためには、常に利用できる拠点が必要となってきた。そこでアパートを賃貸することにして、アパート探しを開始した。こんな時に力になってくれるのは、やはり日本人贔屓のキム・ゾンフンさんである。

本拠地を賃貸アパートに

一九九三年の春、一人でアルマティを訪ねた筆者は農業科学アカデミーが用意してくれていた寄宿舎に宿泊することにした。部屋もベッドもそれなりに快適で清潔であるが、深夜に到着して翌朝になって食堂がないことが分かったので、さっそく別のホテル探しを始めた。ホテル・カザフスタンやホテル・ドスティックなどは高すぎて長期滞在は無理である。街の中心部からすこし外れるが、全国組織の労働団体の宿舎が民営化し、ホテルに模様替えを始めていた。この頃は、ソ連邦崩壊から二年が経過し、連邦時代の慣習が変化し始め、組織の貯蓄も底をつき、それまでは左団扇だった各国家組織が生き残りをかけて変身し始めた頃である。労働団体や我々を招待してくれていた平和委員会などはその典型であった。労働団体宿舎はホテル・エンベックと改名し（現在名はホテル・アーリヤ）、交渉の結果、日本人が宿泊するなら四〇〇〇m級の山々が連なるアラタウ山脈が見える側の部屋を用意しておくと約束してくれた。さっそく寄宿舎からこの変身中のホテルに宿泊先を変えた。その後、数度の調査団はこのホテルに宿泊しながら沙漠へ、農地へ、河川へと調査に出向いた。

ところが、外国との交流が盛んになり、とくに物資不足のカザフで一商売を目論んで中国からの出稼ぎや行商人がやってくるようになると、せっかく見つけた安価なホテルは中国人と競合するようになる。一九九三年の冬にアルマティに到着すると、例のホテル・エンベックは満員で予約できなかったと言う。空港に出迎えてくれたキムさんの知人のアパートを一泊一〇ドルで借用することにした。これはずいぶんと高く支払ったものであるがこれがきっかけとなり、このアパートを一〇〇〇ドルで一年間借りて、ここを日本カザフ研究会のアルマティ事務所とした。アパートのある地区はアルマティ市内ではあるが、都心から車で四〇分ほどの西南部で、ミクロライオン—1と呼ばれる地区である。都心部にもアパートは沢山あったが、相当高額を吹っかけられ、とても貧乏研究者集団が借りられるものではなかった。それに比して、当アパートは庶民の住宅街の中にあり、まさか日本人が住んでいるなどと誰も気づかないだろうと思われるような地域で、現在までこの地区のアパートを転々としてきた。その後、都心部に住んでいる外国人の住まいは泥棒に狙われ、ずいぶんと被害を受けているということを聞いたが、我が家はそのようなことは一度もなく、その気配もない。庶民の海に埋没するのが一番の安全策である（図4―17、図4―18）。

狭い部屋にひしめき合いながら住んだこともあるが、長居をするのではなく、日本から到着しフィールドに出る前と帰国する前だけに利用するものだったので、この程度の広さで当分は凌げた。ある時は、早稲田大学探検部の学生四名がお金がなくなったと転がり込んできたこともあった。1DKの狭いアパートながら、風呂もあり炊事もでき、寒さも充分に凌げるのだから文句はない。狭いこと以外に不満があるとすれば電話がないことだった。雪の降る夜にたった一人で滞在していたことがあった。夕方まではキムさんが通訳として付き合ってくれたが、一日の日程が終了して帰宅したあと、アパートで降る雪を眺めていると、突然に停電した。この頃停電などはよくある話で、驚くことはなかったが、深々と雪降る夜に、真っ暗の異国のアパートに一人いるのは寂しいものだ。電話でもあればキムさんと話もできるのだが、テレビもないので本を読む以外に冬の長い夜を過ごす方法がない。

当時のフィールドノートを繰っていると、「夕方にアパートに帰り電灯の修理をした。これでやっと本が読める。とは言え、深夜になると写真の整理や読書にも飽きたので、部屋の間取

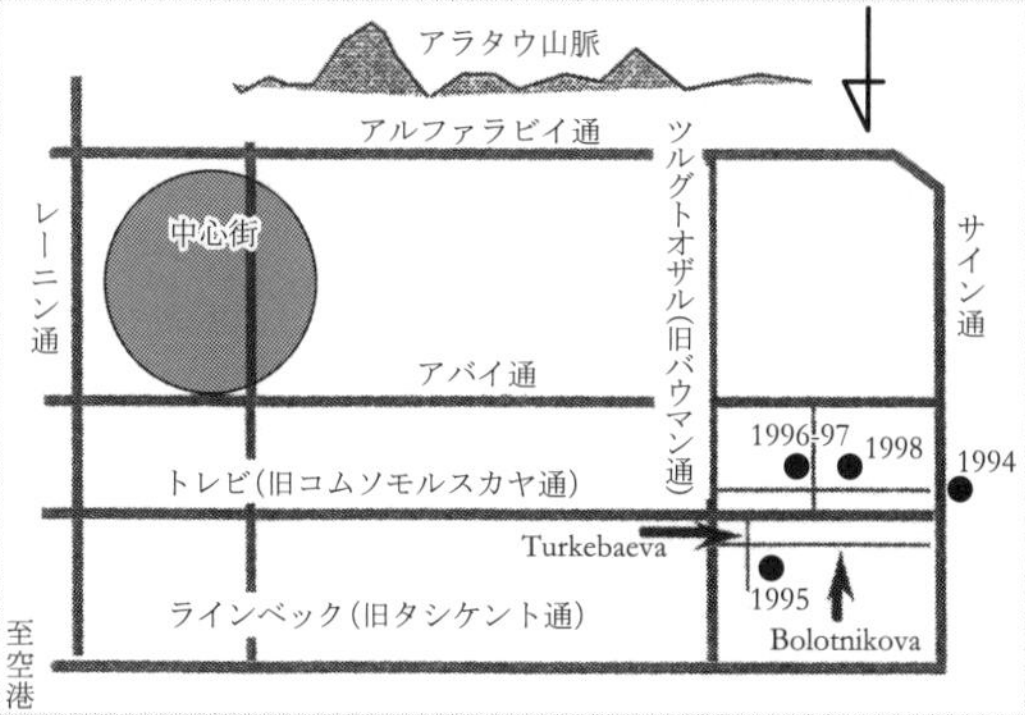

図 4–17　アパートの位置
(●はアパートの位置を、年代は住んでいた年を表す)

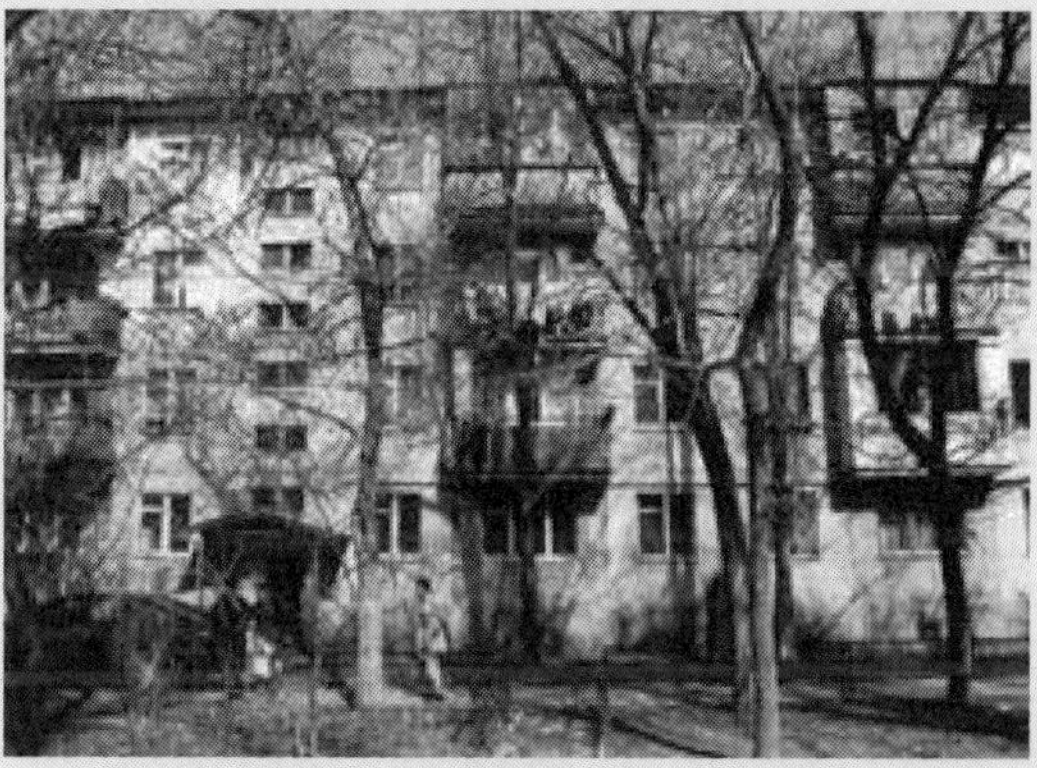

図 4–18　庶民のアパート

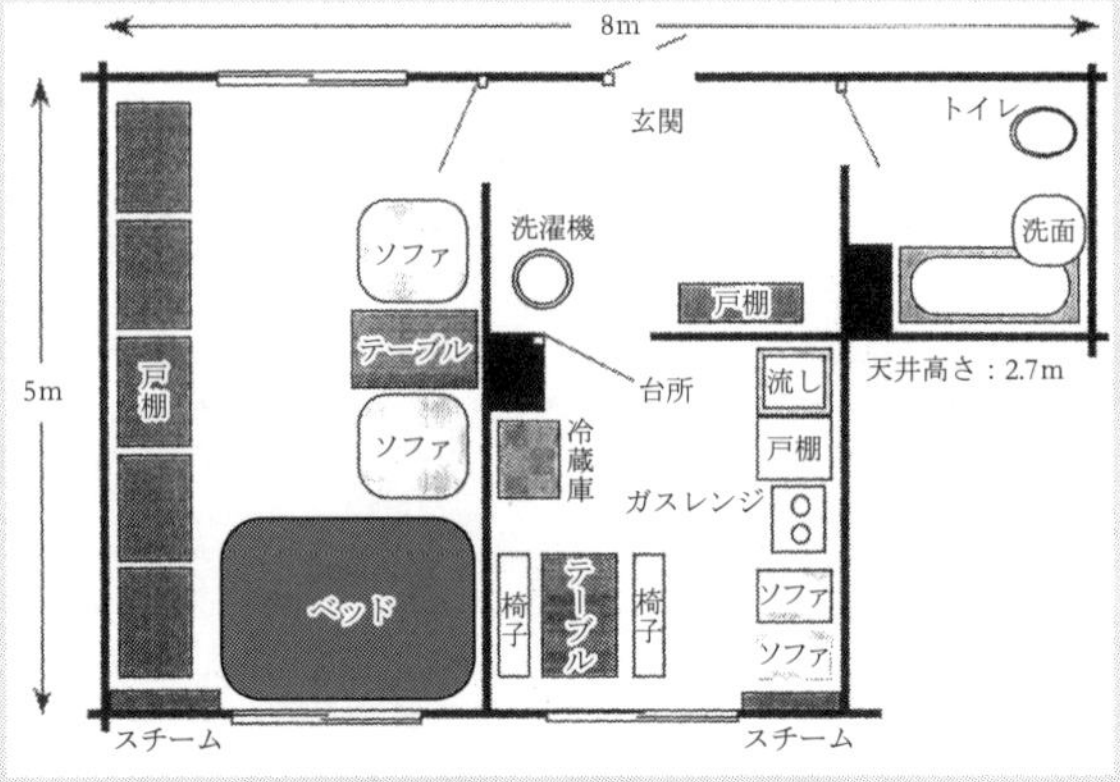

図 4–19　一代目のアパート

りの図面作成を始めた。巻き尺がないが、両手を拡げれば一六〇cm、手の指を拡げれば二〇cm、一歩の歩幅は七〇cmと測量には自信があるから、ヒモで巻き尺を造り、深夜に一人で測量開始。」とあった。その成果が**図4―19**であり、その後に住んだ三つのアパートの図面もこの要領で作成したものである。

庶民のアパートはどこも同じ様な建て方になっていて、四階建てで入り口が二カ所あり、各階には大きさの異なる四戸が配置されているから、一棟は三二戸でできている。最初の我がアパートはもっとも小さい床面積のもので、その後に住んだアパートはどこかの辺が八mある構造であった。台所とバスルームは共通しており、これ以外に部屋数が一〜三の違いがある。やっとホテル暮らしから自宅本拠地ができ、到着も出発も余裕をもって振る舞え、調査団の派遣も経済的に楽になってきた。また、長期滞在者をカザフに派遣してもホテル代を心配しなくてもよくなり、調査計画の立案が容易になった。

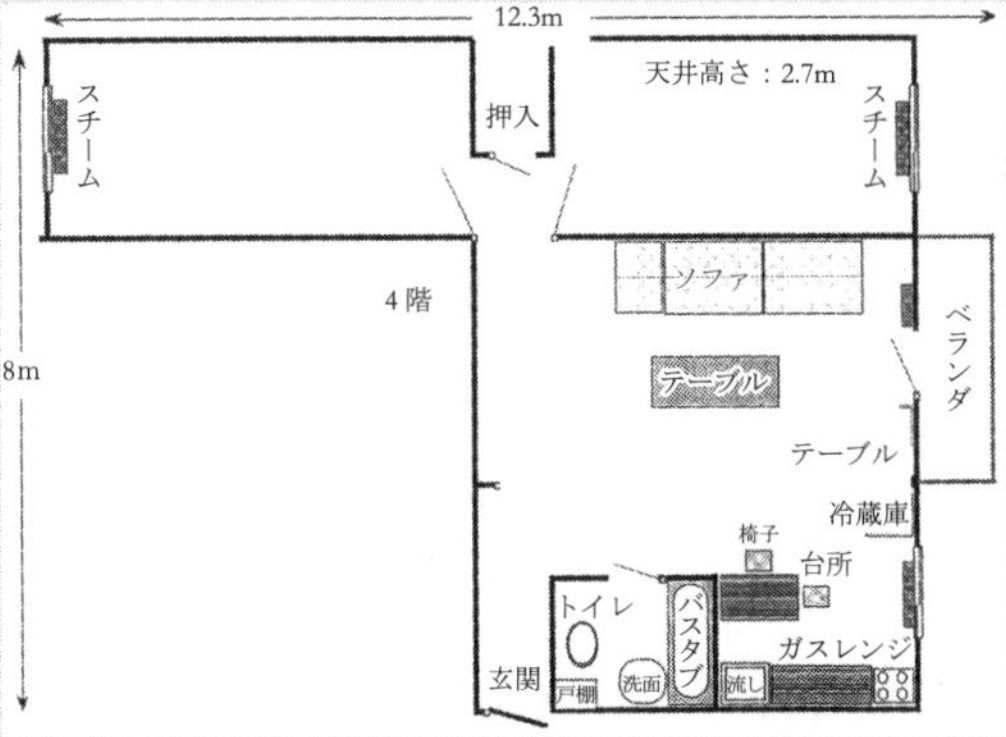

図 4–20　購入したアパート

アパートの購入

一九九四年から一九九七年までは、賃貸アパートを一年ごとの契約で借り上げて日本カザフ研究会のアルマティ本部としてきたが、一年ごとの宿替えはいろんな不便が生じる。もっとも困ったのは、アパートに保管している調査機材の移動である。前のアパートから新居に日を開けずに移ることはたいてい無理で、機材の一時保管を別の場所でせざるを得ず、機材の行方不明も発生するなどの問題も生じ、賃貸料も経済の混乱の中で外国人が住むとなると法外な額を要求されるようになってきた。

こんな諸事情があったため、手頃な物件が見つかれば購入したいとキムさんに頼んでおいた。実際に物件探しをしてくれるのは運転手のアリクさんであり、当時アルマティに留学生として滞在していた谷口さんに助けてもらいながらことを進めた。一九九七年の冬に良好物件があるとの電話が谷口さんから入った。ロシアに早く引き揚げたいと願っているロシア人の老姉妹の家で、普通のアパートの四階にあるという。台所とバスルームの他に八畳の居室が三室あって、値段は八〇〇〇ドル程度という。約一〇〇万円である。現地にカザフ研のメンバーの小崎さんが居たので、彼の判断に任せた。そして、商談は成立してこの物件をアリクさんの名義で購入し、五〇万円ほどの経費を投入して内装を新しくした。

かくして、賃貸アパートから自前の日本カザフ研究会アルマティ本部を開設し、電話とファックスが常備され、パソコンも持ち込んで事務所機能も充実した。アパート購入と内装費は、もちろん研究費では賄えないので個人で負担した。どのように金の工面をしたのか今では定かではないが、筆者の所有とし、管理はアリクさんに自動車の管理ともにお願いして二〇一九年の今日まで至っている。

図4–21　アパートの一室

調査団のアルマティでのホテル代が不要となり、大学院生などの長期滞在調査活動が可能となった。また、カザフに来る日本の若者などにも安価で利用してもらっている。ある時は、カザフスタンと日本とのサッカーのワールドカップ予選がアルマティで開催された際、ある新聞社のカザフ支局になったこともある。このような経過で、飛行機代さえあればいつでもカザフに気軽に行ける基盤が整備でき、筆者などは各季節毎の衣類を押し入れに置いている（図4―20、21）。

第5章

アラル周辺の疾病とワークショップ

一　カザフ科学界との交流

1　野営地のたき火に煽られて

アルマティからアラル海までは、車で三泊四日の旅である。途中にはシムケントとかトルキスタンなどの都市があり、ホテルもあるが、一九九〇年代はじめはホテルの設備も悪く、自由に行動できるテント泊が中心だった。野営地は沙漠の中であるから、飲料水は確保しておかなければならないが、燃料は沙漠の灌木の枯れ枝を拾い集めれば事足りた。毎晩の野営地を決定するのはフィールド屋の研究者の役割であるというか、彼らが納得しなければ、なかなか決まらず、沙漠の夕闇の中を右往左往することになる。

野営地としての満たさなければならない条件は、国道や民家から離れていること、たき火をしても人には見えないこと、近くに運河などの湿地があると蚊に襲撃されるから、湿地から離れていること、などであるらしい。だから、砂丘と砂丘の間の窪地などにテントを張ることが多い。オオカミの遠吠えが聞こえても、それは危険の合図ではなく、人家の灯りが見えると危険の徴らしい。良好な設営地を探しあぐねて、国道近くにテントを張ろうものなら、酒か自動車用のガソリンを求めるお客の来襲となる。そんな難儀を避ける野営地をやっと決め、テントを張り、サクサウールの枯れ枝を燃やしてチャイ（お茶）を煎れれば一段落である。あとは料理担当者の疲れ具合でご馳走にもなれば、ナン（パン）と缶詰だけの食事にもなる。いずれにしても、コーヒーが飲めれば、私には不満がない。あとは、満天の星空の下、コニャックで夜の更けるのを楽しむのみである。時には、火力の強いサクサウールのたき火を囲んで語り合う。

一九九〇年代前半のカザフ科学界は、ソ連邦崩壊とカザフスタン共和国独立という大変化の中で、混乱の極にあった。研究者の月給は二〇〇ドル程度で、その内の半分は遅配である。夫婦二人ともが研究者の家庭の収入は二〇〇ドル程度で、子供を抱えていれば四〇〇ドルは必要だから、バザールなどでアルバイトをしているという。もちろん、研究所の研究費は皆無に近いから、若手ばかりでなく中堅の研究者もつぎつぎと外国に移住して行く。トルコやイスラエル、カナダやオーストラリアやヨーロッパへと頭脳と技術者流出である。そんな科学界の苦渋を、たき火を眺めながらカザフスタンの動物学者であり通訳のローマンさんたちと話したものである。若い研究者の海外流出を防がなければ、この国の科学界の将来は危ういとの思いは、カザフに残ってがんばっている研究者も、優秀な共同研究者を頼って海外からやって来ている我々も同じ思いである。

そんな彼らのカザフ残留のきっかけとなるようにと、若手研究者の日本招聘事業も始めており、すでに、土壌学者や植物遺伝研究者などを日本に招いた実績もあるが、現実の研究者の状況からすれば微々たるものである。こんな話を沙漠のたき火を囲んで続けていた。そんな会話の中で、我々のアラル海環境問題調査も数年が経過し、前述のように調査分野と地域も広がり、相当な成果を収めつつあるので、カザフだけでなく、ウズベクやロシアの研究者が集まって、アラル海問題の実態と今後を討論しようということになった。それも、従来のソ連邦方式、すなわち上意下達ではなく、下からの積み上げ方式で、若手の研究者が中心になって企画し、実行できれば、新生カザフスタン科学界の黎明となるだろうと、たき火の炎のように話は燃え盛って行った。ここで、資金はどうするのかと問われ、この方式を成功させるために、ワークショップを主催する新たなNGOを立ち上げることを条件に、日本側がすべて準備すると、最早引っ込みは付かない状況下で言ってしまったのである。かくして、アラル海環境問題ワークショップは進み出した。沙漠の蜃気楼に終わるか、それともハラショ（ロシア語で良いの意）と言われるか。

ローマンさんたちは、まもなく若手科学者が集まり、NGO「テティス（Tethys）」を設立した。どのような経緯でテティスと名称されたのかは知らないが、二億年前に存在したと言われるテティス海に由来している。ウィキペディアには、「テチス海とは、パンゲア大陸の分裂が始まった約二億年前ないし約一億八〇〇〇万年前から、新生代第三紀まで存在していたと考えられている海のこと。古地中海ともいう。ローラシア大陸・ゴンドワナ大陸に挟まれた海域で現在の地中海周辺から中央アジア・ヒマラヤ・東南アジアにまで広がっていたと考えられている。」（フリー百科事典「Wikipedia」）とある。そして、日本カザフ研究会（JRAK）とテティスが共催するワークショップの開催が一九九七年九月と決定した。その後のカザフ国内での事情や科学アカデミーのビルの会場確保などからカザフスタン科学アカデミーも主催者に加わり、科学アカデミー総裁だったスルタンガジンさんの協力は大いに若い研究者を鼓舞した。かくして、カザフスタン共和国はじめての、若い研究者が企画し、開催するワークショップの準備が始まった。

さて、それからが日本カザフ研究会、とりわけ代表の筆者には大変な日々が待ちかまえていた。サクサウールの激しい炎にかき立てられて、ワークショップのすべての費用は日本で準備すると宣言してしまったが、当てがあるわけではない。帰国後は資金集めの行脚を続ける羽目になるが苦難の連続であった。そんな筆者を見かねたように、それまでも研究助成金で我々の活動を支援してくれていたトヨタ財団に調査研究対象現地での研究成果発表事業と位置づけてもらい、ワークショップ開催資金の助成が決定された。資金の目途がつき、招聘研究者の決定やプログラムの作成に取りかかった。ワークショップのタイトルは、「Sustainable Use of Natural Resources of Central Asia—Environment problems of Aral Sea and surrounding areas」とした。

2　総理大臣からのメッセージ

カザフスタンの首都アルマティには日本大使館が開設され、第二代大使の三橋さんが赴任されており、日本とカザフの距離は近いものになりつつあったが、このワークショップも両国親善の一助となればと考えていた。そこで、日本カザフ友好議員連盟の関係で種々の支援を得ていた橋本龍太郎総理大臣にワークショップへの特別メッセージをお願いするという厚かましい申し出をした。ワークショップを開催した一九九七年の七月に「ユーラシア外交」を日本の外交の重要柱と宣言した橋本総理には、この厚かましい頼みを快諾され、次のようなメッセージをワークショップ宛てにいただいた。

インターナショナル・ワークショップ「中央アジアにおける持続的な自然資源の利用」の開催を心よりお慶び申し上げます。

冷戦の終結とともに、その豊富な天然資源、そして過去のシルクロードがそうであったように重要な交通路として、今この地域は日本のみならず世界的にも注目を集めております。

私は、先日、日本外交に太平洋から見たユーラシア外交の視点を取り入れ、日本としても中央アジア諸国に対して、政治対話、経済面での協力などを通じ、従来以上に緊密な関係を展開していく必要があることを明らかにしました。

一方で今後中央アジアの開発に当たって、見落としてはならないのは、環境保全の問題であると思います。日本も、過去に公害問題を経験し、その対応に多大な努力を払ってきました。また、環境問題はいまや一国では対処できない地球規模的問題になっており、本年一二月に京都で気候変動枠組み条約第三回締約国会議を開催するなど、わが国は国際社会においても環境問題に積極的な取り組みを行っていく考えでおります。

このような中で、本ワークショップが開催されることは、まさに時宜を得たものであり、環境分野における日本と中央アジアとの協力について有意義な議論が交わされることを祈念いたします。

平成九年九月九日

日本国内閣総理大臣　橋本龍太郎

さて、内閣総理大臣からのメッセージをもらったが、ワークショップの場で誰が読み上げるのかが大問題である。筆者というわけにも行くまいと思い、日本大使に相談したところ、大使が開会式に出席して代読していただけるという。そんなわけで、在カザフスタン日本大使館もトヨタ財団と並んで後援団体に参加してもらった。一九九七年九月九日から一一日までの三日間、ワークショップがカザフスタン共和国の当時の首都アルマティ市にあるカザフスタン共和国科学アカデミー本部ホールで開催された。たき火を囲んでの雑談から二年の歳月が経っていた。

3　ワークショップの目的と中身

三日間のワークショップには、日本から一七名、カザフスタンから六五名、ウズベキスタンから四名、キルギスから二名、ロシアから二名が参加した。ロシアからはアラル海研究の第一人者であるレニングラード大学のアラジンさんも参加してくれ、そうそうたるメンバーの集まりとなった。農業生産と土壌劣化、水資源保全、生物多様性保全、汚染と健康の四分科会に合計五五本の報告がなされ、いずれの報告もアラル海環境問題に直接取り組んでいる研究者自らの研究成果報告であり、アラル海問題の最新の資料が提供された。いわゆる政治的プロパガンダは皆無であったが、発表がソ連式のものが多くあり、日本人は戸惑った。ソ連式発表とは、グラフや表を示すことなく、数値を文章の中にちりばめての説明口調の演説を延々と繰り広げるものである。事前に、発表には図表や写真を多数用いて欲しいと要望しておいたが、旧癖がそんなに簡単に改まることはなく、たった一枚の図で一五分の演説もあった。このようなソ連の慣習からカザフが独立国として脱出できるのは何時になるのだろう。この頃のカザフでは、毎日、法律が制定や発令され、ソ連邦時代からの変革が進んでいたが、行政の末端には届くまでには相当な年月が必要に思われ、末端組織と折衝する我々としては、今日はＯＫでも、明日はＮＯと言われることを覚悟して振る舞うことが肝要だった。

海外からの参加者にとっては苦痛な発表の連続ではあったが、アラル海地域の現状を、一九七〇年代や一九八〇年代に語られたストーリーではなく、現地調査を踏まえた事実に基づく現状を把握するワークショップであると認識されたことは大きな成果であった。すなわち、アラル海の急激な縮小を引き起こした大規模灌漑農業が中央アジア諸国の要望として実施されたものではなく、ソ連邦内植民地として、モスクワにある中央政府によって強制的に実施されたものであることがまず確認された。また、中央アジア諸国の独立後の国づくりの方向を策定するためにも、自らの力と国際協力によって、アラル海地域の環境の現状を正確に把握しなければならないことの重要性が確認された。この未曾有の環境改変の実態解明に取組んでいる海外の研究者や行政官にとっては、中央アジア諸国自身が明確な環境修復方針を提示してくれないと、実態解明の成果も生かしようがない。中央アジアの多くの人々は、「アラル海問題は大変だ。海外からの援助が必要だ」と声を大きくするか、「アラル海が大変だ。関係国の科学者は実態解明の能力は十分あるが、経済が崩壊しているから調査ができないだけである。諸外国がお金さえ供給してくれれば、すべて分かる」と主張する。これでは、海外との協力関係は構築できないことを、今回のワークショップを契機に分かってもらえたならと思う。

三日間の会議が終了し、お別れパーティーが開催され、羊の肉料理とウォッカで大いに親交を深めた。実務を取り仕切った若きNGOテティスのメンバーは自信を持った様子である。それにも増して、成果として誇れることは、共同主催者である科学アカデミーの総裁から、ソ連邦時代は当然のこと、カザフスタン独立後も、このような下からの積み上げで会議を開催したことがなく、今回のワークショップはカザフの新しい時代の幕開けだと感謝されたことである。NGOテティスは、二〇〇九年の現在も、カザフと日本との科学交流の担い手として活躍しており、カザフスタンのイリ川流域を対象とした「民族／国家の交錯と生業変化を軸とした環境史の解明――中央ユーラシア半乾燥域の変遷」という総合地球環境研究所のプロジェクト（通称イリプロ）のカザフ側の重要な窓口として活躍している。

ワークショップの報告書（英文）を出版して、すべての作業を終了した。この報告書の中に、一人の日本人女性研究者の名前があった。マジトバさんというカザフスタンの小児科の医師が、アラル海周辺に住んでいる子供達の健康問題を毒性物質の影響面から調査した研究発表の共同研究者として名を連ねていた、順天堂大学医学部に所属する千葉百子さんである。農学部出身の研究者を中心に形作ってきた日本カザフ研究会の弱点は、アラル海地域の疾病や健康被害を調査できる、医学部出身のメンバーが欠如していることだった。京都大学には大きな医学部があり、多くの医者や医者のタマゴがゴロゴロいるのだが、いろんな人脈を頼って、アラル海問題に取組んでくれる人材さがしをやってはみたが、沙漠で公衆衛生学をやろうというような医学者には出会えなかった。公衆衛生学や感染症学などは、流行りの最先端医学ではなく、古い医学と思われているのだから、見つかるはずもない。沙漠を歩き廻って、苦労を重ね、何年か費やしてからやっと論文一本が書けるようでは、この目まぐるしい時代の間尺に合わない。試験管を振り回して、遺伝子だ、DNAだと騒いでいれば、月に一本は論文が書ける。今時の医学者は当然のようにこちらの道を選んでいる。そんな京大の医学部では、O157事件が発生し、感染症の分かる研究室がないことを知らされて、感染症研究部門を復活したという。そんな状況だったから、アラル海仲間になってくれる医学者を探すことはあきらめていた。そんな事情の中で、我々の知らない日本人が、まして医学関係者が我々とは別のルートでカザフの研究機関と共同研究しているとは驚きで、その後、千葉さんや若き医学者の橋爪真弘さんと知り合い、日本カザフ研究会の仲間としてアラル海流域の健康被害調査グループが組織され、活動が開始された。医学関係者の参加は、アラル海環境問題の実態解明を大きく前進させることにつながった。

二　アラル海周辺の疾病

1　アラル海周辺の疾病調査

一九九四年五月、シルダリア沿いにアラル海へと移動しながらの農薬汚染調査時の日誌に次のような一文がある。「村の診療所に入り、採血検査の準備をはじめると、ドクターがカザフの習慣によってとなにごとか言い出す。人の良さそうなこの医者もなにか条件を持ち出したのかと身構えると、彼は『カザフの習慣に乗っ取って、お客を自宅に招待したい。仕事を始める前に食事をするか、それとも途中か、終わってからのどちらがよいか』と言う。もちろん、後でと答えて準備を始めると、議長と医者が集めてくれた村人が入って来る。二九人の採血検査終了。予想外の収穫である。準医と看護婦もずいぶんと協力してくれた。採血者にはボールペン一本のお礼を渡し、診療所には包帯、オキシドール、注射器などのお礼。」とある。

この頃、アラル海周辺地域では健康被害が生じ、多くの人々が難渋していることを聴いていたが、それがどのような症状のものであるのかという問いに明確な答えがアルマティでは得られなかった。また、貧血の女性や子供が多くいるとの情報も得ていたが、同じように噂の段階を越える資料は入手できなかったから、シルダリア流域での農薬汚染調査の一項目として、血液検査も実施した。その時の光景を書いた日誌の一部である。医者ではないが、指先からの採血だから、村の診療所の医者や看護婦を頼っての作業であった。もちろん、州や郡長の許可を得ていた。アラル海問題が語られる際には、必ずと言っていいほどに、農薬による環境や人体の強度の汚染（障害）が俎上に上がるが裏付ける資料が明示されない。それなら、自分たちでやるかと、とくに有機リン剤中毒を想定した血液検査を実施した。日本を出発する前に、長野県のリンゴ栽培農家で予備調査を終えていた。リンゴ栽培と言えば、日本の農業でも農薬多用農業の一つである。ここでは調査結果を詳述しないが、有機リン剤による汚染がカザフで問題になったのは一九八〇年代までで、十数年後のこの頃にはその片鱗もないことが分かった。

この結果をある程度は予想していたが、日本の医学研究者でこのプロジェクトに参加してくれる人材が見つからない故に、門外漢でもできることはやろうと考えていたから、この後も、シルダリア流域の貧血調査を広域に実施した。村に入れば必ず診療所を訪ね、医者や看護婦から健康被害の聞き取り作業を行った。その時のプレゼントが前述のような包帯などである。一九九一年のソ連邦崩壊とカザフスタン共和国としての独立は、都市の住民はもちろんのこと、首都から一五〇〇㎞も離れたアラル海流域の農村の住民にはより厳しい生活環境が到来した。医療の崩壊は農村から始まった。独立後の三年ほどは、ソ連邦時代の遺産を食いつぶしながらの地域経営が続けられたが、それ以降は食いつぶす財産もなくなっていた。

村を訪ねる時のお土産は医療品のセットだった。大統領特使を招待した時に、招待団体として結成した日本カザフ文化経済交流協会の代表で、宝塚市の青年会議所の代表も務めた経験のある松種学さんに頼んで、薬の町として知られる大阪の道修町の若手経営者を紹介してもらった。彼らもその後にカザフスタンを訪問するのだが、私の頼みは医療品の寄付である。高度の医療技術の機器ではなく、包帯や絆創膏や消毒液など、村の診療所に常備しておきたい品々をお願いした。段ボール箱で届けられたこれらの品を旅行鞄に詰め、アルマティのアパートに運んだ。そして、村の診療所へのお土産として沙漠を旅させた。当初は使い切り注射器も含まれていたが、現地では使い回しされそうな気配だったのでお土産セットからは除外した。こんなお土産であるが、村の医者達からは歓迎され、時には金庫の中に納める医者もいた。日常医療品が欠乏している年月が長い間続いた。村の診療所には医者が一名と看護婦が二～三人いるのが普通で、みんな村に住んでいたが、一九九〇年代終わりになると、村の生活が苦しくなり、医者が村から出ていくケースが増え、無医村も出現した。筆者らが最初に調査地とした水稲栽培の村、ベレケ・ソホーズでも医者がいなくなり、病人は診察のために一五〇km も離れた村に行く羽目になった（図5―1）。

図 5–1　村の診療所

2　医学関係者の登場

筆者が一九九〇年に立ち上げて主宰してきた日本カザフ研究会では毎年一冊の報告書を出版してきた。現在は一三号を発行したのち滞っている。報告書のテーマは、「中央アジア乾燥地における大規模灌漑農業の生態環境と社会経済に与える影響」である。アラル海が何故ゆえに干上がり、その影響はどのようなものかを自然科学と社会科学の研究者が見極めようとする研究成果が掲載されている。一三号まで発行されているが、まだまだ道半ばの成果しかなく、アラル海問題という二〇世紀最大の環境改変の全貌を表すまでには至っていない。むろん、現在進行形の課題であり、これからも多くの研究者に関わってほしいと思うが、はたして可能だろうかと不安である。

この一連の報告書に医学関係者の論文が掲載されたのは、二〇〇〇年発行の報告書No. 8号が最初である。「アラル海周辺地域における健康障害——いわゆるEcological Diseaseについて」と題するレポートが橋爪真弘さん（当時、東大の医学系研究科の大学院生）によって書かれている。日本カザフ研究会としては待望していた医学関係者の登場である。彼が最初に筆者を訪ねてくれたのは一九九七年の国際ワークショップの終わった頃だったかと思うが、その頃は日本医科大学の小児科の医者だった。アラルへの関心の深さを感じ、医学研究者が不在の日本カザフ研究会からの脱却を模索していたので、すぐに現地に一緒に出かけないかと声をかけ、アラル海へ行くことになった。大都市アルマティの病院やアラル海東岸の湿地帯だった村へと、はじめてのカザフ行きにもかかわらず、彼は臆することもなく出かけ、医者の目を通してアラル海問題を我々に教えてくれた。そして前述のレポートが書かれ、おかげで日本カザフ研究会の調査領域は拡大した。

これをきっかけとして、カザフの研究者と共著のレポートを発表していた千葉百子さんとも交流が深まり、千葉人脈によって公衆衛生学や関連分野の多くの研究者がシルダリア沿いの村々で調査を開始した。筆者は勝手に医療班とか疫学班とか呼んでいたが、彼らと研究会を開催し、情報交換しながらアラル海問題に迫る活動が展開され、その成果は日本カザフ研究会報告書にも、「クジルオルダ州における学童の貧血と鉄欠乏症」（橋爪ら、No.10号、2001）、「クジルオルダ州を中心としたカザフのハレ食と日常食の食事事情」（下田妙子、No.10号、2001）、「カザフスタン共和国シルダリア川河口域の社会経済状況と飲料水利用の現状」（扇原淳ら、No.13号、2007）、「カザフスタン国小児に多発する健康障害――Ecological Disease に関する現地調査」（千葉百子、No.13号、2007）などのレポートとなって結実したのだった。これらのレポートを読み返しながら環境破壊に苦しむ住民の日常生活と健康問題を書いてみる。

3 Ecological Disease とは？

カザフスタンに来るようになってからすでに一〇年近くの月日が経過していた。その頃のアラル海は毎日一〇m以上の縮小が続いていただろう。一日に一〇mも湖岸線が沖合に引いて行くとすれば、一年で四km、一〇年で四〇kmと言うことになるが、その後の研究結果からはこの倍以上にもなると言う。かつては湖岸の漁村であった村々の住民がアラル海を見ることはもはやない。そして、アラル海が縮小した結果として発生した環境悪化だけが住民を苦しめていることは事実であるが、どの疾病がこの環境変化に起因するのかが分からない。カザフスタンの医師達は“Ecological Disease”という言葉で、アラル海周辺の住民に生じた健康被害を表しているが、“Ecological Disease”とは一体なになのだろうか。これを説明することが医療班も含めた我々の課題である。

人類がいまだかって遭遇した経験がないほどの環境改変と言われるアラル海の縮小と、それに伴う住民の健康問題が地元の新聞などで取り上げられるようになったのは、一九八八年ころからだろう。それまでは、ソ連邦の抑圧的報道管制は住民が被害を語ることを困難にし、研究者も外に向かって自由に話せる状況ではなかった。筆者がアラル海問題を最初に知ったのは一九八九年の「環境と文学に関するフォーラム」で、このころからアラル海現地に外国人が入ることが可能になってきた。カザフの首都アルマティでの会合でもアラル海問題が多いに語られ、その環境改変のすさまじさに世界が驚愕しだしたのである。当時のソ連邦の最高権力者はゴルバチョフ第一書記で、彼が掲げたペレストロイカ政策（再構築）、とりわけグラスノスチ（情報公開）政策の影響で、アラル海流域の多くの困難を公に話せるようになった。

周辺地域では食道ガンや胃腸炎などの消化器疾患や肝炎・腎疾患が増加し、乳児死亡率の大幅な上昇などが知られるところとなり、大量に使用された農薬や化学肥料などが原因と考えられていた。さらには有機塩素系化合物やダイオキシン類や重金属などの環境汚染物質などが関連あるものと指摘されたが、それを証明するデータは乏しいと言うよりもほとんどなかった。カザフの国内では、アラル海周辺で発生する種々の疾病をEcological Diseaseと呼び、因果関係を科学的に調査することなく、すべてをアラル海干上がりに帰因させてしまうきらいがおおいにあった。本書でも以前、「アラル海の旧湖底沙漠土壌に蓄積した農薬が、砂嵐とともに住民を襲い、人々の健康を害している」

図5–2　疫学調査中の千葉さん（右端）

とよく言われるストーリーは成り立たないという調査結果を書いた（第3章一—6参照）。この医療班もまた、既存のストーリーを無視はしないが、住民の健康問題の実態を明らかにする作業を開始した。筆者らの調査のように、水や土が主たる相手ではなく、人が対象であるから、行政機関からの許可と協力やカザリンスク地区の健康障害児を受け入れ、治療に当たっているＵＲＰＡＫ（National Children's Rehabilitation Center）の医師たちとの協同作業体制を建てながらの困難を伴う調査が開始された。千葉さんの精力的な人脈形成、体勢づくりがこの疫学調査を可能にした（図5—2）。

最初にシルダリア河口域のカザリンスク地区に入った橋爪レポートのまとめには、「ＵＲＰＡＫでは健康障害の原因として環境因子をクローズアップしてEcological Diseaseと呼び、農薬をはじめとする化学物質・重金属やそれらの有害物質への暴露、体内蓄積に伴う遺伝子への影響の研究などに重点が置かれていたが、依然としてこれら環境汚染物質による直接的健康障害の有無は不明と言わざるを得ない。現地の生活レベルや衛生状態を見る限り、感染症を中心とする疾病構造の中で、住民の健康状態の改善という視点から基本的公衆衛生と栄養状態の改善がまずなされるべきで

一九九五年二月二七日第三種郵便物認可　二〇二〇年一月一五日発行（毎月一回一五日発行）

月刊
機
2020
1
No. 334

発行所　株式会社　藤原書店©
〒一六二-〇〇四一　東京都新宿区早稲田鶴巻町五二三
電話　〇三・五二七二・〇三〇一（代）
FAX　〇三・五二七二・〇四五〇
◎本冊子表示の価格は消費税抜きの価格です。
編集兼発行人　藤原良雄
頒価　100円

〈特集〉首里城はなぜ焼失したのか。四人の琉球人がその真相に迫る

首里城焼失への憶い

画・ローゼル川田

首里城が二〇一九年十月三十一日未明、突然焼失した。これまで十三～十四世紀にかけての創建以来、何度も火災に遭い、建て替えを繰り返してきた。沖縄戦でも全焼し、戦後は、「本土復帰」二十年後の一九九二年に再建されたばかりであった。

首里城は「沖縄の魂」か？　行政も、県・政府ともに、焼失するや二〇二二年五月までに再建する計画の策定を目指すという。

この首里城焼失をめぐって、われわれはどう考えればいいのか。四人の沖縄を代表する詩人、作家、彫刻家、ミュージシャンに寄稿していただいた。

編集部

●一月号目次●

御願不足（ウガンブスク）

詩人　川満信一

今回の首里城火災では、複雑な思いが一度に襲ってきて、言葉を失っていた。

視点を変える度に、異なった問題が浮かんでくるのである。そのうちの主要な問題を二、三とりあげてみる。①は**琉球王朝史**から、②は**京ノ内と聞得大君（きこえおおぎみ）**から、③は**沖縄戦**から、④は**文化史全体の視点**から。

①王朝史でみると、四五〇年以上も存続した琉球王府は、独立した一国の統治機関として、自立した政策立案の力を保持していたのか。（例えば韓国の王朝劇などを見ていると、政権のはじめには大義を掲げ、民への慈悲を指針とするが、世継ぎのたびごとに、王も臣も堕落して、王朝は滅びている。）琉球王府が持ちこたえたのは、いまで言えば植民地的二重統治の結果としての事態ではなかったか。

すると、華麗な首里城の背後には、犬小屋のような人頭税制下の祖先たちの住まいがダブってくる。歴史的には首里城は、傀儡政府という傷口を開いてしまうのである。

②聞得大君の位置からみると、災難は起こるべくしておきた、ということにもなろうか。城内には、風水上の屋敷神を祀る〈京ノ内〉がある。復興の際、相応の御願（ウガン）はやったのか。城壁再現の風水判断と地鎮祭に滞りはなかったかが、問題になる。龍柱の位置一つ決めるにも、祖先たちの易学的判断がなされていたはずである。

③沖縄戦史の視点からはどうか。一九五二〜五六年まで、私は首里城に通い続けた。占領した米軍が、植民地政策で、戦災廃墟に琉球大学を設置してあったからである。入学当初は中庭広場の砲弾破片や城壁の砕けた石、瓦片をモッコで運び出すのが日課だった。四年生のとき、図書館の夜間貸出のアルバイトにありつけたが、書庫の物音が本を読みに来る戦死した兵隊の霊に思えて、鳥肌だっていた。

第三二軍司令部壕と生死を共にした兵士たちの鎮魂に滞りはないか。志喜屋図書館の火災と思い合わせると〈祟り〉という言葉が浮かぶ。

④文化史の視点からみると、歯ぎしりするほどの無念さである。大交易の交流から創造された紅型（びんがた）や漆器など国宝級の文化財が焼失してしまった。これは制度・運営上の問題であり、こんごの再建には御願不足（ウガンブスク）がないよう魂を込めて欲しい。

翻弄され、消された歴史の痕跡

ライター 安里英子

私は、首里ウグシク（御グスク）の近くで生まれた。実家の門前には戦争で瓦礫となった赤瓦が積まれていた記憶がある。小、中、高校とも徒歩で通学できるほど首里グスクの近くにあった。いずれの学校もグスクあるいは尚家と縁の深い場所だった。グスクの直下にある城西小学校は「御細工所」跡。中学校は、琉球最高神女の「聞得大君御殿」があった場所、首里高校は「大美御殿」であった。

一六六〇年、グスク正殿の火災のさい、王が大美御殿に移居したと言われる。いずれも、琉球処分によって明治政府による財産没収（収奪）にあい、その後公的土地として学校敷地として使用されてきた。

十月三十一日夜中、首里グスクが炎に包まれる様を目の当たりにした。首里グスク内の火災を見たのはこれで二度目である。一九五〇年にグスク内に創設された琉球大学に、図書館が建設された。アメリカの援助で造られた、当時としては立派な五階建てビルで、小学校からは見上げる高台（焼失した北殿のあたり）にあった。五六年、小学二年生のころ、その図書館が燃えた。私（たち）は、教室を飛び出し燃えるのを見た。

その後大学は移設され、九二年に首里城は復元されたが、国の管理となり、自由に出入りすることができなくなった。同時に多くのものが消えた。地域住民の反対運動にもかかわらず観光バスのための道路拡張がなされた。また、現在、駐車場になっている場所は「記念運動場」と呼ばれ、地域のスポーツ競技などが行われた。元々は天界寺という寺があったが、琉球処分後には師範学校の運動場となり、大正天皇即位の時に、「記念運動場」に改名された。また、地方のノロ（神女）を統率する聞得大君に次ぐ高級神女が「首里殿内」「儀保殿内」「真壁殿内」で祭祀を行っていた。琉球処分後、三殿内は廃止され、三か所に祀られていた「火の神」のみが、天界寺内に集められ「三殿内（みとんち）」と呼ばれていた。明治以後の琉球・沖縄の翻弄された歴史が刻まれた土地（史跡）はこうして、首里グスクの復元によって消されたのである。

いまや、首里グスクは、沖縄の精神的シンボルではない。かつて首里に統治された宮古、八重山諸島の人々は、複雑な心境を吐露する。新しい自治共和社会の旗を立てたい。

「首里城再建」から琉球の歴史を学べ

彫刻家　金城　実

何の因果か首里城が火災に包まれ、まさに血を吐くように訴えていたのは何？そもそもこの琉球王国があったことを世に訴えた。又どのように琉球国は滅ぼされたかを。日本に併合されたことを印象づけるためにも、政府からの復帰二〇周年記念プレゼントであった。又あれから五十年を迎えるタイミングに起きた悲劇には「イッター（君たち）、ウチナン人よ！　又しても政府に騙されるなよ！」と叫んでいるように思えた。琉球国の滅亡と植民地化が今日まで続いていることに気づけ。

一五八七年、豊臣秀吉に敗北した島津氏は、秀吉の九州支配下に置かれるや琉球国に貢ぎ物を強要する。一五九一年に秀吉が朝鮮出兵を決めるや、琉球に七千人・十ヶ月分の兵糧米の供出を命じる。その頃琉球は尚寧王即位もあってそれどころではなかった。応えられないことを知ると、島津の琉球侵入の口実にした。

一六〇二年、琉球船が奥州に漂着。琉球国に対して幕府への聘礼（へいれい）をうながしている。一六〇六年、島津は伏見城で徳川に謁見し、琉球の非礼を申し立て、奄美から南に下って武力行使の断を下している。ついに一六〇九年、島津の樺山久高統大将は、三千の兵と百隻の軍船で最初に今帰仁（なきじん）城を陥落した。

一八七一年、宮古から首里王府に貢ぎ物を届けて帰る途中で台風にあい、六十人が台湾に上陸、先住民に五四人が斬首され、漢民族に助けられた十二人は那覇に帰る。しかし、この事件を利用して台湾の討伐にでた琉球は日本の領土とされた。

ついに一八七九年に、琉球国は滅亡し県にされる。これによって歴史の悲劇で、琉球、台湾、朝鮮に及ぶ巨大な植民地が形成されていった。日清戦争で台湾が日本の領有地になるが、琉球、アイヌ、台湾の〝三つの土人〟を属人として誇示した。この「土人」は、辺野古の闘いの現場で沖縄の芥川賞作家の目取真俊氏に対して行われたヘイトスピーチで、しかも警察官の発言で大きな問題になった。

さてこうした歴史を読み取っていくと、首里城に対する日本政府の甘いことばにうかれているわけにはいかんだろう。「自決権」琉球独立を論じている者として、沖縄人の過去と未来をかけてウチナン人が再建の先頭に立つべきである。これまでの日本政府の沖縄への冷たい仕打に心ゆるしてはならない。

首里城火災のミステリー

シンガーソングライター　海勢頭　豊

昨年十月三十一日未明の首里城火災。四時に起きテレビをつけたら、琉球王国の象徴である本殿が血炎を上げ、崩れ落ちていた。衝撃映像に「そこまでやるか!」の声響く。二〇〇一年9・11ニューヨーク同時多発テロ事件を思い出したからだ。あのときペンタゴンに墜落したというダグラスの機体は見つからず、炭疽菌騒動もうやむやのまま、事件の真相は未だに分かっていない。だがしかし、ブッシュの仕掛けたテロとの戦いやイラク戦争で米国軍需産業が莫大な利益を得たことを考えると、9・11は米国政府の自作自演であった可能性は否定できない。つまり、世の中には平和になったら困る人たちがいるということ。アイゼンハワーの警告を無視、軍産複合体を膨張させた米国民主主義に正義などなかったのである。

首里城火災も同じに見えた。日本政府にとって、戦後民主主義ほど扱いに困るものはないからだ。米国に追随し、戦前の天皇制国家の復権を目指す日本には、憲法九条も、琉球の絶対平和思想も、国の根にある龍宮神ジュゴン信仰も、またそこから生まれた伝統の空手や琉球古典音楽や琉球舞踊などの平和文化も、都合の悪いものだった。

時あたかも令和元年。天皇の即位儀礼が国家の威信をかけて執り行なわれていた最中。沖縄那覇市では首里城祭が盛大に行われ、十月三十日の「世界のウチナーンチュの日」は、国王行列が国際通りに繰り出し、空手演舞や芸能で賑わっていた。さらに翌三十一日は、玉城朝薫組踊上演から三百年を祝う演目が首里城正殿前で演じられる予定であった。特にその中の「執心鐘入」は、大和朝廷に対峙する琉球神女の苦悩を伝えた作品。それを阻止するがごとくに起きた今回の首里城火災ではなかったか。

十一月七日の那覇市消防局は、正殿北東にあった「分電盤」から繋がる延長コードに「溶融痕」が三〇ヶ所以上見つかったと発表。それが火災原因に繋がる「短絡痕」だという。警備員は人感センサーの作動を不審者の侵入と思い現場を見ると、すでに正殿内には煙が充満(もしかして石油がまかれた?)していたという。そこで火災と気付き寝ている同僚を起こしに向かったが、つまりその数分間はモニター監視がされていなかったという。さてこのミステリーをどう解くか。

琵琶湖の百倍の大きさのアラル海が、なぜ消滅していったか？

消えゆくアラル海

石田紀郎

「いちばん低い水の中から」

湖国・滋賀県で生まれ育った私にとっては、目の前にはいつも広々とした琵琶湖の水面があり、そこに流れ込む河川は私たちの遊びの場であった。冬には雪が降り、板切れと竹とタイヤの切れ端だけで作った竹スキーで林を滑り降り、梅雨には雨が降る田んぼの溝でドジョウを捕った。川が涸れることはあっても、湖はいつも蕩々と水に満ちていた。当時の私には、湖は涸れることも、汚れることもない、永遠の存在のように見えていた。時代は戦後復興の工業化のまっただ中にあり、小学校の修学旅行で訪れた大阪で、引率の先生から「あの黒煙を出している煙突の数こそ日本復興の印だから、しっかりと見るように」と言われた。その場面を妙にはっきりと覚えている。

多くの男子生徒が、工学系に進学を希望する中で、私は遊び慣れた水田への興味を捨てることができなかった。大学では水田で営まれる農業を学びたいと、農学を志望した。そして、大学で学ぶ過程で、農薬に水俣病の原因である水銀を使用していることを知った。農学とは、「安全な環境で、安全な作物を、安定的に生産する」ための科学であるはずだが、水銀を大量に使用する当時の作物疾病防除の潮流は「安全」とは正反対を向いていた。農薬多用の防除法に疑問を感じ、科学技術の意味を問い直したいと、農学を離れて公害問題の現場を歩き始めた。

一九五〇年代から六〇年代にかけて、少々の悪さをしても許してくれるほどの大きな容量を持っていると思い込んでいた琵琶湖の水が年々汚くなり、とうとう赤潮やアオコが発生するまでになった。多くの公害発生源から放出される毒性物質を追いかけている中で、経済成長をひたすら推し進めようとする社会のありようを変えなければ、次の時代に人はまともな環境下で生きられなくなると思った。

「水はその地形の中でいちばん低い所を流れています。だから、その地形の上で人間がどんな生活をするかを色濃く映します。いちばん低い水の中から見れば人間の生き方、あり様が見えてくると思うのです」。当時の私のメモ書きである。目新しいことではなく、当然のことでしかない。しかし、多くの公害現場で教えられた大事な到達点であり、その後の私の進む道の原点でもある。

二十世紀最大の環境破壊

年間降水量が一五〇〇ミリ以上もあり、水に恵まれた日本でさえ、水汚染が多発し、人も生き物も住みにくくしてしまった。それならば、年間降水量が少ない世界に住む人々は、どのような水との付き合いをしているのだろうと、雨の降らない乾期にメキシコを旅した時の驚きが下地となって考えるようになった。沙漠と、沙漠の民と、その生業を、いつか見聞したいというのが夢となった。とは言え、その頃の私の活動の場では、海外での調査活動などできる機会がなかったので、せめて旅行ぐらいはしてみたいと常々考えていた。

▲石田紀郎（1940- ）

しかし、突然、二〇世紀最大の環境破壊と呼ばれるアラル海環境問題の調査のために沙漠の国に飛び込むことになった。その経緯は本文を読んでいただきたいが、そこで見たものは、かつての沿岸住民が、永遠に広がっているだろうと信じて疑わなかったアラル海の大海原が、ほんの二、三年で湖岸の漁村からは見えなくなり、ついには大沙漠に変わったさまだった。湖面積が琵琶湖の一〇〇倍もある世界第四位の湖が、今ではたった琵琶湖一〇個分にまで縮小したのである。筆者が眺めていた琵琶湖は、飲み水に不安を覚えるほど水質が悪化し、アラル海では水量が激減し、湖自体が死滅した。いずれにしても、湖には責任がない。それぞれの湖の流域に住んでいる人間社会の責任である。そこが降水量の多い地域であろうと、沙漠地帯であろうと、問題を抱える状況は同じであった。アラルの環境破壊の点検作業を通して、地域の環境特性を大事にした人の生き方を模索しなければ、人類に将来はないことを確信した。

二五年前、アラル海消滅は、我が国ではほとんど知られていない事実であった。そのころから何度もカザフに通い続け、わずかな情報ではあるが発信してきた。それは、琵琶湖の汚染を考えるのと同じように、我々への警鐘になると思ったからである。その軌跡を本書にまとめることができた。

　この書は、アラル海流域で発生した諸問題を、日本カザフ研究会という小さな研究者集団が追いかけた記録である。それぞれの項目をさらに詳しく知りたい方は、「中央アジア乾燥地における大規模灌漑農業の生態環境と社会経済に与える影響」と題した日本カザフ研究会の報告書（第一号から一三号）をお読みいただきたい。

（「はじめに」より）

セミパラチンスク核実験場

　アラル海の干上がりと地域社会の崩壊は、ソ連邦政府、すなわち、モスクワ・クレムリンの意向で実施された農業政策の結果である。この政策の結果、シルダリアやアムダリア流域の農耕民には恩恵を施しただろうが、アラル海流域の漁業や漁村は壊滅し、ほとんどの恩恵はモスクワに吸い取られた。

　セミパラチンスクはといえば、大草原の牧民にはなんの恩恵もなく、爾来、半世紀後の今も、放射能に汚染された大地で、多くの障害を抱えながらの生活が続いている。アメリカのネバダ州の核実験場も原住民にとってはなんの恩恵もなく、苦難の日々だけが続いている。そして、フクシマもまた、もっとも恩恵を受け、利潤を得ている東京からは原発は見えず、これから何十年以上も自宅に戻れない人々が福島にはいる。力のあるものが弱い人々を踏みつけにしているのが公害であり、環境問題である。世界中にあるこの理不尽さを解消し、あらたな価値を創造するのが、環境を冠した科学の最大の課題であり、研究者の使命である。

干上がった湖での植林活動

　干上がったアラル海の面積は、琵琶湖八〇個分くらいに相当するであろう。地表面には塩が析出し、衛星画像からも広大な塩沙漠が分かる。この土地をどうするのかを提案できないままに筆者のアラル海との関わりは終わっていくのだろうが、ゴマメの歯ぎしりほどにでも何かを残したいと思って始めた植林活動である。たいした成果などないが、この植林活動は二〇〇六年から二〇一九年の今日まで継続してきた。多くの財団からの助成金と個人的支援者の寄付金に依存した事業である。

　そして、前述のように、植栽手法の改善を重ねながらの取組みが在カザフスタン日本大使館にも評価され、現地の自然保護団体にトラックやトラックターなどの購入費が援助された。そして、二〇一〇年の植栽地に近づくと、緑の林が地平線に一直線で見えてくる。現地の住民が

▲干上がったアラル海旧湖底には、放置された多数の漁船や貨物船の残骸がある

喜び、アラル海旧湖底にオアシスができたと教えてくれた。砂と塩が嵐となって飛んでくる沙漠にサクサウールの林ができていた。そして、周りに種子が飛んで行き、発芽し、活着して苗木から成木になったサクサウールが何本も生えていた。

二〇一八年にクジルオルダ市で開催された国際会議の出席者たちも喜んでくれた。この林から多くの種子が飛び出し、アラルの旧湖底沙漠で育ってくれればと思う。そして、このオアシスに棲みつく動物も出現してくれるだろう。満々と水のあるアラル海再生ではないが、アラルの森が広がってくれるならば、アラルに通い続けた意味もあるかなと自分を慰め、現地の人々と喜んだ。（「おわりに」より）

（構成・編集部／全文は本書所収）

（いしだ・のりお／京都大学元教授）

消えゆくアラル海
再生に向けて
石田紀郎
口絵カラー8頁
本文写真・図版多数
四六上製　三四四頁　二九〇〇円

■好評既刊
現場とつながる学者人生
［市民環境運動と共に半世紀］
石田紀郎
農薬の害と植物の病気に苦しむ農家とともに省農薬ミカンづくりと被害者裁判に取り組み、「表面のきれいなもの、大きさの画一なもの」を求める消費者の意識から変えようと生協を立ち上げた京大教授が、常に「下流から」の目線で、大学に身をおき、現場に寄り添う。　二八〇〇円

いのちの森づくり
［宮脇昭 自伝］
宮脇 昭
日本全国の植生調査に基づく浩瀚の書『日本植生誌』全十巻に至る歩みと、〝鎮守の森〟の発見、熱帯雨林はじめ世界各国での、土地に根ざした森づくりを成功させた〝宮脇方式での森づくり〟の軌跡。　二六〇〇円

ブルデュー社会学の集大成、大好評で邦訳刊行中！

「国民戦線」の女性活動家の声
——ブルデュー『世界の悲惨』第Ⅱ分冊より——

フレデリーク・マトンティ

社会学者P・ブルデュー編の大作『世界の悲惨』邦訳刊行中。様々な社会的立場の人々の「声」を掬い上げる本書から、本号では、極右「国民戦線」の活動家〝マリー〟へのインタビューの解説を紹介する。（編集部）

極右政治活動に身を投じた背景

マリーの政治活動は、おそろしく一貫しているように思われる。彼女はその政治参加の根元の部分で、ロシア人だった母親の物語、ポルトガルにおける彼女自身の経験、自分の職業的経歴に忠実であり続けている。一般の政治の世界で彼女ほど一貫した活動歴を持っている人間は少ないかもしれないが、フランスの極右の世界ではそれほどまれなことでもない。たとえば、マリーがその著作を売っていたフランソワ・ブリニョーも一時「新秩序」にいて、次いで国民戦線の設立に加わり、その後「新しい力の党」を設立に加わり、最後に再びジャン＝マリー・ル・ペンのところに戻ってきている。

むろん私はマリーの以前の職業を想像してみた。それは、国民戦線の活動家たちが、一般党員たちについておこなう俗流社会学的な考察をなぞったもので、マリー自身、自分の沈黙について私に説明するときには、そういう考え方をとっていた。警察か軍隊に勤務したのなら、もし年金がもらえる勤務年数に達する以前に辞職した——あるいは免職された——のでなければ、社会参入最低所得で暮らすようなことはなかっただろう。レストランのウエイトレスや小売店の売り子の職、要するに零細独立企業での職は、「三六回の貧乏暮らし」という彼女の歩みとも、私が彼女の政治参加に読み取らないではいられない必然性ともうまく釣り合っているように思われる。

「貧しい白人たち」への共感

自分を「頑固」な人間だと言うマリーは、自分自身に忠実でありたいと望んでおり、しかもその忠実さが、積極的な活動をやめたことまで含めて、自分の選択の表現であり、社会から課された拘束ではないという条件がついているのだが、そんな彼女には政治について言いたいことがある。彼女は活動家の仕事について語るときつねに道徳に関わる語彙を用いる。勇気、無私、献身といった語である。

しかしうまく行かない抗議行動やポスター貼りといった活動には、マリーは国民戦線の男性活動家たちほどには興奮を覚えない。確かにマリーは「有力者たち」を忌避するが、彼女の政治参加と、その現在における必然的帰結である活動への消極的態度は、一方に善良な国民戦線があり、他方にほかの諸政党があるといった観念的な図式に基づいているわけではない。小集団で活動していた時代の、革命的気分を持った極右の精神に忠実で、職業集団化した現在の国民戦線に失望しているマリーが、彼女の言い方を借りれば、ほめたたえ、共感を示すのは、無私の民衆的な末端の活動家たちだけである。

外国人に関する自分の態度について問われると、マリーはそれらの質問をただちに彼女が使い慣れたイデオロギー的言語に、すなわち愛国主義とナショナリズムの言語に翻訳し直す。「貧乏暮らしがどんなものかよく知ってる」マリーは、国民戦線のつまらない有力者たちよりずっと、社会にその場を得られるか得られないかの境目にいる「貧しい白人たち」の要求を掲げるつもりでいる。

マリーはあらゆる幻滅を体験した。マリーは不快感を示しながらそうした幻滅について語るが、それを隠したりはしない。なぜなら、こうした幻滅こそが、貧しい白人を擁護することにさらなる根拠を与えるからだ。逆に彼女は自由にふるまえること、すなわち自分で政治的選択をおこなうことを必要とし、また人に認められることを必要とする。それこそ、教会の正面で彼女と別れた時、マリーが私に求めたものだ。「あたしたちのこと、あまり悪く言わないでね」。

（第二分冊より／構成・編集部）

（荒井文雄・櫻本陽一監訳）

世界の悲惨Ⅱ（全三分冊）

P・ブルデュー編

荒井文雄・櫻本陽一監訳

A5判　六〇八頁　四八〇〇円

世界の悲惨Ⅰ　四八〇〇円

世界の悲惨Ⅲ　（予二月刊）

「中村桂子コレクション・いのち愛づる生命誌」（全8巻）第4回配本

読む人と書く人の対話

村上陽一郎

まっすぐ読者の心に届く

本書の文章に少しでも直接接した方なら、何方でもお判りのように、中村さんの文章は、真っ直ぐに読者の心に届くような、「やさしい」（この大和言葉に当てたい漢字は、少なくとも二つあって、そのためわざと平仮名にしてありますが、〈易〉と〈優〉とを同時に読んでください）ものです。特段の、事々しい解説はおよそ不用です。だからと言って、内容が高度でないことにはなりませんが。

中村さん、と私が「さん付け」で書くことが、読んでくださる方に、もし違和を感じさせるとしたら、ここでお詫びしておきます。中村さんとは中学生のときに同じ学校でご一緒でありました。進んだ高校は違いましたが、大学院のころから、お互いの専門の端の部分で、そう「端」ではあるのですが、かなり強く重なるところがあって、「戦友」という言葉が悪ければ、「同志」のような存在（少なくとも私にとって）になりました。そんなわけで、お互い「先生」付けは勘弁してもらうという暗黙の了解が成り立つようになっています。

動詞で語る

中村さんの持論の一つに、名詞で、よりは、動詞で語ろう、というのがあります。例えば彼女が意図して避ける名詞の一つが「啓蒙」なのですが、こうした名詞のなかに含まれるある種の権威性（ああ、これも名詞ですが）、「上からの」見方（一言拘れば、私は今時の流行言葉、〈目線〉という名詞を使いませんが、その表現に問題を感じられない読者は、そう読んでくださっても文句は言いません）を、できるだけ避けようとする主張が、その後ろにはあるのだと思います。いつも、読み手の地平に視点を据えて、一緒に話を交わそうという姿勢で、ことに臨む。それが、中村さんの文章の特徴の一つです。だから、私は先ほど、中村さんの文章は「やさしい」と書きましたが、「判り易い」とは書きませんでした。読者は素人なのだから、専門の難しいことを、判り易いように工夫して差し上げて、話す、書く。中村さんが最も嫌うのが、こうした態度であり、姿勢です。

人間も生き物の世界の一員

本を読むということは、確かに自分の知らなかった知識を学ぶ機会です。この書物でも、生き物の世界について、私たちはとても多くのことを教えてもらいます。生き物の世界、と書きました。普通、それは人間を含みません。人間はその世界の外にいます。科学の特徴の一つは、世界を「外から」眺める立場に立つことです。通常それは「客観性」という言葉で表現されます。眺める存在は、眺められる「世界」の外にいるわけです。生物学でも、当然学問する視点は、対象とする世界の外に据えられています。学問するのは人間ですから、必然的に、人間は、眺められる世界の外にいることになります。勿論人間を対象にした科学もあります。（自然）人類学や、心理学の一部などがそれに当たります。こうした学問は、もっぱら人間だけを相手にします。自分は、語られる世界から一歩引いて外に出ることに変わりはありません。

この本は、私たちが、生き物の世界を成り立たせている様々なことについて知るべきこと、つまり生物学的な知識を広汎に伝えてくれます。しかし、類似の多くの書物と、中村さんの書物とが決定的、根本的に違うところがあります。そういう目でお読みになれば、だれでも気付かれるでしょうが、生き物の世界を相手にした科学、つまり通常言われる生物学の書物でありながら、観ている自分、観察し、考えている自分、つまり人間も、その世界の一員であることが、つねに根底に置かれたうえで、物事が語られている点です。

（後略　第Ⅱ巻解説より）

（むらかみ・よういちろう／科学史家）

中村桂子コレクション
いのち愛づる生命誌（バイオヒストリー）　全8巻
＊各巻に口絵、解説、月報　＊季刊　＊内容見本呈
1 ひらく——生命科学から生命誌へ　解説・鷲谷いづみ　［第2回配本］二六〇〇円
2 つながる——生命誌の世界　解説・村上陽一郎　［第4回配本］二九〇〇円
3 かわる——生命誌からみた人間社会　解説・鷲田清一
4 はぐくむ——生命誌と子どもたち　解説・高村 薫　［第3回配本］二八〇〇円
5 あそぶ——12歳の生命誌　解説・養老孟司　［第1回配本］二二〇〇円
6 いきる——17歳の生命誌　解説・伊東豊雄
7 なる——宮沢賢治で生命誌を読む　解説・田中優子
8 かなでる——生命誌研究館とは　［附］年譜、著作一覧　解説・永田和宏

「公共」とは何か？　公共論はなぜ輝いているのか？

公共論の再発見

東郷和彦

国際政治と「公共」

　残念ながらこの三年間の国際政治の動向を見る限り、世界は更なる混沌の中に投げ入れられているように見える。既存の大国たる米国と台頭する大国たる中国との対立は、貿易戦争という姿をとりながら、技術と情報をめぐる覇権の追求という、一見調和と共存を不可能にしかねない対立に私たちを押しやり始めた。サイバー・宇宙・ビッグデータといった新しい技術と情報の世界は、一見世界を、これまでとは全く異なった戦争と相互分離（mutual decoupling）においやり始めたように見える。

　しかし、本当にそうだろうか。本当にそれだけだろうか。国際社会におどりでてきたこの対立と覇権の激突状況だけで、今世界を考えることでよいのだろうか。

　『日本発の「世界」思想』を上梓した時、私たちがこれから起きる世界の実相を完全に予測していたわけではない。しかし私たちは、情報・技術と国際政治に結晶していく動きとは少しだけ違った「切り口」で、この三年間世界を考えてきた。そして今、どっこい世界は、結構したたかに息づいているという実感を抱いているのである。

「公共」とは何か

　本書で私たちが追求しようとしたのは、「公」と「私」の「間」にある第三の領域としての「公共」領域である。本書は、「公共」という問題を、空間軸・時間軸・主体軸の三つの観点より分析した。分析にあたっては、更にこれを、三つの問題にグループ化してほりさげた。

　第一部は、「公共」を問うことの意味をほりさげる。第一章及び〈コラム〉は、理論的・思想的・哲学的観点からの分析を行う。第二章から第四章は、それぞれ、日韓・中国・ロシアにおいて「公共」を問うことの意味を、各国の歴史・社会・文化の中に入り込んで分析する。

　第二部は、分析の対象を、私たちに

とって枢要な意味を持つ日本・中国・アメリカの三か国に限定する。そして、それぞれの国の現場に入り込み、当面問題となっていることの詳細を選択的にほりさげ、これらの国々が、「公共」という問題に直面している中で起きていることに迫ろうとする。

第三部は、今度は国別分析を乗り越え、公共という問題が、グローバルにどのような意味を持つか、かつ、それが国際機関ないしは国際協力という観点からどのような意味を持つかをそれぞれ具体的な現場に入って分析する。第二部の〈コラム〉は第三部への橋渡しの役割を果たしている。第九章と第一〇章はそれぞれ、グローバル・ガバナンス、及びグローバル・コミュニティ形成の観点からの分析を行う。第一一章と第一二章はそれぞれ、戦後の地域共同体形成の中でこれまで代表的な成功例と言われてきた欧州・EUと、国際機関の中の代表例としてのユネスコの現場で起きていることを緻密に分析する。最後の〈コラム〉は、環境問題をめぐる米中協力の現場をカルフォルニアから分析する。

三部の分析を総合し、本書で提起する「公共」の最終的な結論は何か。私たちの結論は、以上の多種多様な「公共」において、実に多くの人たちが、まったく異なった立場から全く異なった問題について、強烈なエネルギーを持って取り組んでいるということだった。その元気さと輝きの源は、結局のところ「公共」の問題が私たち一人一人に還ってくる問題だということにあるのではないか、――それが私たちの共通意見となった。

（構成・編集部／全文は本書「序章」より）
（とうごう・かずひこ／京都産業大学教授）

公共論の再発見
時間・空間・主体

中谷真憲・東郷和彦＝編
A5上製　三四四頁　予三六〇〇円

■目次

＊仮題

時代と格闘し、新しい世紀の日本と世界を担う未来の論客へ！

第15回　河上肇賞 受賞作決定

第一五回「河上肇賞」（主催＝藤原書店）は、八月末の〆切ののち厳正なる選考を進めた結果、このたび下記の受賞作が決定しました。本号では選考経過を抄録します。　（事務局）

今回は最終選考に残ったのが本作のみとなった。

「本賞」に推したのは四名。

橋本委員「先行研究に丹念にあたり、フィールドワークによって自らの疑念を一枚一枚はがしていくという学問的に誠実な態度。出産という厳粛な営みの『原初形態』に迫り、定説を覆そうというパッションに打たれた」。

赤坂委員「民俗学者が語るお産の民俗、ケガレの解釈には倒錯めいたものがある。十年以上のフィールドワークによって浮き彫りにされた『ひとりで産む』現場そのものが、そうした倒錯への批判となる。貴重な仕事だ」。

中村委員「二足歩行の人間は生物としてひとりで産むのは難しいという常識の中で、身近に『女がひとりで産む』という事実を掘り起こしたのは衝撃的」。

川勝委員「日常の火と出産の火との独特の区別や、母親ではない上の世代の女性が子育てに関わり世代間の伝承がなさ

本賞

『タビゴヤ――女は一人で子を産む』
松本亜紀 氏

（一般社団法人倫理研究所 倫理文化研究センター 専門研究員／44歳）

●作品概要「女性が一人で出産することはない」という通説に対して、日本で出産の医療化・施設化への移行が最も遅かった地域のひとつである東京都青ヶ島村における聞き書きと「タビゴヤ」と呼ばれる産屋の調査を通じて、近代西洋医学に基づく出産介助を前提としない出産のあり方に着目し、「産婦と児に触れない」出産介助者の存在と、それを可能にしていた社会背景を明らかにする。

奨励賞

該当作品無し

＊肩書・年齢は授賞決定時。
＊本賞受賞作は小社より公刊、および受賞者に記念品（楯）を贈呈いたします。

れるなど、啓発された」。

　それに対して異論も出された。

　田中委員「論文としては非常によくできているが、最も引きつけるべき聞き書き部分に『読ませる力』が弱い。近代医学・近代的労働観との対立が意識されているが、本稿で肯定的に提示される『女性の自立』と近代性との関係をどう考えるのか。近代批判への戦略がほしい」。

　新保委員「専門分野と離れているため評価しにくいが、聞き書き部分を読むのに苦労した。また、『ひとりで産む』ことと、賞の趣旨である『時代と格闘する』こととの関わりが十分にクリアでない」。

選考委員
赤坂憲雄　川勝平太　新保祐司
田中秀臣　中村桂子　橋本五郎
三砂ちづる　藤原良雄（敬称略・五〇音順）

（著者の指導教授であった三砂委員は、オブザーバーに留まり選考には不参加。）

　本作は「時代との格闘」という課題に十分応えているのか。中村委員からは、著者が着眼した「タビゴヤ」が、①「産む」ことへの集中の場、②産む性の「教育」の場、であることから、病院出産が主流で生き物として「産む」感覚が失われ、教育も「情報伝達」に偏っている現代という時代に対して批判的な視点を提示していると指摘された。他方で、名を冠する河上肇にならい、当賞はジャーナリスティックに時代に対峙する執筆者を見出すべきだという意見も根強く主張され、当賞の選考に際しての課題を残した。

　最終的に、推薦者多数により、本作に本賞を贈呈することが決定した。

（授賞式は三月二八日、アルカディア市ヶ谷にて開催予定〔詳細は次号〕）

■河上肇賞　過去の受賞者
●第1回　本　賞＝**安達誠司**氏
　奨励賞＝**小川和也**氏
●第2回　本　賞＝該当作なし
　奨励賞＝**太田素子**氏
●第3回　本　賞＝該当作なし
　奨励賞＝**丹野さきら**氏
　松尾　匡氏
●第4回　本　賞＝**片岡剛士**氏
　奨励賞＝**平山亜佐子**氏
　和田みき子氏
●第5回　本　賞＝**鈴木順子**氏
　奨励賞＝**佐藤　信**氏
●第6回　本賞・奨励賞該当作なし
　貝瀬千里氏
●第7回　本　賞＝**志村三代子**氏
　西脇千瀬氏
●第8回　本賞・奨励賞該当作なし
●第9回　本　賞＝該当作なし
　奨励賞＝**川口有美子**氏
●第10回　本　賞＝**大石　茜**氏
　奨励賞＝**飯塚数人**氏
●第11〜14回　本賞・奨励賞該当作なし

リレー連載　近代日本を作った100人　70

吉田松陰――地方幽囚者の思索

桐原健真

松陰の「落選」

二〇一七年に高大連携歴史教育研究会から「歴史系用語精選の提案」なるものが発表された。これは、高校歴史の「暗記科目」化を防ぐため、基礎用語を半分以下にすべくまとめられたものである。当時は、「坂本龍馬」や「武田信玄」が消えると喧伝され、山梨県知事が「信玄」の存置を求め文科省に「直訴」(『朝日新聞』二〇一八年三月八日朝刊、山梨地方面）するといった騒動になったことを記憶している方もおられよう。

吉田松陰も「落選組」の一人であり、これまた反発の声が上がったらしい。筆者自身は、用語の精選自体には賛成するものであり、またどうしても松陰の名を教科書に刻みたいという立場ではない。だがその採用基準が少しく政治史中心であった点には違和感を覚えるところではある。すなわち近世後期の「私塾」の激増という文化現象を考えれば、松陰を外すのは妥当ではなかっただろう。しかしながら「提案」には「私塾」自体が存在せず、教育に関する項目は「寺子屋、藩校」のみなのだから、わざわざ松陰が召喚される必要はなかったとも言える。

松陰の「遠さ」

確かに松陰は政治史の主流からは離れている。同じく安政の大獄に刑死した橋本左内とは比べものにならぬほどに、彼は当時の中央政局からは遠かった。しかし、むしろそこにこそ彼の価値がある。

松陰は一箇のサンプルである。とりわけ中央政局とは切り離された地方知識人のサンプルにほかならない。しかもそれは、地球規模の世界に、日本という自己を開いていくための思索を、江戸から遠く離れた萩の地において、幽囚の日々のなか積み重ね続けた一地方知識人としてのサンプルなのである。

幽囚中に思索を重ねた松陰は、「人臣たる者に外交無し」(『礼記』）と強く主張するに至った。むろん原典における「外交」とはdiplomacyの翻訳語のそれではなく、君主の関与しない外部との交わりのことを意味する。しかし松陰が問題とした「外交」は、近代的な意味でのそれに極めて近かった。すなわち幕府による「外国交際」を、彼は批判したのである。

なぜ日本は「帝国」なのか

幕末日本は、西洋諸国から「帝国」と呼称された。今日、そのことを不思議に思うものは少ないだろう。なぜならば、皇帝としての天皇がいたからだ――と多くの人は答えるに違いない。だが当時の西洋諸国は、日本には聖俗二人の皇帝が存在し、外交は政治皇帝たる将軍とその政府と行うべきだと考えていた（事実、条約文にはそのように記されている）。

だが松陰にとって、幕府が「日本帝国政府」となり、また将軍が「元首」として諸外国と外交関係を結ぶことは、君臣内外の名分を侵すものであり、許し難いことであった。それゆえ彼は天皇を真の「元首」たらしめ、この「帝国日本」を国際社会に向けて開くべきことを高く掲げたのであった。それは「尊王攘夷」そして「尊王敬幕」を説いた水戸学との決別であり、また朝廷の「鎖国の御定論」（松陰「愚論」一八五八）を「航海雄略」へと転換させようという試みでもあった。

これこそ、松陰があの萩の地で、最大限の情報収集能力を発揮して集積した知識（彼は多くの外交文書を入手していた）と、幽囚中の思索とのなかから導き出した結論であった。そしてこの天皇親政と結び付いた「帝国日本」言説は、松陰が指導した松下村塾生だけではなく、広く幕末志士たちにも共有されていく。それは「国に二帝なく家に二主なし、政刑唯一君に帰すべし」（「薩土盟約」一八六七）といった叫びとなり、やがて王政復古・明治維新へとつながったのである。

（きりはら・けんしん／金城学院大学文学部日本語日本文化学科・教授）

▲吉田松陰（1830-1859）
幕末の尊攘志士。長州藩士杉百合之助の次男として生まれ、数え5歳で山鹿流兵学師範吉田家に入り、翌年家督を継ぐ。家学の精練に力を注ぐも、平戸遊学（1850）でアヘン戦争の詳細を知ると、伝統兵学の無力さを痛感。しかしこの衝撃は兵学上に留まり、西洋に対峙すべき「日本」の観念を手にするには、脱藩後の水戸訪問（1851）での会沢正志斎ら水戸学者との出会いが必要であった。1854年、再来航したペリー艦隊への密航に失敗し下獄。出獄後、松下村塾で高杉晋作や久坂玄瑞らを教えた。1858年、条約勅許問題に際し言動が過激化。藩政府により再投獄される。翌年、安政の大獄のなか江戸に召喚され、政治を論じた点が「不届」として斬首された。

■新連載・アメリカから見た日本

敬語から見える日本人の思考法　1

米谷ふみ子

一九四八年頃、制度が変わって三年制の大阪府女専が四年制の大阪女子大になった。国文科にいた私は大学でも国文学科で学ぶことにした。玉上琢也という京大で博士号を取りたてのほやほやで私たちより五、六歳年上の先生が一二人のゼミを受け持った。ドアを開けて入ってくる時、先生の顔がぽーっと赤くなるのをうら若い私達は見逃さず、下を向いてくすくす笑ったのを思い出す。

先生のゼミは、『源氏物語』の中のこの帖は誰、次の帖は誰と受け持たせ、その帖に出てくる敬語を全部書き出し、各々の敬語はどの官位の人に当てられているかを官位の上下にしたがって変化するのを分類するのだ。

これだけ敬語に多くの種類があり、また多くの官位があることに私は驚いた。こんなことばかり一日中考えていると、肝心な命に関わる病気とか争いとかにどう対処するのかと訝ったのだった。

こんなしんどい詞（ことば）遣いが千年も昔に遣われていたのを、そのときまで気がつかなかった。よく考えてみると、詞遣いで当時の社会の思考法が成り立ち、遣い方を間違えると命を落とすことになりかねない状態だったのだ。

現在でも、日本語を遣って生活している日本人の思考法に残っていると気が付いた。先生は日本人の思考法の根源をうら若き乙女に叩き込んだのである。

たまたま芥川賞を受賞した時、授賞式に出るために日本に帰った。そのとき先生に会って、「昔、先生の敬語のゼミを取ったから日本を飛び出したんですよ」と言って、大笑いした。アメリカでは「Hey, You!」と誰とでも対等に交渉できるのは有難い。

敬語は日本独特ではない。中国語や韓国語にもある。言葉遣いも文化である。千年以上も前に大陸から移ってきたのだ。でも、日本は極東の島国である。なにもかも極端になる恐れがある。二六〇年徳川時代の士農工商の階級制度に従って詞遣いを誤ると首が飛ぶこともあったのだ。今でも関西よりも東京の方の言葉に強く残っている。

（こめたに・ふみこ／作家、カリフォルニア在住）

新連載　歴史から中国を観る　1

中国人とは誰か

宮脇淳子

　中国も中国人も、二十世紀になって生まれた言葉である。一九一一年十月に始まる辛亥革命により、一九一二年一月に誕生した中華民国が、史上初めて中国を名乗った国家である。一九四九年に誕生した中華人民共和国は、中華民国とは別の国家であるのに略称中国だから、中国と中国人は国家を越えてずっと昔から存在したかのように我々は思わされている。

　しかし、十九世紀まで中国という国家がなかったのだから、中国人という国民もいなかったことになる。では、誰がいたのだろうか。

　一九一二年二月に滅んだ清朝は、東北アジアの狩猟民出身の満洲人皇帝が、遊牧民のモンゴル人と同盟し、それから漢地の統治を始め、チベットとイスラム教徒の住む土地まで支配を広げた王朝だった。満洲人は漢字ではない文字と話し言葉を持っていたから、モンゴル人やチベット人やイスラム教徒の土地を併合したあとも、彼らの固有の文字や宗教に寛容だった。現地の伝統はそのまま維持したから、二七六年もの間王朝が続いたのだ。

　清朝の平和と繁栄の下、十七世紀初めに六千万人だった漢人の人口は十九世紀には四億人になった。南方の漢人が起こした辛亥革命で誕生した中華民国は、清の領土はすべて継承したと宣言したが、清の故郷の満洲だけでなく、モンゴルやチベットや新疆を実効支配できなかった。

　日本の敗戦後、ソ連のおかげで満洲を獲得した共産党が、国民党に勝利して誕生した中華人民共和国は、その二年前に成立していた内モンゴル自治政府を併合、一九五〇年に東チベット、一九五五年には新疆に武力侵攻し、一九五九年にチベット全土を制圧した。

　中国は、モンゴル人もチベット人もウイグル人も黄帝の子孫の中華民族で、途中で変な文字や変な宗教にかぶれたけれども「祖国に復帰した」と宣伝した。

　その上で、二十世紀まで漢字など使っていなかった異民族に、ここは中国なのだからと漢字だけ使うように強制する。

　これは文化破壊ではないだろうか。

（みやわき・じゅんこ／東洋史学者）

連載　今、日本は　9

視えない戦闘機

鎌田　慧

「日本政府がF35について、決定していた四二機に加えて一〇五機追加調達を閣議で決めたのは、その半月後。（…）防衛省からは『一気に追加購入を決めたのは、対米関係を考慮した結果だ』との声が漏れる」（『読売新聞』十二月八日）

ここで「その半月後」というのは、二〇一八年十一月末の日米首脳会談から半月後という意味で、このときトランプ大統領は、「日本との巨大な貿易赤字が減っている。F35などの戦闘機をたくさん買ってくれるからだ」といった。

同紙によれば、トランプ大統領は訪問先のロンドンで、安倍首相に防衛費の増額を求めていることを強調した、という。

一〇五機追加購入と軽くいわれているが、プラモデルではない。ステルス（視えない）戦闘機一機一二〇億円、垂直離着陸できるF35B型は、一四〇億円ともいわれている。

一九年五月、三沢基地を飛び立った自衛隊のF35A機は、太平洋に没して行方不明。パイロットのいのちも惜しいが、一二〇億円も惜しい。

日本の防衛費はすでに五兆円の枠を超えて、五兆三千億円、それに思いやり予算（在日米軍駐留経費）が年間二千億円、年間六千億円の米軍再編関係費もある。

トランプは「我々は日本の軍事（安全保障）のために多くのお金を払っている。日本は補うべきだ」と主張し、さらに五倍請求する、と脅かしている。

まるで蛇に睨まれた青蛙。「ノーと言えない」アベ日本は、あたかも町内夜回り反社会集団「トランプ組」の、みかじめ料ぼったくりに震えあがっている。

この国の政権党の到達目標は、九条改憲、日米同盟強化だけ。福祉、年金、環境は切り捨て。庶民の生活がどうなろうと、心配したことのない悪ガキ集団。党内の批判は表に出ない独裁体制。政治家の家業を継いだ二代目、三代目が牛耳っている。暮れの世論調査で、ついに安倍不支持が支持をうわまった。さしもの悪党も嫌われだしたようだ。

（かまた・さとし／ルポライター）

■〈連載〉沖縄からの声［第Ⅶ期］2

なぜ首里城は燃えたか？

石垣金星

　琉球文化の拠点首里城が復元されて三十年余、その美しさは琉球文化を象徴してきた。しかし魂の抜けがら首里城であった。首里王府により定められた節祭（しち）は西表では数百年に及び、今日まで継承され盛会に執り行っている。節祭とは一年の節目に当たり、今年は十月二十九日己亥を節祭吉日と定め大晦日に当たり、翌三十日庚子は正日（しょうにち）と称し元旦に当たる。二十九日は各家々では家屋敷内外を掃き清め中柱に「しちまきかっつぁ」を結び、大海より浜へ打ち寄せたザラング（サンゴ石）を家の内より撒き、屋敷全体へ撒き、悪霊（マジムン）を追い払い、浄め、新年を迎える準備を整え、翌三十日は新しい年の始まり、ユークイと称し、二艘のサバニに、大海よりニライカナイより五穀豊穣の神、ミリク世＆世果報世を満載し、迎え入れる事ができた。前泊浜では様々な芸能を披露し新年を祝っていた。

　私は節祭行事の総責任者という重責を、緊張しながらも滞りなく勤めを果たすことができた。行事の最中に誰かが「首里城が燃えている？」という声を耳にしたがまさかという思いもあり気にも留めずにいたが、本当であった。何という皮肉（そ）な事であろうか？　琉球文化圏の西表祖納（ない）では新年を迎え神と共に盛会にお祝いしている同じ時間に首里城は燃えていた。私は身震いして頭の中は大混乱状態にあった。燃え落ちるさまをテレビで見た時、信じることができた。首里城は沖縄のものでなく日本国の所有物であることを知った時、ああこれだ？　と私にはピンと来た。大金と時間をかけて立派に復元したが、肝心な「琉球の魂」を入れなかったのだ。かつて琉球国時代には城内外を浄めマジムンを追い払い、新しい年を迎える儀式を執り行っていたはずである。節祭にはマジムンも来るので外へ出歩くな！という昔からの言い伝えである。

　三十年余に及び首里城にはマジムンだけがたまり溜まり、干支の最後の亥年の十月二十九日己亥の日からくすぶり続け十月三十日新年に一気に噴き出し燃えたに違いない？　と私には見えた。防災のプロが調査しても原因不明らしいが、犯人はマジムンであった。

（いしがき・きんせい／西表をほりおこす会会長）

Le Monde

■連載・『ル・モンド』から世界を読む［第Ⅱ期］41

フランシスコ教皇の決断

加藤晴久

原子爆弾、核兵器を総称してフランス語で force de dissuasion と称する。「抑止力」と訳される。dissuasion は「思いとどまらせること」だから、「やったらやり返すぞ」という構えでソ連の脅威に備える、同時に米英に依存するのでなく自主独立を主張する意味がある。いまではEU連合の防衛力だとして正当化されている。

カトリック教会の近代化の発端になった第二ヴァチカン公会議（一九六二―六五）以来、歴代教皇はこの抑止力理論を「やむをえない方策」として容認してきた。

ところが、ローマ教皇庁は、この種の問題に対する従来のオブザーバー的姿勢を棄てて、二〇一七年、国連の核兵器禁止条約に署名した（一三二カ国が署名したが、核保有国、そして日本は非署名）。この変化を危惧した諸大国はローマ教会がそれ以上踏み込むことのないよう直接・間接に働きかけた。

そうした中、昨年一一月二四日、長崎、続いて広島で、フランシスコ教皇は抑止力理論、つまり恐怖の均衡論を全面的に否定し、核兵器は「道徳に反する」、その所有は「犯罪」である、と明言した。

「国際平和と安定は相互的破壊の恐怖、あるいは全面的破壊の脅しを頼りにするようなすべての試みと相容れることはできません」。

「原子力エネルギーの軍事目的での利用は、今やますます、人間とその尊厳に対するのみならず、我らの共通の家である地球の未来の可能性そのものに対する犯罪です。原子力エネルギーの軍事目的での利用は道徳に反するものです。原子力兵器の所有もおなじく道徳に反するものです」。

「わたくしたちは責任を問われることになるでしょう。もしわたくしたちが、平和を口にするのみで、地上の諸国間の関係に具体的に実現することを怠るならば、新しい世代の人々はわたくしたちの敗北を裁く者となることでしょう」。

（『ル・モンド』一一月二四日付電子版）

フランシスコ教皇の長崎・広島でのこのような道徳的決断の政治的影響力は計り知れないものがあるのではないだろうか。

（かとう・はるひさ／東京大学名誉教授）

■連載・花満径　46

高橋虫麻呂の橋（三）

中西　進

虫麻呂は長歌につづけて反歌一首（万葉集巻9一七四三番）をよむ。

大橋の　頭に家あらば　うらがなしく　独り行く児に　宿貸さましを

「大橋の橋頭にわが家があったら、あの児に泊る家を貸してやりたい」という一首だ。

当時の「家」は氏素性ほどに大事なもので、建物を指すわけではない。だのにここでは、宿れればいいていどの家だから、この「家」は大胆にすぎる。しかもそれを提供しようというのだから、「橋詰」の家が、俄然深長な意味をもって来る。

一体、橋詰（橋のほとり）とは、古代人にとって何者だったのか。

まさしくこの問は、重大な彼らの習俗を語ってくれる。

『日本書紀』（天智九年四月）に載せる、次のような歌謡があるからだ。

打橋の　頭の遊びに　出でませ子　玉手の家の　八重子の刀自　出でましの　悔はあらじぞ　出でませ子　玉手の家の　八重子の刀自

玉手（奈良県）地方を流れる川に、当時「打橋」とよばれるほど簡単な橋が架かっていたらしい。

そしてこんな小川でも橋詰で「頭の遊び」が行なわれていて、みなで「八重子奥方　参加して下さい。おいでになっても後悔なんかしませんよ」とよびかける歌が流行っていたのである。

八重女の方は、この地方の長の尊い奥方で、近隣に聞こえた飛び切りの美人だったのであろう。いや、架空ほど話はおもしろい。

当時の流行歌は固有の地名を入れかえて、どんどん歌い広げられていったから、その代表的な一首だったはずだ。

当時はこうした「頭の遊び」に女たちをよび出す男歌、そして答える女歌がたくさん存在しただろう。

虫麻呂はいま、こんな風俗を幻想しながら白昼の大橋の女に向かって「頭の遊び」の歌を口誦さんでいるのである。

もちろん歌は、白昼夢に近い。

（なかにし・すすむ／国際日本文化研究センター名誉教授）

十二月新刊

ブルデュー社会学の集大成！

〈ブルデュー・ライブラリー〉

世界の悲惨 I

P・ブルデュー編 （全三分冊）

監訳＝荒井文雄・櫻本陽一

社会は、表立って表現されることのない苦しみであふれている――ブルデューとその弟子ら二三人が、五二のインタビューにおいて、ブルーカラー労働者、農民、小店主、失業者、外国人労働者などの「声なき声」に耳を傾け、その「悲惨」をもたらした社会的条件を明らかにする。

A5判　四九六頁　四八〇〇円

仏現代思想〝最後〟の巨人、最重要文献の完訳

存在と出来事

A・バディウ　訳＝藤本一勇

革命・創造・愛といった「出来事」を神秘化・文学化から奪還し、集合論による「存在」の厳密な記述に基づき、「出来事」の〝出来〟の必然性を数理的に擁護する。アルチュセールの弟子にして、フランス現代思想〝最後〟の巨人が、数学と哲学の分断を超えてそのラディカリズムの根拠づけを企図し、後の思弁的実在論にも影響を与えた最重要文献。

A5上製　六五六頁　八〇〇〇円

アラン・バディウ
藤本一勇
存在と出来事
"出来事"を数理的に擁護せよ

鉛筆画の世界を切り拓いた画家、初の自伝！

いのちを刻む
鉛筆での表現をひとつの芸術作品に結晶させ、

鉛筆画の鬼才、木下晋自伝

木下晋　城島徹・編著

人間存在の意味とは何か、私はなぜ生きるか。芸術とは何か。ハンセン病元患者、瞽女、パーキンソン病を患う我が妻……極限を超えた存在は、最も美しく、最も魂を打つ。彼らを描くモノクロームの鉛筆画の徹底したリアリズムから溢れ出す、人間への愛。極貧と放浪の少年時代から現在までを語り尽くす。

A5上製　三〇四頁　二七〇〇円　口絵16頁

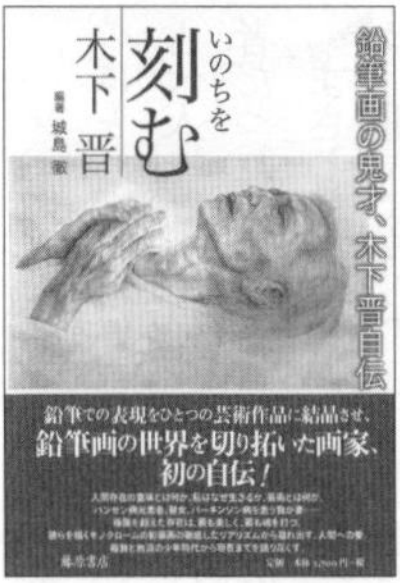

〝最後の文人〟森繁久彌さん没十年

全著作

〈森繁久彌コレクション〉

全5巻　内容見本呈

2 人――芸談

［第2回配本］

森繁久彌　〈解説〉松岡正剛

「芸人とは芸の人でなく芸と人ということではないかと思い始めた。人が人たるを失って、世の中に何があろう。」（本文より）「芸」とは、「演じる」とは。俳優仲間、舞台を共にした仲間との思い出など。

〈月報〉大宅映子／小野武彦／伊東四朗／ジュディ・オング

四六上製　五一二頁　二八〇〇円　口絵2頁

没十年企画！

読者の声

全著作〈森繁久彌コレクション〉①
道――自伝■

▼先日は上記コレクションの内容見本、お送り下さいまして、有難うございました。本日、片道三時間のドライブがてら、書店へ行き、貴書、入手しました。一気に読むのではなく、毎食と就寝前の計四回各二ページずつ、森繁さんの人生と文章、味わわせて頂きます。六〇〇ページで二八〇〇円、収益はあるのでしょうか。

（兵庫　**浦野美弘**　62歳）

中村桂子コレクション「いのち愛づる生命誌」IV
はぐくむ　生命誌と子どもたち■

▼知人の子どもさんが、引っ越し後、就職すとも、二日で辞め、その後、精神、体調も不安定で、精神科の病院に行くも、先生からも傷つく言葉を言われたとかで、家から出られないとの事。

いろんな本がありますが、大好きな中村桂子先生のこの本に出会い「コレダ！」と決めました。文章が優しく平易で心があたたかくなります。あと「コウペンちゃん」の二冊を送る事としました。

中村桂子コレクション、全部揃えるつもりです。楽しみです♡

（**仙塲千寿子**　64歳）

兜太 vol.3■

▼たくさんの方々のお話で兜太さんの人柄、作意等々を理解できました。

巨人の一端を垣間見て、多くを学びました。ありがたい一日でした。

（兵庫　**岩谷八洲夫**　85歳）

いのちの森づくり■

▼災害に強い森づくりに関心があり、

・樹木で土砂災害を防ぎ、雪崩をも防ぐ
・樹木による防火機能
・樹木による津波被害軽減策

樹木による防災・減災に関係する本を教えて下さい。宮脇方式を実践中。

（新潟　林の手入れ（林業は成り立たない）**松澤邦男**　72歳）

長崎の痕（きずあと）■

▼長崎県人として生まれ、戦争を体験していなくても、原爆の事は、少なからず耳に目にしておかなければ～という思いが、間にあわなくなる！という危機感から手にした本です。ページをめくると、一人一人の人生が写真と共に端的に綴られていて、一度に全てのページをめくる事は出来ませんでした。しっかりとカバーをつけて、大切に持っていたい一冊。二度と原爆が使われない地球に（祈）

（長崎　**隈部多恵子**　62歳）

兜太 vol.1■

▼インタビュー読んでいるうちに元気が出て来ました。金子兜太という存在がもつエネルギーでしょうか。

底の抜けたようなこの時代に、良質な本を出し続けてくださるのが、ありがたいです。

（新潟　**吉田詩子**　70歳）

「海道東征」とは何か■

▼日本人としての精神性の原点がここにはありました。情報が入りみだれる現代には、不動の言葉による物語りが必要です。古事記は既に読んでいました。若い頃、最終に読む本は「古事記伝」と考えていましたが、違う方向が見えました。

（兵庫　**高畑裕司**　72歳）

プーチン　外交的考察■

▼木村汎先生の訃報を知り誠に残念に思い、お悔み申し上げます。

「プーチン」三部作の人間的、内政的考察を二回読み、北方四島返還問題を理解する上で本当に勉強になりました。この度追悼の辞を述べられた袴田茂樹先生（新潟県立大学教授）の紹介で、外交的考察を知り求めました。愛読したい。又その言葉の中にふれられている木村先生の恩師猪木正道先生のことがあります。その猪木先生と佐瀬昌盛先生を、旧豊栄市（現新潟市）戦没者追悼平和祈念式の講演会講師にお願いしたことで、終了後共産系の人達から、手厳しいお叱りを受け、人生の想い出としております。

（新潟　**佐藤主計**　84歳）

完本　春の城■

▼神仏に対する信仰にはたえず中間を行き、底辺の生きとし生けるものへの信仰を貫いた石牟礼さんの苦海浄土に次ぐ代表作に感服しました。

（北海道　施設指導員　**中島啓幸**　49歳）

葭の渚／苦海浄土 他■

▼『岐阜新聞』「追想メモリアル」でくまもと文学・歴史館前館長井上智重さんの記事を読んで、石牟礼さんが「絶対音感の持主で」とあり、私ピアノをかじりましたがありません。六歳までに訓練をしないと身につかないそうです。衝撃でした。お名前は知っていました。三冊注文して、『葭の渚』から読んでいます。

本がぶ厚すぎて困りました。又『苦海浄土』は字が細かいので、八一歳の私は苦しんでいます（目のつかれ）。多くの人に読まれることを希望します。大好きな作家です。

（岐阜　**市川三千子**　81歳）

「移民列島」ニッポン■

▼住みこんだことで見えるルポ内容で面白く読んだ。自分も移民を専攻にしているので、フィールド調査の手本としても触発されるものがあった。作中の逸品火鍋は中国人留学生にすすめられたことがある。他の店も、まずは都内のモノから行ってみたい。

（栃木　宇都宮大学三年　**藤﨑**　21歳）

多田富雄の世界■

▼医療従事者として、そしてエッセイの語り口に魅せられた一ファンとして、とても楽しく読んでいます。仕事の上でも、生き方の面でも、納得できること、しきりです。

（静岡　看護師　**山田惠美子**　64歳）

いのち愛づる姫■

▼九月十六日津市で中村桂子先生の講演会がありました。会場でこの本を見つけ、堀文子氏の絵も好きなので、迷わず購入しました。大変楽しく、理科の勉強にもなる内容でした。奇しくもこの日永眠した人があり、遺族のgrief careとしてプレゼントしました。年齢を問わず「愛づ」べき本です。

（三重　**島津陽子**　74歳）

機■

▼本誌連載中の王柯氏の「今、中国は」と、鎌田慧氏「今、日本は」を興味深く読んだ。

国家体制を異にする両国を単純に比較することはできないのだが、それにしても中国のすさまじさに比べ、我が国の何と穏やかなことか。

つくづく〝日本に生まれて、まあよかった〟という、平川祐弘先生の言葉を噛みしめた次第である。

（北海道　**村山功一**　75歳）

大沢文夫さまへ■

▼『「生きものらしさ」をもとめて』を読ませて頂き、とてもうれしく気分快く気持（感謝）を素直にお礼の葉書きを走らせています。

良く生き永く生きるとこの気持ちに会えて、七三歳の平凡な老人ですがパーッと明るく輝いた心になりました。

自然と共に歩いて行きます。散歩、本、絵、音楽、この世はパラダイスですね。生まれて来て最高です！　ありがとうございました。合掌

（兵庫　浅川賀世子）

藤原書店へ■

▼マルクス理論は、都市論と技術論を欠いている為有効性を失いました。五〇年前に戻ると若き我々は、マルクス理論を批判するべきでした。きざしは現れたのですが大勢ではありませんでした。良い本を出版され、とてもうれしく思います。

（東京　**木村修**）

※みなさまのご感想・お便りをお待ちしています。お気軽に小社「読者の声」係まで、お送り下さい。掲載の方には粗品を進呈いたします。

書評日誌（一〇・五〜一月号）

（書）**書評**　（紹）**紹介**　（記）**関連記事**
（イ）**インタビュー**　（テ）**テレビ**　（ラ）**ラジオ**

一〇・五　（紹）東京新聞［全著作〈森繁久彌コレクション〉発刊記念シンポジウム］

一〇・一七　（紹）統一日報「『地政心理』で語る半島と列島」（「読書」／「新しい概念で韓日の関係を読み解く」／「対照的な地理と風土が織りなす影響」）

一〇・一九　（記）読売新聞［全著作〈森繁久彌コレクション〉発刊記念シンポジウム］（「森繁さんとの思い出語る」／「没後一〇年でシンポ」）

一〇・二三　（イ）読売新聞「資本主義の政治経済学」（「『レギュラシオン理論』ロベール・ボワイエ氏」／「経済危機は内部からの変容」／小林佑基）

一一・一　（書）東北歴史博物館　友の会だより「声の文化と文字の文化」（「私のおすすめこの一冊」／佐藤和道）

一一・二　（記）読売新聞［全著作〈森繁久彌コレクション〉］（「五郎ワールド」／「『倚門の望』は母の原点」／橋本五郎）

一一・一七　（紹）読売新聞［全著作〈森繁久彌コレクション〉］

一一・二四　（紹）北海道新聞「いのちの森づくり」（「相次ぐ災害　解決への指針に」／「気候変動専門家推薦の九冊」／大沢祥子）

一二月号　（書）音楽現代「詩情のスケッチ」（浅岡弘和）

一二・一　（紹）日中文化交流「雑誌　兜太」（「今年九月に生誕一〇〇年　金子兜太氏を追悼する著書多数刊行さる」）

（記）日本翻訳家協会「死とは何か」（「第55回日本翻訳出版文化賞」（「選評『欧米三作とメキシコ先住民文学の翻訳』」／浅野洋）・（「仏歴史家ヴォヴェルと藤原社長の慧眼」／立川孝一）

一二・六　（記）朝日新聞［全著作〈森繁久彌コレクション〉］（「文化・文芸」／「森繁久彌さんの全著作集を刊行　来年六月までに五巻」／山根由起子）

一二・八　（紹）上毛新聞「メアリ・ビーアドと女性史」（「新刊ガイド」）

（紹）東京新聞［全著作〈森繁久彌コレクション〉］（「出版情報」）

一二・一三　（記）毎日新聞「セレモニー」（「二〇一九　この三冊」／池澤夏樹）

一二・一三　（紹）新文化［河上肇賞］（「第15回『河上肇賞』決まる」）

一二・一六　（記）朝日新聞「地中海」／「リオリエント」（「文化の扉」／「地球規模の新・世界史」／「『システム論』が土台」／「環境問題も視野に」／大内悟史）

一二・二一　（テ）NHK-Eテレ　ETV特集「いのちを刻む」（「日々、われらの日々——鉛筆画家　木下晋　妻を描く」）

一二月号　（記）月刊俳句界［金子兜太百年祭］

一月号　（紹）正論［全著作〈森繁久彌コレクション〉］（「桑原聡　この本を見よ」／桑原聡）

二月新刊予定

＊タイトルは仮題

ブルデュー社会学の集大成、完結！

〈ブルデュー・ライブラリー〉

世界の悲惨III （全3分冊）

ピエール・ブルデュー編

監訳＝荒井文雄・櫻本陽一

ブルデューとその弟子二三人が、五二のインタビューにおいて「声なき声」に耳を傾け、その「悲惨」をもたらした社会的条件を明らかにしたベストセラー、全三分冊が遂に完結。最終巻では、移民、女性、農民らの切実な声に加え、社会学における「聞きとり」のあるべき姿を問う終章を収める。

〈附〉訳者解説・用語解説・索引

アイヌとして生きた生涯を振り返る魂の書

大地よ！

アイヌの母神、宇梶静江自伝

宇梶静江

幼年期から思春期、アイヌモシリで差別を受けつつ、貧しくも豊かな時を過ごした少女が、勉学を志して村を離れ、職を求めて北海道を飛び出す。東京で日々を重ねた著者は、やがて自らがアイヌ（人間）であることに目覚め、同胞へ呼びかけ、自らの表現を求めて苦闘し、〝古布絵（こふえ）〟を見出す。壮絶な生涯を振り返り、アイヌとしての生を問う、魂の書。

第10回「河上肇賞」受賞作品

近代的家族の誕生

天皇制・キリスト教・慈善事業

大石 茜

女性による慈善事業の先駆、東京四谷の「二葉幼稚園」は、明治・大正の貧困層における「家族」の成立と生存戦略にいかに寄与したか？

訳業を通して、親鸞の真意を追究

中国人が読み解く

歎異抄 〈中国語訳付〉

張鑫鳳 編

親鸞と格闘した野間宏の文学を通して親鸞と出会った中国出身の著者が、原文、読下し、現代日本語訳、中国語訳（大陸、簡体字）、中国語訳（台湾、繁体字）をなしとげ、全く新しい解釈で親鸞の真髄を示す。

「在日」を問い、「日本」を問う詩人の言葉

金時鐘コレクション 全12巻

10 真の連帯への問いかけ

「朝鮮人の人間としての復元」ほか講演集I

［第6回配本］

金時鐘

在日朝鮮人と日本人の関係を問い直す。七〇年代〜九〇年代半の講演を集成。〈解説〉中村一成

口絵2頁

〝最後の文人〟森繁久彌さんの集大成

全著作〈森繁久彌コレクション〉全5巻

内容見本呈

3 情――世相 ［第3回配本］

森繁久彌 〈解説〉小川榮太郎

めまぐるしい戦後の変化の中で、古き良き日本を知る者として、あたたかく、時にはちくりと現代の世相を見抜く名言を残した。

口絵2頁

1月の新刊

タイトルは仮題、定価は予価。

消えゆくアラル海 ＊
再生に向けて
石田紀郎
写真・図版多数
四六上製　三四四頁　カラー口絵8頁　二九〇〇円

世界の悲惨 Ⅱ（全三分冊）＊
P・ブルデュー編
監訳＝荒井文雄・櫻本陽一
A5判　六〇八頁　四八〇〇円

中村桂子コレクション いのち愛づる生命誌（全8巻）
②**つながる** ＊ 生命誌の世界〈解説〉村上陽一郎
月報＝新宮晋・山崎陽子・岩田誠・内藤いづみ
四六変上製　三五二頁　口絵2頁　内容見本呈　二九〇〇円

2月以降新刊予定

公共論の再発見 ＊
時間・空間・主体
中谷真憲・東郷和彦編

世界の悲惨 Ⅲ（全三分冊）＊ 完結
P・ブルデュー編
監訳＝荒井文雄・櫻本陽一

大地よ！ ＊
アイヌの母神、宇梶静江自伝
宇梶静江

近代的家族の誕生 ＊
天皇制・キリスト教・慈善事業
大石茜
中国人が読み解く
歎異抄〈中国語訳付〉＊
張鑫鳳 編

全著作〈森繁久彌コレクション〉（全5巻）
③**情――世相** ＊
〈解説〉小川榮太郎　口絵2頁

金時鐘コレクション（全12巻）
⑩**真の連帯への問いかけ** ＊
「朝鮮人の人間としての復元」ほか 講演集Ⅰ
金時鐘　解説＝中村一成

好評既刊書

世界の悲惨 Ⅰ（全三分冊）＊ 発刊
P・ブルデュー編
監訳＝荒井文雄・櫻本陽一
A5判　四九六頁　四八〇〇円

存在と出来事 ＊
A・バディウ　藤本一勇訳
A5上製　六五六頁　八〇〇〇円

いのちを刻む ＊
鉛筆画の鬼才、木下晋自伝
木下晋　城島徹・編著
A5上製　三〇四頁　口絵16頁　二七〇〇円

全著作〈森繁久彌コレクション〉（全5巻）
②**人――芸談** ＊
〈解説〉松岡正剛
月報＝大宅映子／小野武彦／伊東四朗／ジュディ・オング
四六上製　五一二頁　口絵2頁　内容見本呈　二八〇〇円

都市と文明 Ⅰ（全三分冊）
文化・技術革新・都市秩序
P・ホール　佐々木雅幸監訳
A5上製　六七二頁　口絵16頁　発刊　六五〇〇円

崩壊した「中国システム」とEUシステム
主権・民主主義・健全な経済政策
F・アスリノ／E・トッド／藤井聡／田村秀男 他　編＝荻野文隆
四六上製　四〇八頁　三六〇〇円

ベルク「風土学」とは何か
近代「知性」の超克
A・ベルク＋川勝平太
四六変上製　二九六頁　三〇〇〇円

大陸主義アメリカの外交理念
Ch・A・ビーアド　開米潤訳
四六上製　二六四頁　二八〇〇円

＊の商品は今号に紹介記事を掲載しております。併せてご覧戴ければ幸いです。

書店様へ

▼橋本五郎、高田文夫、小林信彦各氏絶賛紹介の『**全著作〈森繁久彌コレクション〉**』が、さらに12／6（金）『朝日』、12／22（日）『読売』「本よみうり堂・二〇一九年の3冊」にて戌井昭人さんが紹介。既刊**第1巻『道――自伝』・第2巻『人――芸談』**あわせてご展開ください。▼12／21（土）Eテレ・ETV特集「日々、われらの日々――鉛筆画家 木下晋 妻を描く」にて、『**いのちを刻む**』著者木下晋さんを特集。▼12／16（月）『朝日』「文化の扉 地球規模の新・世界史」にて、「二〇二二年度より高校必修新課目『歴史総合』が新設される」とウォーラーステインの「近代世界システム論」をはじめ、ブローデル『**〈普及版〉地中海**』（全5巻）、フランク『**リオリエント**』を紹介。▼月刊『正論』1月号で湯浅博さんが、後藤新平『**国難来**』を「まるで現代日本に警告しているかのよう」と紹介。▼12月刊ブルデュー『**世界の悲惨Ⅰ**』、バディウ『**存在と出来事**』が刊行直後から話題沸騰。POP等拡材ございますのでお申し付けを。（営業部）

出版随想

▼今年も新しい年が明けた。暮れから久しぶりにインフルエンザに罹りなかなか復調しなかったが、仕事始めにはなんとか体調が戻った。今年は、創業三十周年の年。この大変な時代に起業し、多くの方々に支えられて何とか継続して書物を出版できてきたことに感謝申し上げたい。一口に三十年といっても、出版業界にとってこの平成の三十年間ほど厳しい変化のある時代はなかったのではないか。印刷からみると、活版の時代は終わりを告げ、電算写植、コンピュータの時代へと変化し、今や手書きの原稿は、一割はおろか数％に過ぎない状況になった。あと数年内には、完全に無くなるだろう。このハードの変化によって、印刷業界は翻弄されてきた。出版業界では、流通・小売面の劣悪化、倒産があげられるだろう。本が売れない状況からどうしたら脱出できるかを、出版界全体で総力を上げて議論しなければならない時が来ている。

▼快適で便利な社会を求めて人類は生きてきた。二十世紀の後半には、そのマイナス面が沸々と湧き起こってきた。しかも、科学技術（テクノロジー）の進歩で、その極限まで突っ走ってきた。我々人類を取り巻く自然環境は、その生態系が今や崩れ始め、予測のつかない想定外の事故が頻繁に起こるようになってきた。「地球は病んでいるよ」「地球は悲鳴を上げているよ」と少数の人が声を上げても、「資本主義社会」はピクリともしないで前進する。前進こそが与えられた宿命であるかのように。昨年だけを見ても、自然災害の規模、回数はこれまでとまったく違う。地球の温暖化によって、これからのわれわれの生活は、どう変化を余儀なくされるのだろうか。専門を横断する科学者たちの真剣な討論の場を期待したい。

▼前世紀は戦争の世紀だったが、すべてのメディアは声を揃えて"二十一世紀は平和の世紀"と唱えた。ところが、二〇〇一年秋には、九・一一事件が起こり、戦争に突入した。爾来この二〇年、戦争は止まることを知らない。核戦争になると、この地球上の生命体はすべて死滅するだろう。先日初来日したローマ教皇フランシスコは、この核使用の危機を世界に訴えた。核の軍事利用の最初の被災国であり平和利用の事故を起したわが国は、核の選択をどうするのか？　原発事故後も原発を稼働させ、これからも原発稼働への道を歩もうとする政府、財界の考えを明確にしてもらいたい。又、廃炉への道を選択するにしても、そう簡単ではない。想像不可能な費用が発生する。しかし、国家のエネルギー政策として、この核の平和利用をどうするのかを明確にしないと国の将来が見えてこない。

▼今最も大切なことは、日本が一国家として、これからどういう道を選択しようとしているのか、次世代に何を遺そうとしているのか、を明確にすることではないか。負の遺産ではなく。そして一人一人の日本人が、自治的自覚をもって、世界に恥ずかしくない誇りを持った人間として生きていくことではなかろうか。今年を期待したい。（亮）

●〈藤原書店ブッククラブ〉ご案内●
▼会員特典は、①本誌『機』を発行の都度ご送付／②（小社への直接注文に限り）小社商品購入時に10％のポイント還元／③送料のサービス。その他小社催しへのご優待等。詳細は小社営業部まで問い合せ下さい。
▼年会費二〇〇〇円。ご希望の方はその旨お書添えの上、左記口座までご送金下さい。
振替・00160-4-17013　藤原書店

あると思われる」とある。短期間の調査行であるが、事態を的確に見抜き、それ以降の千葉グループの活動方針へと繋がれて行った。

4　貧血多発の実態

アラル海周辺の住民には貧血症が多発していることは古くから指摘されていた。一九九八年に、医者ではないが筆者や看護婦の和泉さんらはシルダリア流域の飲料水の水質を調べながら村々を訪ねた。水質調査は学生の岡田さんが担当し、それ以外に住民の血液調査も試みながら、従来から言われている貧血症の程度を把握する作業も実施した。カウケ村では「このような貧血は一九六〇年代から増加しはじめ、とくに一九七一年以降に急増した。一四歳までの子供六三〇人中二一七人が貧血である」と医者が言い、マエダクリ村では、「貧血の親から生まれた子は、貧血である傾向が強く、この三、四年で急増した」と医者が教えてくれた。彼の小学生の息子と相撲を取り、庭先に繋がれた馬に跨りとカザフ人一家のもてなしの中で生活しながら村人の貧血度合いを調べていた。このような先駆け的調査で大雑把な傾向は把握していたが、千葉さんらが本格的な疫学調査をシルダリア流域で実施したのは二〇〇〇年の夏である。

橋爪レポートによると、世界中で約二〇億人が貧血を罹患しており、約五〇億人が鉄欠乏症と推定され、とくに発展途上地域の小児や妊婦に多いと言う。貧血は運動能力や病気への抵抗力(免疫力)

の低下を招き、乳幼児の場合は知的発達の遅れを、学童では学習能力の低下を招来すると言われている。アラル海環境問題の人的な影響の一番は貧血症の多発であるとは認識していたから、疫学班の調査の実施は我々のアラル海問題への取り組みを強化するものと期待して、筆者も協力しながら、時として調査現場を見せてもらった。

図 5–3　疫学調査地点図

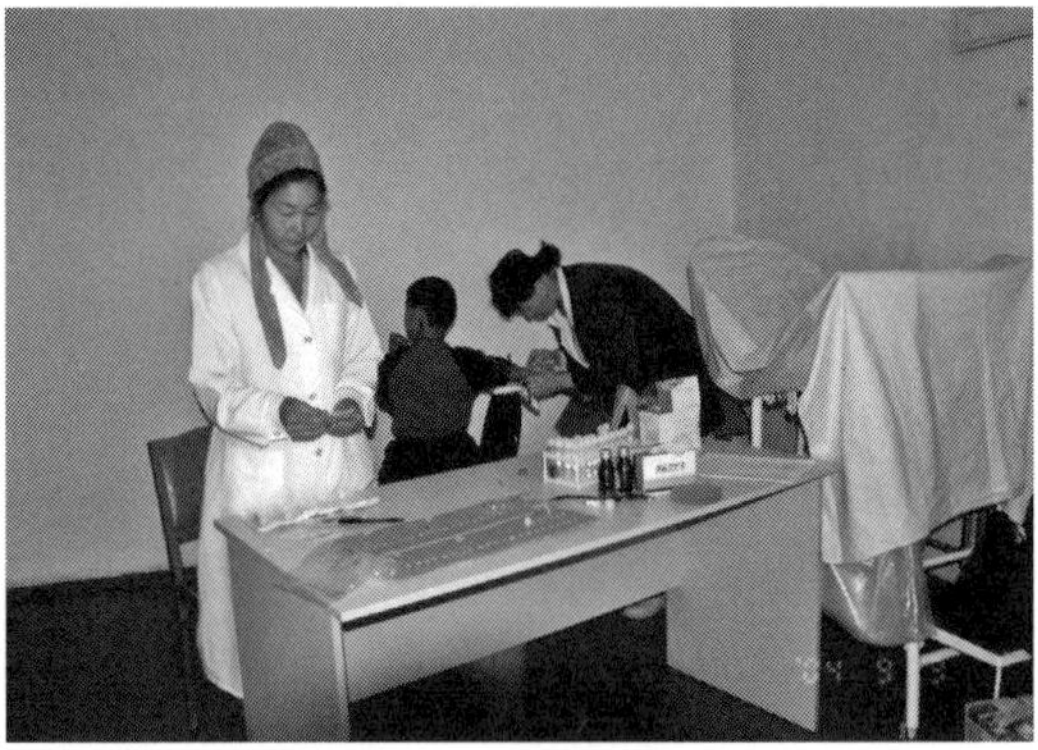

図 5–4　採血風景

調査はカザフスタン政府により重度環境破壊地域に指定されているカザリンスク地区と軽度環境破壊地域に指定されているジャナコルガン地区で行われた。調査期間は二〇〇〇年七月～八月である。両地区ともシルダリア沿いに位置し、ジャナコルガンはカザリンスクの約五〇〇km上流で、クジルオルダ州の東端の地区である（図5―3）。すなわち、厳しい環境変化の中にあるカザリンスクの九村とアラル海からは遠く離れ、アラル海環境変化の影響を受けていないと思われるジャナコルガン地区の四村で精力的に実施された。

調査対象者の学童（六歳から一五歳）の総数が八〇九人であり、調査時には母親が同伴して、社会経済状態（人種、宗教、家族数、教育水準、職業、収入や家財道具数など）、栄養状態（身長と体重）、貧血指標（赤血球数、ヘモグロビンやヘマトクリットなど）が調べられた。シルダリア流域の農村ではロシア語を話せない人が多く、カザフ語でのやりとりとなり、カザフ語―日本語の通訳と村の診療所の看護婦さんが活躍してくれた。そして、得られた膨大なデータの解析から、アラル海に近いカザリンスク地区では貧血の有病率が六二・一％と高く、大部分の貧血は軽度であるが鉄欠乏との関連があることが分かったが、それだけでは説明できない模様で、社会経済状態との関連などを解析し、貧血解消への提言へとまとめられて行くだろう（図5―4）。

5 食事事情

学童の貧血および鉄欠乏症がなぜ生じているかを明らかにする調査を担当したのは、当時は九州女子大学の教員だった下田妙子さんで、カザフの食事事情が克明に調査記録された。日本カザフ研究会調査報告書第二号に「ベレケ村の生活 2」という和泉レポートがあり、ここではじめてカザフ人の食事内容が報告されているが、下田レポートは貧血症との関連から食事内容に迫ろうとするものだった。とくに注意を引くものとしては、野菜の摂取量の地区別の違いである。ニンジン、カボチャ、トマト、キュウリ、ピーマン、ナス、タマネギ、ジャガイモなどが食べられていたが、その量は少なく、日本人からみると葉っぱものがほとんどないことに気づく。アルマティのような都市の市場ではそれなりに葉っぱもの野菜が売られているが、沙漠の町では極めて少ないのが実情であり、住民も葉っぱものを食べることはほとんどない。

下田レポートは、アラル海に近く、貧血症が多いカザリンスク地区は対照区のジャナコルガン地区に比して野菜の摂取量が有意に少ないと結論している。その理由は、野菜栽培が沙漠の村では難しく、町の市場に買いに行く交通費がないことなど、自然条件の悪さだけでなく、経済状態の悪さが大いに関係していると考えられる。塩分濃度の高い土壌での野菜栽培は困難を伴うが、それ以上に、遊牧民であった彼らには野菜を栽培するという習慣はなく、野菜が食料の一部とは思われていないのではと思う。

シルダリア流域の村々は、この大河の恵みである魚をタンパク源として大いに食していた。もちろん現在も川魚は重要である。アラル海にも近く、多くの沼沢があったカザリンスク地区の住民は魚に依存する生活をしていたが、アラル海の干上がりは彼らから魚を奪った。魚がなければ羊や牛やラクダの肉を食べればよいと思うが、これら家畜は彼らの財産であり現金収入の資源であるから、家族の食用にはできない。かくしてアラル海の干上がりは住民のタンパク源消失を招き、種々の疾病発生の一因となっているのだろう。

図 5–5　庭先で一家揃って

もう一つの重要な調査結果としては、児童の呼吸機能障害がある。アラル海に近い村ほど肺活量が低く、拘束性および閉塞性換気障害の異常者が多く、塩と砂が舞う砂嵐の多発がこの障害を引き起こしているものと思われる。大気中の粉塵の含有量などの測定などから、この障害発生の因果関係の証明が続けられている（図5—5）。

6　援助のあり方

疫学調査の実現はアラル海問題を総合的に描くことを進

めたが、住民の健康被害との関係を十分に明らかにするまでには至っていない。まだまだ作業が続くだろう。そして、住民の生活が一定程度に安定するための環境整備や経済活動の活性化と相まって問題解決に向かえばと思う。果たして、それはいつの日だろう。国際的支援が必要であるが、被害の全貌も、因果関係も明らかになっていないが故に、援助も上滑りである。

一九九八年の夏、飲料水調査で村々を訪ね、飲料水や疾病などを村の長（アキム）や診療所の医師に聞き取りをした。マイダクリ村でもそうだったが、カウケやコージャバッヒ村でも、この年の八月から貧血治療薬がユニセフ（国連児童基金）から供給されるようになったという。一五歳〜四九歳までの女性および六カ月〜二歳までの子供に配布しはじめたという。六カ月から一歳までの乳児には液体の薬、一歳〜二歳および一五〜四九歳には錠剤が配られている。一週間に一錠を飲むが、妊婦は二錠である。

この調査行でアラル海北岸のタストベック村に向かって車を走らせていた。目的地の手前の村に立ち寄った際、村の医者が便乗させてほしいとやって来た。相当な大男で、後部座席は窮屈になるが、これも地域との連携だと一緒に行くことにした。この医者がタストベックに行くのは、ユニセフがくれた貧血治療剤を運ぶためである。アラル海が干上がってからは、こんな援助物資がよく送られてくるが、村々に持って行く経費は付かず、金のない地域では配布できないし、薬を服用はしたがその効果の調査などはやられないと言う。アルマティのユニセフにも出向いて質したが、貧血剤の成果調査の計画はなかった。配っただけでどうするつもりなのだろうか。国際機関の自己満足事業でしかないのではと思える。

日本の厚生省がカザフに単価が数億円もする医療機器を援助することになった。その頃のカザフスタンは電気事情も悪く、そのような高度な機器が活躍するとは思えず、カザフのＮＧＯからは救急車の援助要請が出されていた。筆者も当時のカザフでは救急車の方が大事だと思っていたから、当時の厚生大臣の菅直人さんに直談判に伺ったことがある。現場の事情、現場の要望を知ることから国際交流、関係を進めたいものである。

〈コラム〉**調査のためのジープ購入**

調査車両の確保

調査車両の確保はマネージャーの重要な仕事である。この広い沙漠の国では、どこへ行くにも車が必要で、列車で移動して目的地で車を雇い上げるのは時間がかかり、少ない日数での調査の際には大きなリスクを抱えることになる。まして、一日の走行距離は数百kmにも上ることが珍しくないため、信頼できる運転手と車を確保しなければならない。また、沙漠の道に耐える車でなければならないが、どのような車種がよいのか素人には分からないことだらけであった。その上に、ソ連邦が崩壊、経済混乱の中で適当な車を探すことが難しく、カザフの組織が所有している車を借用しながらの活動を開始したが、どうしても足下を見られて、法外な使用料金を請求された。各組織ともに、国家からの潤沢な資金で運営していたものが、独立とともに国家からの資金は途絶えるか、遅配となり、青息吐息の状態が始まっていたので、外国人は格好の資金源と見なされても仕方がないだろう。借用したワンボックスカーやジープ（ワジックと呼ぶ）も決して性能が良くない。

そこで、日本の中古のワンボックスカー二台をナホトカ経由でアルマティに送ることにした。中古車の代金と輸送費は当方負担であるが、ナホトカからアルマティまでは、軍の物資輸送の輸送機に便乗できるという。この辺りの力を、独立後二、三年は平和委員会はまだ維持していた。かくして二台の中古車は無事にアルマティ空港に到着したのであるが、それから平和委員会を経て我々が使用できるまでには一悶着があった。

アルマティ空港に輸送機で到着した二台の車を、カザフスタン国の空軍と陸軍がそれぞれ一台ずつ自分たちの管轄下に置くと言い出したという。いかなる理由かは定かではないが、おんぼろの中古車とはいえ、外国車がもの珍しい時代だったため、そんな興味本位での横取りを仕掛けてきたのだろう。平和委員会もまた国家組織であったから、「一歩も譲らずになんとか空港の外に持ち出し、自分たちの財産として確保した」と委員長のアリムジャーノフさんが苦笑いしながら教えてくれた。この二台の車は、二年間ほどアルマティから沙漠の水稲ソホーズであるベレケ村への調査行に活躍してくれたが、一台は事故で、一台は行方不明となってしまった。

こんな事件はその後も発生した。日本大使館の草の根無償援助資金の助成を、カザフのNGOのテティスが受けた。環境調査機材と調査活動用特別仕様の日本製ジープが日本からアルマティ空港に到着した際、調査機材はNGOに渡されたが、ジープについてはNGOに対して関税の支払いが要求された。前代未聞の出来事で、日本大使館も、「無償援助の物品に関税をかけるならこれからは無償援助はできなくなる」と伝えて不当な要求に抗議と交渉をしてくれたが、税関はまったく反省をしない。援助を受けるNGOには、本来なら支払う義務もないし、そのような資金もない。筆者も外務省や担当商社と国内で相談しながら、何度かカザフまで出かけた。それに費やした費用は関税よりも多いのではと思うが、二年目になってNGOが

図 5–6　一台目のジープ

取得税的な金を支払うことで妥結した。心配していたタイヤやエンジンの劣化はなく、現在も沙漠で活躍している。

三世代のワジックが沙漠を走る

日本から送った中古車を当面の調査活動に利用しようと思っていたが、活躍してくれる前に廃車や行方不明になってしまったので、沙漠の悪路にも耐える車を手に入れ、信頼できる人に管理を頼む形で自前の車を所有し、使用することにした。その結果、ロシア製のジープでワジックと呼ばれている軍用車を、キムさん名義で購入した（図5―6）。一九九二年のことで、購入価格は五〇〇万ルーブルであった。一ルーブルが〇・一七円だったから、およそ八五万円（七二〇〇ドル）と記憶している。

幌をまとったこのジープはイリ川、シルダリア川や小アラル海の調査に活躍してくれたが、走行距離六万kmで廃車とした。この車を買ったのが、ルーブル支払いの最後の大きな買い物だったように思う。一九九三年の一一月には、中央アジア各国はソ連時代からの通貨であるルーブルから離脱し、カザフスタンの新しい通貨はテンゲ（カザフ語でお金の意）となった。その通貨切り替えの当日（一一月一三日）に筆者はアルマティに入った。その日の模様をフィールドノートから転記する。

「雪の町には人影は少なく、行き交う車の台数も少なく感じる。降る雪のためばかりではなさそうである。手を斜に出してタクシーを止める仕草をする人も少ない。いつもとちがう街の風景に見とれているとキムが「大変な日にカザフに来ましたね」と言う。最初は寒い日にと言ったのかと思っていたが、通貨のない日という意味であった。すでに二週間ほど前に、日本の新聞でカザフが通貨を切り換えるということ、すなわちルーブル圏から離脱することを決定したことは知っていたが、まさか当日に自分がカザフに入っているとは知らなかった。昨日がルーブル最後の日であり、今日一四日は日曜日で通貨の交換が実施されないので、この国にはお金がない。ルーブルとの交換レートは五〇〇ルーブルが一テンゲである。一人が交換できるルーブルは一〇万と限られており、交換は二〇人以上の組織では、組織単位で委員会を創り、交換窓口になる。組織に属していないものは、口座を開いている銀行で実施される。キムさんは口座も持っていなかったため、ルーブル廃止の噂が出たころに、八～九万の全ルーブルを使ってジャガイモ、タマネギ、米などを買ったという。ルーブル最後の土曜日には、マールボロ（アメリカのタバコ）が一箱二〇万ルーブルにもなったという。何がなんでもルーブルを使い切りたいというところか。

一四日から一七日まで、店もレストランもガソリンスタンドも閉鎖されているアルマティの生活が始まった。ガソリンの購入は大変で、市内で店を開いているところは全くなかったが、我がジープの運転手宅の近くにドル売りのスタンドがあり、一ドルで二リッター入れてくれるという。なんとか五日間滞在中をしのいだ。ルーブル圏からの離脱の報復として、ロシアが油送パイプを止めた結果のガソリン不足で、公共交通機関の乱れは激しく、バス停には一〇〇人以上の人が雪の中をひたすら待っている。バスの運転手がガソリンをバスから抜き取って売ってしまうため、終点までバスは走れず、途中で勝手に引き返しているらしい。すきま風が入って来て冷えきった我がジープであるが、自前の車はありがたい」。

二代目、三代目も同じワジックを購入した。一代目が軍用ジープそのものあったが、二代目（一九九八年）になると、少し乗用車仕様へと変わり、三代目（二〇〇四年）になると、車体も大きくなり、日本車のランドクルーザーやニッサンパトロールには及ばないが、それらを意識した設計となっていた。愛称はイワンパトロールと言うらしいが、誰もそうは呼ばない。運転席と助手席のシートがリクライニングになり、イスのカバーがビニール製から布生地へと変わるなど、乗り心地は抜群に改善された。

図5–7　二台目のジープ（左の車両）

二代目購入時は、我が調査団が毎年多数の研究者を現地に派遣していたころであり、アパートの購入費捻出も重なって、代表者の財布はたいへん厳しい状況にあった。とは言え、ジープなしでは調査団の活動は半減するため、なんとしても買い換えなければならないとある団体の人に愚痴っていたら、それから一カ月後に多額のカンパをいただいた。このお金を持ってアルマティに飛んだ日を今でも鮮明に覚えている（図5―7）。

現地の運転手でありアパートの管理を依頼しているアリクさんは、いつもランドクルーザーを日本から持ってくれば一番よいと言っていた。筆者はワジックにこだわってきたから、彼とは車に関しては仲良く喧嘩をしていた。なぜワジックかと言えば、理由は簡単である。こ

図 5–8　砂塵を蹴って走るジープ

の車種はジープ型とワンボックス型があり、カザフのどんな辺鄙な村に行っても必ず見かける車で、沙漠の中で故障したり、部品が破損しても、必ず中古の部品が村で入手できるからで、コンピューター制御の日本車で沙漠に出かけるのは危険と考えていた。沙漠を走って二〇年、この車種を選んだことは大正解であったと思う。

ある調査行の途中でのこと。沙漠の一本道で故障したランドクルーザーに出会い、三〇㎞も牽引して近くの村まで運んであげたことがある。日本の最高車種よりもワジックが上だろうとアリクさんに言うと、彼は苦笑した（図5—8）。

第6章

「アラル海は美しく死ぬべき」か？

一　開拓とアラル海

1　なぜ大規模灌漑農地が開拓されたのか

アラル海流域の広大な沙漠地帯に灌漑農業が登場したのは、二〇世紀になってからのことだろうか。太陽の光が豊かに降り注ぎ、植物が光合成をするには十分すぎる光と気温のある大地で、水さえあれば農業は可能であるとは誰でも気づくことである。だからシルダリアやアムダリアには古くからオアシス農業が営まれていた。中央アジアでの灌漑の歴史が明らかになっているのかどうかは知らないが、五〇〇〇年前のものと思われる古い灌漑遺跡がアムダリアやシルダリアの下流域に残っているそうである。たぶん小規模な灌漑設備での営みで、河川からそれほど離れていない地域に設けられ、川に寄り添うようなものだったのだろう。そのような、現代からみればきわめて慎ましい営みが、中世（一三〜一四世紀）になると規模は拡大していったようである。河川から農業用水を引く運河の長さも相当なものになっただろうし、農地面積も広がっただろう。塩分を多く含む中央アジアの大地に水を引き、作物を栽培すれば、当然のこととして農地には塩類が集積し、作物栽培を継続できなくなり、塩が吹き出した農地を放棄して別の地域へと、中央アジア沙漠での灌漑農業の宿命を逃れるように人々は移動を繰り返しただろう。

中央アジアの農業は現在のように綿花に偏っていた訳ではない。小麦、大麦、粟、エンドウ、ウリ、ゴマ、麻なども栽培されていた。中央アジアがロシアに併合されると、ロシアの綿工業の原料供給地として綿栽培の重要性が増大し、アメリカやエジプト、イランから綿を輸入して成立していたロシアの綿工業を支える原料供給地として重要視されるようになった。さらに、ソ連邦になって東西冷戦の中で、経済封鎖により原料が入手しがたくなり、大規模な灌漑農業を展開することをソ連邦政府は決定した。カザフスタン北部の小麦生産地の処女地開拓政策とともにアラル海流域の大規模灌漑農地の開拓も決定され、運河網が建設され、現在のような綿花の大生産地帯が出現した。

カラクム運河の開削などが推し進められたのはフルシチョフ共産党第一書記の時代である。一九五三年に党第一書記に就任し、一九五八年には首相を兼任し、ソ連邦を牛耳ったフルシチョフは、他の指導者と同様に権力闘争を繰り返しながら、東西冷戦の時代をアメリカのケネディ大統領と渡り合い、穀物危機への緊急措置を一九六二年一〇月のいわゆるキューバ危機で乗り越えたが、一九六四年にすべての権力の地位から失脚した。その理由は中ソ問題の解決や農業政策指導に失敗にあると言われている。農業政策の失敗の中に中央アジアの大規模灌漑農地開拓が入っていたのか否かは分からないが、フルシチョフ、ブレジネフなどの時代からソ連邦が一九九一年に崩壊するまでソ連のため、モスクワのために沙漠の灌漑農業は拡大して行った。

2　何も知らされていなかった住民

これまでにも記載したように、アラル海沿岸地域の住民はシルダリアやアムダリアの中流域で河川水が大量に取水され、これらの大河が痩せ細るなどとは想像もしていなかった。だから、アラル海への流入水量が激減し出しても、住民は何が起こったかを理解していなかったようである。ましてアラル海の島々に住んでいる漁師たちは混乱するだけだったという。それから六〇年後の現代のような情報化社会の一員にとっては、そんな馬鹿げたことはないだろうと思ってしまう。

しかし、小アラル海にシルダリアが流れ込む河口の漁村のカラテレン村からシルダリア中流域の水稲栽培地帯クジルオルダまでは七〇〇kmもあり、さらに上流の綿花地帯のトルキスタンやシムケントまでは一〇〇〇km以上も離れている。日本で例えれば、東北の青森を源流とする川が鹿児島まで列島を流れていると仮定して、東北から東京までは順調に流下し、大河の様相を呈していた川が、東京で大量の水を、さらに名古屋や大阪でも取られて九州に入る頃にはやせ細ってしまった。最下流の鹿児島の住民は何故このようなことが発生しているかを一九五〇―六〇年代に知るすべはなかったのだろう。まして言論統制のきびしいソ連邦である。かくして住民は理由も分からないままにアラル海の干上がりに呆然としていただけである。こんな風に書いてもまさかと思われる方も多いだろう。

二〇〇九年の夏、筆者は水俣市に出かけた。そして、水俣病患者が多発した村々を訪ねてきたが、入り組んだ海岸線に点在する漁村の漁民同士が交わることは少なく、道路も通信設備も貧弱だったため人の行き来も少なく、一九四〇年代には水俣病が発生したこと、水俣病発生の原因と実態を漁民が知らないままであった。今の時代から考えるとそんなことはないだろうと思うが、複雑に入り込んだ海岸線を訪ねて見て、これでは情報が伝わらなかったと理解できた。それを思うと、沙漠の中に点在する村々でも、アラル海干上がりの原因を住民漁民が知らなかったのも至極当然であり、知らされないままに漁民は生業と故郷を奪われたのであった。

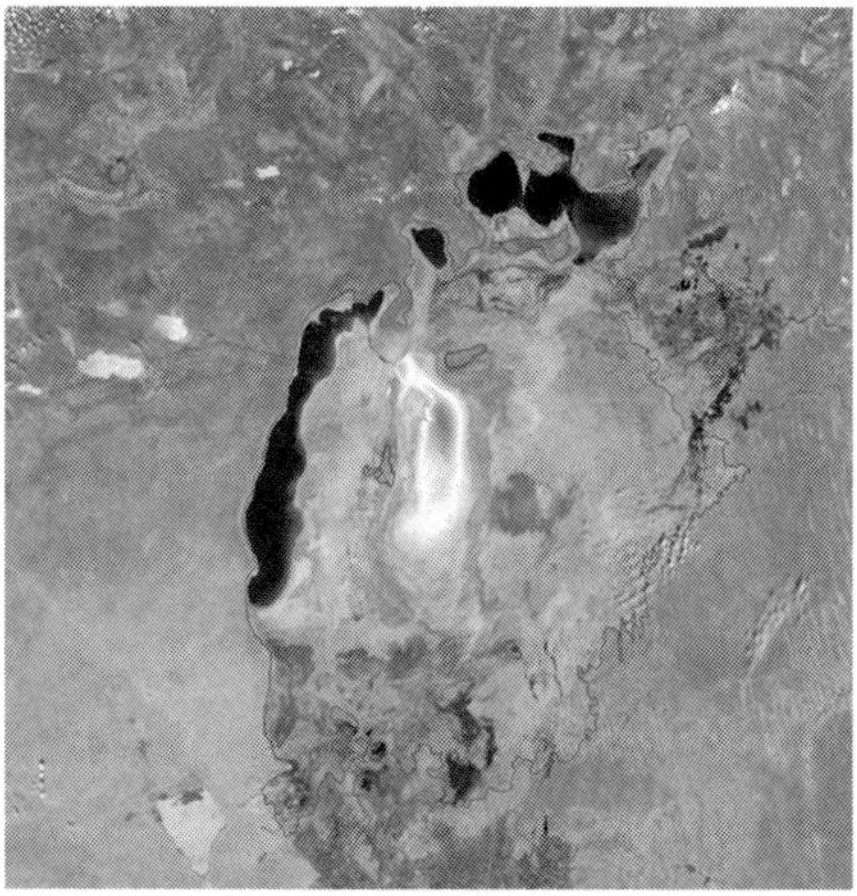

図 6–1　2009 年 8 月のアラル海

それから後の干上がり過程はこれまでの章で理解していただけたと思うが、二〇〇九年八月に発表されたNASAの衛星画像は衝撃的なものだったので、借用して掲載すると**図6―1**のようである（巻頭グラビアも参照）。大アラル海の東部に残っていた湖面もついに完全に消失して塩の沙漠へと変貌した。東岸地帯は遠浅だったアラル海は東海岸線の後退で干上がりが現出し、その距離は「京都にあった湖岸が名古屋まで後退し、豊橋までになって、ついに浜松となった」と表現できる。僅か五〇年の出来事であるが、もはやアラル海は再生することはないままに地球上から消えていくだろう。

二　社会問題としてのアラル海

1　「アラルは美しく死ぬべきである」

なぜこのような二〇世紀最大の環境破壊を伴う政策が決定され、実行されたのかは大いなる疑問である。農業のために大量の水を取水した結果としてアラル海が干上がったことは厳然たる事実で、そのような政策を実施すればアラル海が干上がるだろうとはだれでも想像できただろう。開発を計画した段階で、アラルの漁民には上流での大量取水計画は知らされていなかったが、政策を決定・実施したモスクワ政府はアラル海の変貌を予測していなかったのだろうか、それとも現在の状況までをも十分推測した上での実施だったのだろうか。

ソ連の地理学者のA・N・ヴォエイコフが一九八七年に書いた「アラルの美しい死」という言葉で有名になった、アラル海環境の変化とその終末を論じた論文がある。野村政修さんが翻訳してくれているこの論文（ロシア研究第三三号、2001）を参考にしながら検証してみる。灌漑農業の発展の正当化の論拠とは次のようなものであった。「なぜ水を有効利用して人間に必要な植物の成長を促すといったことをせずに、アラル海から蒸発させなければならないのか。人工灌漑を拡大すれば、平原の草木、庭園そして菜園からの水の蒸発は増える一方で、アラル海に残る水は減少し規模は縮小するであろう。ゆえに、アラル海が縮小して平衡を保つことは、ある程度流域で農業が成功を収めていることを示す指標になる。遠い未来、水利工学や農業での望ましい成功の暁に、我々は水量の少ない年にアラル流域の水の全てを人工灌漑のために利用すべきであろう。また、水量の多い年には、この湖は過剰水の放流に一役果たすに違いない」（野村訳）と述べている。すなわち、アラル海で無駄に蒸発させるよりも、農地に灌漑して蒸発させる方が人類にとって水の有効利用だと言っているのである。

このような考えはソ連邦や東側陣営ではそれほど異質なものではなかったのだろう。東側陣営に所属していたアルメニアでも、同様な考えの下で同じ様な政策が実施された。黒海とカスピ海に挟まれたアルメニアは年間降水量が三〇〇mm程度しかない乾燥の国で、ブドウや綿が栽培され、良質のブドウからできるアルメニア・コニャックは美味しく有名である。この国には、標高一九〇〇mにセバン湖というアルメニア最大の湖がある。この湖の湖水の一部は流出河川で流れ出していたが、大部分は蒸発で消失しており、乾燥の国としては蒸発水はもったいない存在と考えられていた。そこでこの空中に消失する水を灌漑や発電に有効に利用したいと考えた政府は、セバン湖の水位を一気に一六m低下させた。湖面積は一三六〇km^2から九四〇km^2へと激減し、セバン湖周辺では多くの環境問題が発生した。一九八九年にセバン湖を訪問した時に、多くの住民や労働者が集まり抗議集会を開催していたのを思い出す。セバン湖流域でもアラル海流域と同じように、蒸発していく水を無駄と考えての灌漑利用政策が進められた。その湖がある広さと容積で存在しているからその周辺の環境が形成され、その環境の中で人々や生き物がその環境に適応した生きかたをしているのだとは考えなかったということである。アラル海の干上がりを考察した当時の論文を以下に引用する。

モスクワにいた地理学者のV・L・シュルッツとS・M・ゲレルは一九六二年に、アラル海の消滅を放置する場合、その有害な結果は以下のようであろうと書いている。

（1）気候に対するわずかな影響
（2）漁獲が減るであろう
（3）高価な毛皮のとれるマスクラットが消滅するであろう
（4）河川のデルタ地帯における草の成長が消滅するであろう
（5）アラル海はもはや水路としては使えなくなるであろう
（6）砂塵や塩の嵐が起こるかもしれない

彼らの計算はきわめて楽観的なものであり、その結果として発生する損害は大きくないという結論である。まず、アラル海の魚類が消滅することから生じる損失は年間四〇〇〇万ないし六〇〇〇万ルーブル（四四〇〇万ないし六七〇〇万ドル）になるだろうと計算し、アラル海が船運に使えなくなることとの損失は、約一〇〇〇万ルーブル（一一〇〇万ドル）になるという。

（M・I・ゴールドマン『ソ連における環境汚染』都留重人監訳、岩波書店、一九七三年）

（1）の気候、（3）のマスクラット、（4）の家畜の餌となる草の問題や（6）の砂と塩嵐のことについてはどれほどの被害額になるのか明らかでない。それに対して、ソ連邦では、一九六〇年の綿繊維輸出量は三九万tもあり、その輸出額が二・六億ルーブルで全輸出総額の五・一％を占めていたようである。要は金計算ができるところだけを比較しているに過ぎないが、一見すると灌漑による綿花栽培の便益はアラル海のもたらす便益よりも有利に見える。しかし、気候への影響やそれに伴って砂・塩嵐が発生するだろうということは予測しているが、そのような気候や気象変動が住民の健康や生態系に及ぼす影響はまったく考慮されていないままに、金に換算できる事象だけを扱っているのみである。当時の学問水準から言えば、きっと仕方がないとの反論がなされるだろうが、金計算できないことも問題だが、金はモスクワの政府にとっての最重要の関心事であり、気象や健康などはモスクワにいる研究者や政府にとっては関心外であったことが問題であると思う。

その後、ゲレシーモフらは、一九八〇年時点のアラル海の水位低下によるアムダリア下流域の年間の損失額を見積もった。それによると、漁業の損失は二八九〇万ルーブル、気候変化による綿花栽培の損失三〇〇〇万ルーブル、住民生活と労働条件の悪化による損失六〇〇〇万ルーブル、水上輸送の損失七〇〇〇万ルーブル、マスクラットの毛皮の損失四六万ルーブルと見ていた。彼らはシルダリア下流域については見積もっていない。アムダリア下流域と同じ損失規模とみれば両下流域で一億八五二〇万ルーブルの損失となる。損失を貨幣に換算できるものに限定するかぎり、残念ながら綿花生産の利益を相殺できない。一九八〇年前後はウズベキスタンだけで年に三〇～四〇億ルーブルの綿花買い付け額が流入していた。ここではシュルッツらよりも詳細に検討しているように見えるが、アラル海流域の住民や生き物がモスクワにいる政府や研究者にはまったく見えていないと言わざるをえない。彼らにとっては関心の外にあったが故に、その後の住民への手当などの貧弱さを招き、被害者の救済策というよりも棄民政策が実施されていると考えざるを得ない状態である。アラル海の消滅を予測していたモスクワ政府にとっては、連邦内植民地としての中央アジアの民は棄民すべき対象でしかなかったのではと思える。「アラルは美しく死ぬべきである」とモスクワは決定し、政策を実施した（図6―2）。

図6–2　旧湖底

2　ソ連邦ゆえの環境破壊か

アラル海の湖面積が半分近くになり、アラル海の漁業が完全に壊滅したことを受けて、一九八五年にソ連共産党中央委員会とソ連政府閣僚会議の合同決定によって、アラル海地域の経済的衛生状況の改善策が採択された。水道の建設や医療サービスの向上など、さらにはアラル海への流入水量の確保などが決議されるが、それは遅々として進まず、かけ声倒れというか、住民対策としてのデモンストレーションにすぎなかった。私たちから見えるものは地下水脈の変化から浅井戸の水が涸れ、人々が良質の水を確保入手できなくなった対策として深井戸（スクワージナ）を住民と家畜用に掘削したくらいである。しかし、深井戸の水質が劣悪であることは第3章―二で記述したとおりである。なにも知らされず、なにも代償を与えられることなくアラル海と生業である漁業を奪われた沿岸漁民は流民となって故郷を後にした（図6―3）。

図6–3　深井戸の水を飲む

消え行くアラル海を追いかけ始めたのは一九九〇年代初めからであり、アラル海や中央アジアやカザフスタンという固有名詞を日本の中で一般に通じる言葉としたいと活動を続けてきた。多くの人々から、「やっぱりソ連のやったことはすごいな」とか、「社会主義国には言論の自由がないからな」などとの感想をよく聞いた。これらの感想が間違っているとは決して思わないが、果たしてソ連や社会主義のせいだろうかと考えてみなければならないだろう。そのことを歴史的事実を追いながら検証することはここでは無理であり、筆者にはその能力もないのでお許し願って、我が研究仲間の野村政修さんの論文などをお読みいただきたい。

ただ、日本の国土開発を見ていると、似たり寄ったりではないかと思う。たとえば、東京都の水不足に困った東京都知事が新潟県を流れる信濃川の水に目をつけて、無駄に日本海に流さずに南アルプスを貫通するトンネル水路を掘って東京に持ってくれば有意義に水を利用できると公言した。その当時の新潟県知事が烈火の如く怒ったのを覚えている。信濃川の水は無駄に海に流れ出しているのではなく、流域の水稲を育て、沿岸部に汽水域を形成してゆたかな漁業資源を育てているのである。土地がほしいものにとっては海や湖は無駄な空間としか映らず、埋め立てたいと思うのは社会主義でも資本主義社会でも同じである。それを強行に実現するかどうかの違いはあるだろうが。誰にとって無駄なのか、誰にとって有益なのかを見極める力が要求されているのが環境問題ではないのだろうか。それは単に技術の問題ではなく、人権とか民主主義の問題であると思う。

もうひとつ例を挙げれば、私がアラル海に通っていることを知ったある京大の教授が、「綿花農業を止めて、水をアラルに戻したら済むことだろう。簡単なことだ」と。今や綿栽培を生業としている農民が何百万人といることなど思いもしない生態学者の浅はかさである。これも「アラルは美しく死ぬべきだ」の範疇である。

3　沙漠の灯

アラルと付き合って二〇年以上が経過した。いったい何ができたのだろうと思うとさみしい気分に陥ることもあるが、たったひとつの言葉を思い出させてくれた沙漠の風景に感謝している。ある時、小さな飛行機でカザフの上空を飛んでいた。沙漠の夕日も沈み、夕闇から夜になった沙漠にもぽつぽつと灯が灯っていた。一軒の灯から次の一軒の灯までは数十kmは優にある。羊と沙漠の中で慎ましく暮らしている人々の灯は一点である。都会のきらびやかさなどもちろん関係なく、村の灯にも到底およばない、たったひとつの裸電灯なのだろう。

地球温暖化が叫ばれている。叫んでいるのは温暖化ガスを大量に排出し続ける者たちである。しかし、その悪影響はこの地球上に生きているすべての人々に及ぶ。だから金持ちも貧乏人も、先進国も開発途上国も、北半球も南半球も、全員が地球環境問題を解決しなければならないと声高に叫ぶ人がいる。そうではないだろう。満天の星の数よりも多くの電灯を灯す者と、たった一つの灯で慎ましく羊とともに沙漠で暮らす人が、同じように被害を受ける理不尽と戦う地球環境問題へのアプローチでなければならない。この理不尽を押しつけ続けることの理不尽さを考え、その機構に戦いを挑み続けることこそ環境問題への取り組みだろう。久しぶりに口にした「理不尽」。アラルは決して美しく死ねず、今までも、これからも、のたうち回って人々を苦しめながら死んでいくだろう。

〈コラム〉資金をどう作るか――渡航・滞在・調査のために

一九七〇年代から一九八五年頃までは、月の三分の一は公害現場の調査に出かけ、膨大な分析試料を持ち帰って、重金属や農薬の分析に追われ、調査結果を持って現地の被害者団体や村の自治会の会議や集会に出かけていた。そんな年月を積み重ねてきた身には、物事を進めるには時間と金はなんとかなるが、その課題に献身的に付き合ってくれる人が見つかるかどうかが勝負であると思っていた。金はなくとも人さえ揃えば、膨大な分析試料もこなせるし、公害現場での多岐にわたる課題もこなせるのである。

しかし、カザフの仕事になると事態はそんなノー天気では居られない。事（問題）は明確にあり、人と物も揃ってきたが、動くための資金をどうするかが最大の問題である。現地に入れば、ホテルに泊まらずに沙漠でテントなしの野宿も可能であるが、その前に海を飛び越えて中央アジアに到達しなければならない。金はなんとかなるなどと言っていては、誰も一緒に出かけてさえくれない。渡航資金、滞在資金、現地経費をどうするかが、この二〇年間の筆者の悩みであり、仕事であった。

大統領特使招待事業の経費

ソ連邦が崩壊し、独立国となったカザフスタン共和国の大統領はナザルバエフ氏であり、その大統領からの特使を日本に招待した顛末記は、第1章に記載した。民間人が、組織もなく大統領特使一行五名を二週間に亘って招待するという無謀な企てであった。

当時の宮沢内閣との面会などは、滋賀県選出の国会議員の武村正義さんの仲介でなんとか格好がついたが、その招待旅行の経費が問題である。大統領特使を木賃宿に泊めるわけにもいかず、東京滞在中は六本木の全日空ホテルに滞在してもらった。一九九二年のことで、一日の経費はどんなに節約しても二〇万円は必要である。当時の筆者には東京での知り合いも少なく、ましてスポンサーを紹介してくれる者もいない。関西地方で工面すべく走り回っているうちに、関西電力株式会社の社長側近を紹介してくれる人に巡り会え、関西電力からの二〇〇万円の支援をえられることとなったが、条件は免税財団を自力で見つけることであった。当時、京大の教授であった故塚谷恒雄さんが東京所在の免税財団を紹介してくれ、諸手続経費をその財団に差し出すことを条件に支援は実行されたが、振り込まれた二〇〇万円は一八〇万円となって手許に届いた。これでもずいぶんと心遣いをしてもらったもので、普通なら一五〇万円くらいにはなるだろうとのことだった。こんな金繰りははじめての経験だったが、世の中そんなものかと妙に納得したものである。これがまず最初の大きな金策であった。特使一行は全日空ホテルに宿泊してもらって、お付きの私は知人の紹介で衆議院議員の宿舎に一泊一〇〇〇円のシーツ洗濯代だけで泊まり、ホテルまで出勤した。

東京滞在での公式行事が終わり、次は京都大阪観光である。京都滞在は日本料亭の宿が良かろうと平安神宮に近い、粟田口あたりの宿にした。数日の滞在経費は数十万円となったが、もうその頃には電力会社からの支援金は底をついており、借金をしての支払いとなり、その返済にその後二年ほどかかった。京都日程が終わり、大阪見物は宝塚市在住の松村種学さんが担当してくれた。彼は大統領特使招待のために慌てて結成した「日本カザフ文化経済交流協会」の代表を引き受けてくれた。全国青年会議所の副会長にも就任したことのある実業家だった。彼のお陰で海遊館の見学などを交えた大阪の休日を終え、一行は帰国の途についたのである。

その後もカザフを何度も訪れた松村さんは二〇〇九年の七月に脳腫瘍で若くして他界された。我が日本カザフ研究会調査団はシルダリア沿いの村々を訪問し、村の生活や疾病状況を村の医者に教えてもらった際、いつも包帯や絆創膏、アルコールなどの消毒液などの基礎的医療品のセットをお土産に持参した。これらは彼の仲介で、大阪道修町の薬問屋の若旦那衆が一〇〇万円を超す額の現物支援をしてくれたお陰だった。こんな人々の支援を受けながら、我々の調査団は沙漠やアラル海へと出かけて行ったのである。

大きな借金が残ったが、新生カザフスタン共和国と日本との交流・外交の最初のページを開けたのだから、それほど気が沈むことなく、その後の三年ほどで借金は返済できた。しかし、この仕事を展開する限り、資金集めを必死でやらなければと腹をくくった。でもノー天気で居ないと続かないとも思ったものだった。

カザフ調査団の資金工面の日々

一九九〇年代前半のカザフ行きの行程は、京都—新潟空港—アエロフロートでハバロスクに行き一泊して、翌日アエロフロートでアルマ・アタに到着する経路である。日本国内は良いとしても、新潟からのアエロフロートは独占航空路であるから、飛行機運賃はべらぼうに高く、我々を泣かせるものだった。新潟からハバロスクまではわずか一時間半のフライトなのに運賃が一一万円もした。日本カザフ研究会を立ち上げて、京都大学農学部の同窓生を中心に優秀なメンバーが集まり、調査研究にはなんの不安もなかったが、このメンバーを日本海を渡らせる経費集めが大問題である。

それまでの二〇年間は、自費で賄いながらの国内の調査を続けてきたが、調査地が海外である以上は金なしでは続かない。一九七〇年代の日本の科学・学術界では、公害問題の調査などは一流の研究者のやることではないと公言される状況で、ある京大教授は、「私は大学院生が公害問題を研究したいと言ってきたら、そんなことを今やる必要はない。キミがアインシュタインになったら、その時にやればよい、と言うことにしている」と公害問題への取り組みを議論する会議で宣ったものである。この一言は当時の学界の雰囲気を的確に表している。

まして、筆者のような学会に所属しない研究者に学術振興会の科研費が当たることもなかったため、科研費の申請をする気が失せていた。まして、現在のような環境部門もなく、申請に時間を割くのは無駄なことだった。しかし、道がなければ足で踏み固めてでも道筋をつけなければ前に進まない。大統領特使を招待したこと、日本人でアラル海問題を最初に手がけようとした者を売りにして関係筋を歩き回る生活が始まった。好きでもない東京にたびたび行くことになる。それまでは、東京に行く回数が増えるほどに研究者は堕落していくと言っていた身としては少々はずかしいかぎりであるが、事の前には恥などない。その理由は、大統領特使招待を計画し資金集めをやっては見たが、関西でいくら歩いても実りがないと身をもって味わったからである。残念ながら金と情報は東京に集中しているこの国では、東京詣は仕方がないものである。

私の公害調査時代には、関ヶ原から東は原則的に仕事を引き受けないことにしていた。名大や東大など腐るほど大学があるのに、京都の人間が出かけることはないと思っていたからである。そんな気持ちがいつの間にか、「石田は、関ヶ原から東は蝦夷地と思っているらしい」と噂されるようになったが、あながち嘘ではない。それなのに、国会関係や外務省をはじめとして省庁、それに助成金財団を歩けるだけ歩きはじめた。僅かな報告書でも完成すればそれを持参するという名目での東京通いである。京都を始発の新幹線で出て、帰りは最終列車である。一度の東京行きで最低でも五カ所を訪問する。多ければ七、八カ所もあった。そうでないと高い運賃のもとさえ取り返せない。東京の連中は一六〇円でどの省庁でも行けるが、当方は二万円以上かかる。公害調査時代に東京の連中によく言ったものである。たった一六〇円で行けるのだから、本省攻撃を毎日できるだろうと。

調査研究経費

消えゆくアラル海を追い始め、研究仲間も増えてくるまでの四年ほどで一〇回くらいはカザフに出かけたものである。調査研究というよりも打ち合わせをしながらの人脈探査である。だからほとんどの場合は一週間で往復した。ある年などは毎回ともに月末から月初めの一週間の滞在だったため、八つの月を股にかけることになり、カザフ側から、毎月いるのだから帰国しなくても良いだろうと言われたものである。この頃の経費は自己資金ばかりだったから、娘からは「大学生二人を持つ親父の振るまいか」と言われていた。

日本カザフ研究会調査報告書を、一九九三年から二〇〇七年にかけて一三号まで出版してきた。各号の最初のページにそれまでの調査年表があり、調査団ごとの派遣者名が記録されている。多い年なら二〇人にもなる。それに加えて、カザフ側の研究者を日本に招待あるいは招聘した事業もあるから、両者の経費捻出が筆者の最大の仕事であり、責任であった。かくして東京くんだりに出かける回数が増えることになるのだと悪態をついていたものである。

大学の研究者でありながら、学会には入らず、学界人脈もなしに、市民運動とともに反公害運動に役立つ調査ばかりをやってきたため、学界や大学の組織を通じての資金集めなどはまったく不可能である。そうなると、目標は民間の研究助成財団の一般公募助成への応募が唯一の望みであり、手当たり次第に応募書類を書くことになった。もちろん研究会メンバーはそれぞれに努力をしてくれていたが、なかなか朗報は届かない。

一九九二年に「中央アジア乾燥地における大規模灌漑農業の生態環境と社会経済に与える影

響」と題する申請がトヨタ財団助成金を得た。金額は一年間で四〇〇万円である。コネも実績もまだない身には望外のできごとであり、我が研究集団は生き延びられたと雀躍したことを覚えている。カザフのことがほとんど分からない状況下で、アラル海ではなく、バルハシ湖に流入するイリ川沿いの水稲ソホーズに大調査団をこの助成金で派遣できた（第2章）。この頃にひとりの研究者を現地に派遣するには最低でも二〇万円近くの経費がかかったが、もちろん全額を賄うことはできず、それぞれの自己負担分をお願いしていた。四〇〇万円は二〇人で消費してしまう金額である。報告書を見ると、一九九二年から一九九三年までで延べ三〇人ほどがカザフに出向いているから、とても充足できる金額ではないが、この助成金が当たっていなかったら我が研究グループのその後は大きく変わっていただろうと思う。なぜなら、財団や国会関係を歩いても、「カザフスタンってどこにあるの」と訊ねられ、時には「アフリカの何処か」と聞かれる時代であったから、この状況をどうして打ち破るかが課題であった。

一九九三年四月二四日、筆者はテレビ朝日の取材チーム四名と成田からモスクワを経由してアルマ・アタに出かけた。アラル海環境問題の現地取材である。一九九一年にソ連邦の核実験場であるカザフスタンのセミパラチンスクを一緒に取材したディレクターが推進してくれたお陰で、今回のアラル海特番作成となった。アルマ・アタからヘリコプターをチャーターしてアラル海北岸のアラリスクに飛び、ここを基点としてのアラル海取材である。二回目のアラル海は筆者にとっても大きな出来事である。当時はまだ周辺を水に囲まれた島だったバルサケレメス島にも着陸した。望外の成果を得て番組は編成され、我がグループのベレケ・ソホーズでの活動も含めた特番は、久米宏さんと小宮悦子さんの司会で、視聴率が二五％以上というお化け番組であった「ニュースステーション」で放映され、筆者も生出演させてもらった。この報道は日本カザフ研究会の活動に二つの効果を及ぼしてくれた。

一つは「カザフスタン」と「アラル海」という単語が、日本社会で市民権を得たと言えば言い過ぎかもしれないが、その日からは多くの人からカザフやアラル海の話をされるようになり、「アフリカのどこ?」と訊かれることも少なくなった。そしてもう一つは資金獲得である。トヨタ財団の研究助成の一年が終了し、次年度からの二年間の継続申請の審査がヒヤリング形式で行われた。勝負の時である。そのヒヤリングの期日前に、どうしてもニュースステーションでの放送が行われるようにとディレクターに頼んでいた。時間の都合もつき、ヒヤリング期日の一週間前に放送され、審査員全員がこの特番を見ていたと審査員のひとりに後刻教えてもらった。特番をベースにしてヒヤリングは成功裏に終わり、我が申請は採用され、二年間の継続助成が決定した。作戦成功と言えば叱られるかもしれないが、ひそかに狙っていた効果ではあった。トヨタ財団の審査の特徴は、未だ世間では知られていない事案の中に含まれる重要性を見抜いてくれるところである。その代わりに、世間で一定程度に認められるともはや助成の対象から外される。これで三年間の活動が保障され、ベレケ・ソホーズから本来の目的地であるシルダリア、アムダリアからアラル海本体の調査研究へと進むことができ、その後は中島平和財団や文部省の科研費の助成を得られるようになり、調査団の派遣もなんとか継続できた。

科研費の申請で困ったことがあった。それは中央アジアが、同じくソ連邦崩壊とともに独立したベラルーシやウクライナなどとともに旧ソ連邦地域に組み込まれたままであったことだ。アジアとの認識が文部省や学術振興会にはなく、地域研究の研究費申請時にはどうしてもヨーロッパ中心主義に抑え込まれていた。そこで、何年のことだったか記憶がないが、科研費申請が採用された研究代表者の会合が地域ごとに分かれて開かれた際、筆者はあえて旧ソ連地域グループではなく、中近東地域グループの会場に出席した。座長からカザフは旧ソ連グループですよと言われたが、敢えてこのグループに出席したのだからお見逃しのほどをとお願いし、中央アジアは旧ソ連邦グループではない、アジアグループに含まれるべきだと発言した。その証拠に、少々強引とは思ったが、一九九四年の広島アジア大会には中央アジア五カ国が参加しているではないかと述べたことを覚えている。このことは学術振興会の会報でも記載された。このことが功を奏したどうかは分からないが、二年ほど後からは中央アジアはアジアグループへと移籍した。未だ日本では知られていない中央アジアへの認識を高めるためなら何でもやろうというのが当時の想いであり、それが研究継続を可能にすると思っていた。

カザフ研究者の招待

一九九〇年代はカザフスタンの研究者にとっては受難の時代であった。給料は半分以下しか支給されず、科学界の元締めである科学アカデミーは解体の方向に進み、ここに所属する各研究所も縮小政策の中で、研究費は与えられずにいた。若手だけではなく、中堅も所長クラスも、イスラエル、トルコ、アメリカ、カナダ、オーストラリアなどなどへと、海外に流出して行った。大きなビルの土壌学研究所は三分の一は辛うじて研究所として機能していたが、残りの三分の二は民間企業や銀行に貸し出され、その家賃で研究所の光熱水道費を賄うといった状態で、基礎科学の研究機関も、農学分野も変わりがなかった。

そのような科学界の状況下で、国内残留組研究者にとって、外国との共同研究や調査の下請けなどは貴重な現金収入であった。我々のような貧相な調査団でも、少しは彼らの生き残りに貢献できたのだった。そして、何人かの共同研究者を日本へ招待し、滞在して日本を理解してもらうと同時に我々の調査の協力者になってもらった。彼らの渡航・滞在費を見つけ出すのも筆者の重要な任務となったが、自分たちの調査費を獲得するよりもさらに難しい問題であった。なぜなら中央アジアの国々がまだ認知されておらず、地域割りの予算枠組みもない状況だったからである。ここでも、文部省、外務省や民間財団を廻り、情報を集めて、少しの可能性を求めての申請書提出の連続であった。

招聘する研究者の研究分野については、日本カザフ研究会に参加する大学教員の伝を頼ればどの分野でもなんとか滞在先は見つけられたが、要は英語が話せるかどうかであった。ロシア語だけでは何とも接遇できないため、英会話ができる（それも筆者のブロークン・イングリッシュ以下で充分）ことが条件となる。そうなると、上級の研究者はロシア語のみの人が多く、若手が対象になるが、若手研究者を招待すると所長級がやきもちを焼いて、ことが順調に進まない。そんな事態をさけるために、科学アカデミーと農業科学アカデミーの総裁を早い機会に招待した。

一九九七年四月にカザフスタン大統領のナザルバエフが来日することになった。一九九四年に日本大使館がカザフに出来て以来の最大のイベントである。当時の日本は細川内閣の時代であり、政治家レベルの最初の交流に尽力された武村正義さんが官房長官だった内閣である。この大統領訪日というチャンスを利用しないわけはないと、日本カザフ友好議員連盟主催の大統領歓迎昼食会の開催などの下準備を引き受けて頑張ってくれたのが、東京在住の秋山順一さんである。東大出身の彼は東大駒場寮同窓会の幹事で、そのような人物が京大のチンピラ助教授の下働きをしているとはどういうことかと嫌みを言われたと笑って教えてくれた。彼の力を得て、ナザルバエフ大統領と細川首相との共同声明の中に「アラル海」という文字を入れることに成功した。

「日本国とカザフスタン共和国との共同声明」には、

①アジアひいては世界の平和と安定、
②国連等の場において活発に協議し協力、
③核兵器の廃棄に係る諸問題の解決の促進、
④カザフスタン共和国の経済改革の支援、
⑤科学技術、文化、芸術、観光、スポーツ等の分野での交流を促進、
⑥アラル海及びこれに隣接する地域並びにセミパラチンスク核実験場に代表されるカザフスタン共和国の環境問題の改善、

が重要であるとの共通の認識を確認した、と掲げられた。

そして、具体策や支援策が新聞発表された。その中に、一〇〇億円を超える支援や融資の項目と並んで、「アラル海地域の環境問題に対する協力として、カザフスタン側の専門家二名を受け入れること」と記された。この一文が外務省の新独立国家支援室（ＮＩＳ）によるアラル海問題支援の端緒となり、毎年二名の研究者招聘実現のお墨付きとなったのであった。この一文のために何度となく東京に出向いたものである。

二一世紀に入るとカザフの経済事情も少しはよくなり、研究者の給料は全額支払われるようになったが、研究費はほとんど無く、アカデミーは解体された。カザフの優秀な多くの研究者は海外に出かけたままであり、若手研究者層は欠落したまま今日に至っており、カザフの科学界の先行きは暗いままである。

第7章

アラル海再生に向けて

一　アラル海に暮らす人々

1　「アラル海再生」は詭弁なのか

シルダリアからアムダリア流域を歩き、アラル海の大航海も終え、このアラル海流域の農業や水環境を大雑把ながら把握できるようになってきたが、その一〇年間、アラル海は干上がりのスピードを落とすことなくますます縮小していた。もはや「アラル再生」という言葉は使えないという気持ちに筆者もなっていた。同じように中央アジア諸国も、アラル海の再生を口にしながらも本心はアラル海全体を再生することなどは早々と放棄しているようであった。

一九九七年にＩＦＡＳ（International Fund for Saving the Aral Sea）を結成し、何らかの対応策を構築しようと声明文などでは表明していたが、実質的な問題討議よりも「アラル海危機」を世界に訴えるプロパガンダ的活動に終始していると感じられた。この組織は五カ国が出資して結成されたものであるが、各国とも割り当て金を出していないといわれている組織で、カザフスタンの場合は自国の政府機関であるアラル基金がそのまま参加しているようであった。アラル海問題に取り組みはじめた当初は少しでも情報がほしく、アルマティにあるアラル基金を訪ねたりもしたが、アラル海の水位変動のデータひとつを入手するにも現金を要求されるなど、あまりのひどさに一九九四年頃から付き合うのを止めた。

ウズベキスタン側も例にもれず悪評の高い組織だった。一九九九年にＪＩＣＡのミッションとしてタシケントのＩＦＡＳ事務所を訪問した時のことである。ディレクターはこの国ではめずらしく葉巻をくわえ、見るからに悪徳官僚であった。「アラル海は政府の無策で最悪の状況になってしまい、このような問題を解決するためには社会全体の考え方（哲学）を変えなければならず、この組織はそのためのあらゆる活動をしている」と高尚な話から始まった。「政府が本当のことを言うのはむずかしいので、その代わりにわれわれが本当のことを言うのだ」とまたまた尊敬すべき発言をするが実態は知れたものであろう。アムダリアは現在アラル海に流入しているのかとの質問をしてみたところ、ここのところ毎年流入量は増加し、アラルの干上がりは止まったという。それでは何処に行けばアムダリアがアラルに流入し、海と川がつながったところを見られるのかと質問を変えてみると、のらりくらりと返答を避け、最後には、自分は独立後でも一五〇回もアラルを見に行っておりよく知っているが、今日は対外経済省の紹介で面談しているのであるから、その関係のことのみ答えると逃げを打った。月給を一〇〇〇ドルもとっており、ウズベクの水管理のナンバー２で、国際組織がアラルの仕事を企画するとどうしても彼を通さなければならない存在である者の態度がこれである。彼が得ている給料は世銀からの資金で、ほとんどがJapanese Moneyであろう。カザフにもウズベクにもアラルを食い物にしている輩がいるものである。気分を害して、にこやかに退散した。

干上がりを続け、全湖面消失という予測が現実味を帯びだした二〇世紀末から二一世紀にかけて、アラル海を領有しているウズベキスタンとカザフスタンは徒手空拳だったのだろうか。

2　天然ガスと棄民政策

シルダリアはその当時も今もアラル海（小アラル海）に細々であっても水を流し込んでいるが、アムダリアは一九九八年頃からアラル海にまで至っていず、最下流の都市ムイナク市に到着する前に沼沢の水溜まりとなってその二〇〇〇㎞もの流呈を終えている。前述のＩＦＡＳ責任者の言うような流入水などアラルには入っていない。遠くタシケントからいかにもアラル海の消失を嘆くふりをして国際社会から援助を引き出しているに過ぎない。

二〇〇四年、日本の地図出版で有名な出版社が企画する、高等学校の地理担当の先生達を対象にしたツアーのガイド役を頼まれてウズベキスタンに出かけた。タシケントを出発して、サマルカンド、ブハラ、ヒバからウルゲンチン、ヌクスへとシルクロードの古都を経てアラル海の旧漁港であるムイナクに至るバスツアーである。旅行社が全国の高校に送付しているというパンフレットが送られて来たのを見た市民環境研究所*の連中が大笑いをしている。なるほどこれは面白い。「石田紀郎先生と歩く、失われゆくアラル海と中央アジア・ウズベキスタンを訪ねて」と大書されているではないか。キーワードはもちろんアラル海であるが、石田先生がキーワードにはならないから、この名前で参加者が集まるだろうかと一時の茶飲み話にはなった。

ところがやはりアラル海は地理を教えている先生方には魅力があったのだろう、ほぼ定員一杯の参加者が集まり、旅が始まった。シルクロード途中の楽しい旅の合間に、ソ連邦が実施した大規模灌漑農地開拓を説明する役割を果たしながら数日後にヌクスに到着した。このツアーの参加者は三〇代が三割で、あとは六〇代の男女である。ヌクスから旧漁港のムイナクへは大型バスで移動するのでそれほどの苦労はないが、ムイナクから干上がったアラル海南岸の砂塵舞う旧湖底をジープで走り、飢餓沙漠の轍の跡をなぞり、まだ湖水がある大アラル海西岸まで至る計画は、このメンバー構成では少々無謀ではないかと憂慮していた。しかし地理の先生方の根性は大したもので、一日で二〇時間もかかる全行程をなんなくこなしていただき、ガイドとしてはほっとしたものである。アラル海の西岸は断崖で、わずかにジープで下りられる壁の道を下り、大アラル海の水に触れた数少ない日本人となった。もちろん筆者も初めてのことで、手で掬い、舐めたアラルの湖水は海水の倍以上もの塩分濃度であった。

＊　市民環境研究所とは、筆者が京都大学を定年退職した後に設立したＮＰＯ法人のこと。

大アラル海の南岸に広がるウズベクの旧湖底沙漠には、カザフ側と同じように塩が析出しており、いまだ植物が侵出していない平坦な地面が地平線まで続いていた。しかしカザフ側と異なる風景があった。それはあちこちに組まれた櫓があり、天然ガスの採掘が始まっていた。すでに採掘したガスの処理プラントが稼働しているものもあり、アラル海の干上がりは、ウズベク政府にとっては天然ガス掘削を効率的に進められる環境整備のようなものとして捉えられていた。アラル再生はとっくの昔に諦めたということで、IFASのディレクターの発言が国際的援助を引き出すための手段でしかないことをこの風景が明白に示していた。そんな風にアラル海の悲劇を利用することを全否定するつもりはないが、そのような発言で得られた援助が、アラル海沿岸部の人々に届いているかどうかが問題なのではと思う。ヌクスやムイナクの街を見、人々と語れば語るほどに援助が届いているとは思えない。それ以上に、完全に干上がり漁業が壊滅したアラル海旧沿岸地域から人々が早く立ち去るように求められてさえいるようである。まさに棄民政策と思った。

3　小アラル海のダム

一九九六年九月一五日、大アラル海の航海調査（第4章）を終えてアラリスクに帰着した夜、船長の自宅の夕食会に招待され、久しぶりの家庭料理に心も胃袋もなごんでいた。特段の料理が用意されていたわけではないが、台所で時間をかけて作ってくれたそれぞれの料理は、野営地であわただしく煮たものとはみずみずしさが違う。宴も終わりになったころ、隣家の主人が「ダムの閉め切りに成功し、小アラル海の水位が上昇しだした」と教えてくれた。シルダリアやアムダリア流域のことはおおむね把握する旅を続けてきたが、アラル海本体のことはまだまだ知識も情報も少ない状態であったので、この話をむさぼるように聞き始めた。食後のチャイにも口を付けないほどの驚きであった（図7―1）。

当時のアラル海の水状況をおさらいしておくと、次のようになる。アラル海はすでに四割くらいが干上がり、毎日二〇m以上の速さで湖岸線が後退していた。特に遠浅の大アラル海で顕著であった。湖面からの水の蒸発量には変化がないが、それに見合う流入水量はなく、とくに大アラル海の南端に流れ込んでいたアムダリアは、まったく水をアラルに流し込んでいない。小アラル海へのシルダリアからの水が降水以外の唯一の流入水であるが、せっかく流れ込んだこの水も小アラル側から大アラル側に流れ出し、蒸発するだけである。そこでカザフ側はこの流出を防ぎ、小ア

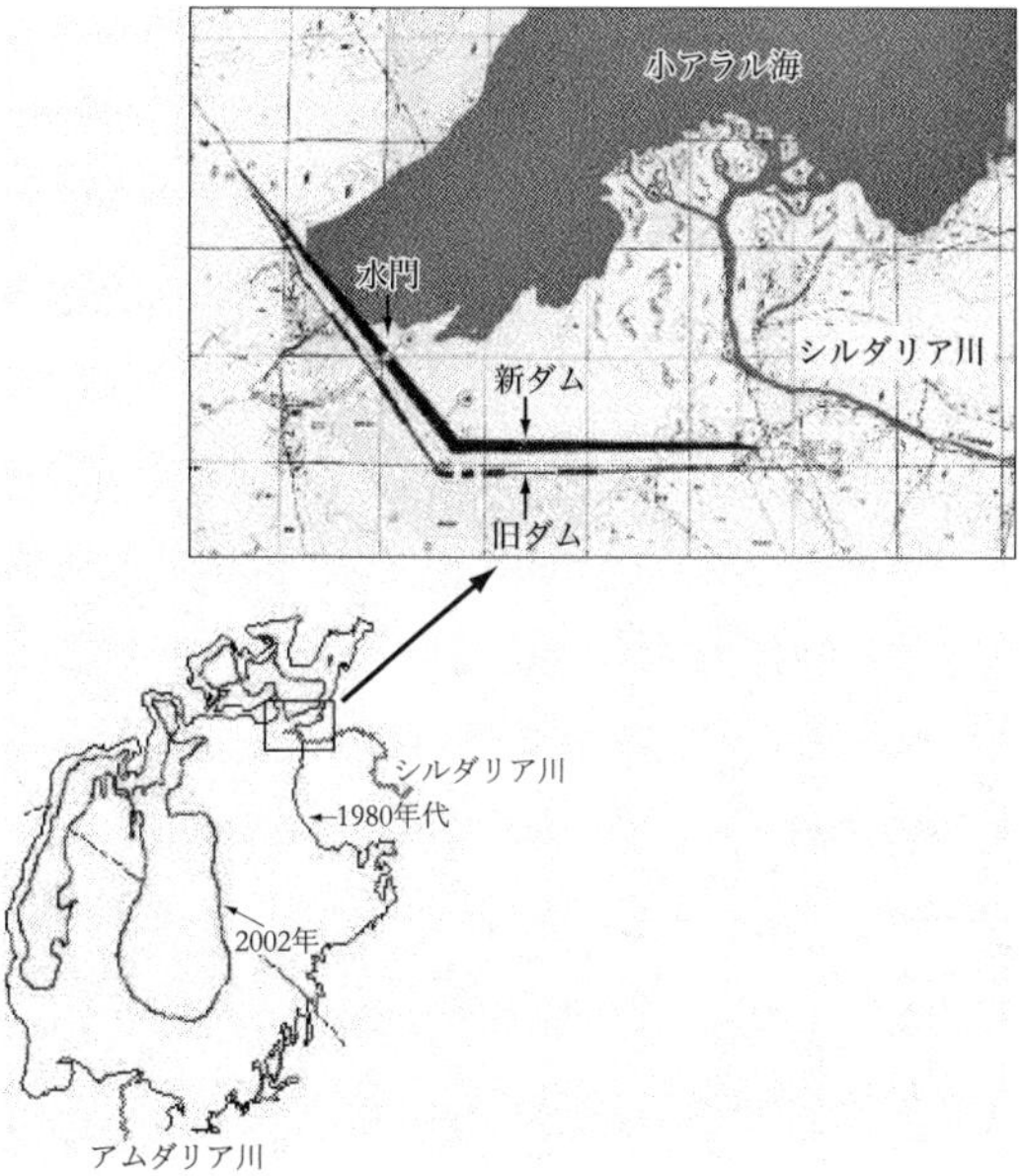

図7–1　建設中のダムの位置

ラルだけでも保全したいと考え、小アラルと大アラルとの間にあるベルグ海峡を閉め切るダム建設を一九九一年から始めていた。噂話としては聞いていたが、現地を見る機会がまだ持てずにいた。

この工事の施主はカザフスタン政府ではなく、アラル海を領内に持つクジルオルダ州政府であると言われていたが、建設費の額や負担先などの詳しい情報を入手できなかった。これほどの大事業を州政府だけの意思でやれるとは思えず、まして大臣ですらほとんど決定権を持っていない、ナザルバエフ大統領の独裁政治の国であるから、当然国家政府の了解のもとで進められたプロジェクトだろう。ただし、国が前面に出る建設ならば、もうひとつのアラル海領有国であるウズベキスタンから「アラル海再生を放棄した」と非難されるのは必至であるから、州政府が勝手に実施したとの体裁をとったのだろう。いずれにしてもダムで小アラル海と大アラル海を分断し、小アラル海だけの生き残りをカザフ側がめざし始めたのは事実であった。

一九九一年から建設を始めたダム計画は、その後の紆余曲折を経ながらも一九九五年に一応の閉め切りに成功する。一九九六年の春の雪解け水の出水で一部が崩壊したが、我々が大アラル海航海調査を終えてアラリスクに帰還した一九九六年九月に再度の閉め切りに成功したということだった。そして、一九九九年四月二一日の大決壊までこのダムは健在で、小アラル海の水位を上昇させ、湖の生態系がずいぶんと回復し、地域漁民に明るい展望を抱かせた。

4　旧ダムの構造

一九九八年九月八日に、筆者は初めてダムの見学に出かけた。当日の日誌を引用する。「ノボカザリンスクの朝は犬の鳴き声で始まる。一一時に宿泊先の地理学研究所分室の宿舎を出発し、ひたすら西北方向に走ること三時間でカラテレン村に到着する。沙漠に貝殻が散在しているところをみると、ここはかつてはアラル海の湖底であったのだろう。一〇〇戸ほどの村を過ぎると、もはや人家はなく、旧湖底沙漠にできた踏みつけ道の悪路を走り、砂溜まりであえなく一台のジープがスタックして、もう一台のジープで引っ張り出す羽目となった。小アラルに近づくと、砂の土手が現れ、末端は一m程度の盛り土であるが、だんだんとその高さが増していく。どうもこれがダムのようである。さらに進むと高さが数mとなり、ダムらしくなってきた。日本人にとってはダムとは谷をコンクリートの壁で塞ぐものを想像するが、このダムは砂の盛り土の土手なのである。北緯四六度六分一八秒、東経六〇度四五分三一秒のダムの中心に至ると水を貯えた小アラル海側と細い水路が地平線に伸びているだけの大アラル

図 7–2　建設途中の旧ダム

図 7–3　崩壊前の旧ダム

海とに左右に分かれている。大型重機が三〇台ほどと数名の作業員が見える」とある（図7―2）。

図7―3はダムの概観がわかる写真である。総延長は一五kmの砂の土手が左右に伸び、もっとも高くなったダム中心部は上面の幅が一〇m、底辺の幅が二〇m、高さが七mの台形をした砂堤防である。コンクリートの護岸もなければ石積みもない、意地悪く言えば海岸で子供が砂を寄せて作った波止めの大きいものと思えばよい。それでも小アラル海から大アラル海への流出を止めており、小アラル海の水位はすでに一mも上昇し、ダムサイト近くの水深は七〜八mにもなって、湖岸にはヨシが増え、産卵帯が増加し、魚類の生息数も増加し、鳥類も戻ってきており、これで小アラル海は再生したと工事責任者は自慢していた。

しかし、当初から予想されたように、このダムでは水位調整機能がなく、流入水量を調整する以外に方法がないが、それも難しい技である。シルダリアの増水期にはアラル海に多すぎる水が流れ込まないように、河口に至るまでの昔の湿地帯に氾濫水として放水する以外に手がない。だからこんなことがあった。シルダリア沿川の村々の飲料水調査が終わり宿泊地のカラテレン村に帰ろうとしたが、村への道は放流氾濫水で水没してしまい、村に入れないため一〇〇kmほど離れた村で泊まったことがある。このような流入水量調整方式ではダムを維持管理ができるはずもなく、一九九九年四月二一日に決壊した。決壊の模様は以下のようである。四月一九日から二一日にかけて、強風が西から東方向に吹き続けた。雪も降る天候であったという。この風はカザフ全土で吹き荒れたようであり、アルマティでさえ強風によって物が吹き飛ばされ、外出注意報が発せられ、シムケントで一名が死亡したという。雪解け水でシルダリアからの流入水も多く、水位はもっとも干上がっていた時期に比べて三m近く上昇していた。この高水位が災いしたのであろう。強風は高波を発生させ、二m以上の波がダムを襲った。ダムの下流側（大アラル海側）には三〇名近くの作業員が駐在しており、決壊を防ごうと、ダムの嵩上げ作業中であった。しかし、悲しいかな、砂を積み上げただけのダムは強風と高波に勝てるわけもなく、一気に水がダムを突き破り、二名は濁流に押し流されて死亡した。この内、一名は現在も行方不明である。ダムサイトの上に数名が取り残され、クジルオルダを飛び出したヘリコプターで救出された。カラテレンの漁師も船を出して、救出に乗り出したが、高波に翻弄されただけで、ダムに近寄ることさえ出来なかったという。

決壊箇所に登ると、小アラル海から大アラル海への湖水は、秒速三mもあろうかと思える急流となって渦巻きを諸処に発生させながら流出している。一方、大アラル海の方を見やると、肉眼で見

図 7–4　決壊した旧ダム

える限りの地点までは流れを確認できたが、現在の大アラル海湖面とつながることはなさそうである。ダム建設に活躍していたダンプ、ブルドーザー、クレーンなどの重機類が水没し、半分だけ頭を水面に出したままで放置されている。作業小屋は見えない。小アラル海の方向を見ると、昨年見た湖岸からずいぶんと沖合いにまで水は引き、浅瀬と砂州が見える。漁師が増えたと言っていた水鳥、鵜、鴎、ペリカンらしき鳥が群をなして飛び交う。

砂を積み上げただけのこのダムは、初手から、長期間持ちこたえられる構造ではないことは素人目にも明らかだった。カザフ側の言い分では、水抜き水路を建設し、水位を一定に保つ予定が、建設経費が不足して工事が遅れていたための決壊であり、ここまで出来ているのだからもう一度やり直すのは簡単だというが、二名死亡の惨事から立ち直れない状態である。当分は、大アラル海の旧湖底の高さまで小アラル海の水位が低下し、小アラル海はまたもとの大きさに戻るのであろう。そして、シルダリアからの流入水は新たに出来上がった沙漠から蒸散していくのであろう。「強者どもの夢の後」である（図7―4）。

5　再度のダム建設

アルマティにある水管理研究所のドミトリエフさんから、世界銀行が建設費を負担して、一昨年崩壊したダムの再建に向けたプロジェクトが進んでいると教えてもらったのは、二〇〇〇年一〇月のことだった。環境省のアワメトフ第一副首相を中心とした委員会ができ、世銀、水資源省、クジルオルダ州の三者協議のもとフィジビリティー・スタディー（実行可能性調査）も終わり、総予算は六五〇〇万ドルの計画で、閉め切りダムだけではなく、湖沼への分水のための頭首工の建設も含めた計画であるらしいが詳細は不明であった。しかし、今回のダムにはコンクリート製の水位調整用の水門が建設されることになっており、旧ダムの失敗が活かされているという。

二〇〇二年九月に国際入札が実施され、カザフと外国の企業体によって一〇月からダム建設は開始された。建設用地の整備、周辺施設（電源、電話、道路、飯場）などから工事が始まった。底辺が三〇〇m、上面一〇〇mの台形ダムで、堰堤の総延長距離は一五kmの「海岸ダム」と言われる形式のダムである。遠浅の海岸線のようになだらかな傾斜を持った砂浜を小アラル海側（北側）に造成してダム本体とし、大アラル海側（南側）は急な斜面となっている。一九九九に決壊したダムの堰堤の外側に新たに盛り土をした堰堤が出現しはじめたのは二〇〇三年の三月である。ダムは中央部に水位調節用の水門（コンクリート製）が設けられ、旧ダムと異なりこの水門によって水位を絶対標

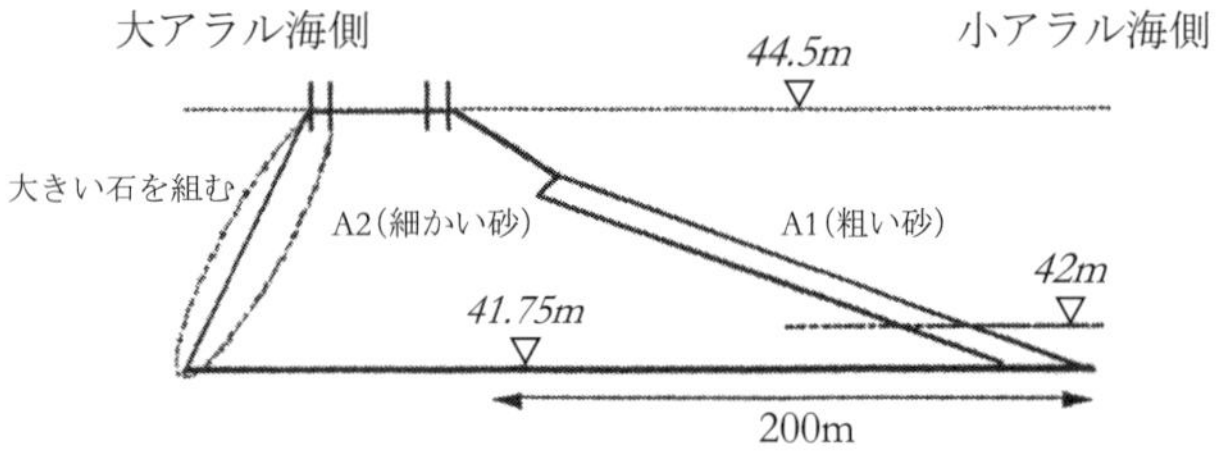

図 7–5　ダムの構造

高四二mに調節できる。

ダム上面は五mの道路と両側に二mずつの側道からなる。ダム建設材料は現地で調達できる砂を基本資材とし、底層は細かい砂を、上層は粗い砂を敷き詰める。大アラル海側のダム斜面には石を積み上げる工法である。完成時には、ダムの頂点は四四・五m、基底は四一・七五mで、水面は四二mになるように設計されている（図7―5）。このダム完成時の小アラル海の水量は二九km³となり、完成時にはアラリスク市から二〇kmの地点まで水が到達するが、小アラルは一九六〇年代の湖面積には戻らない。

新ダムの建設経費は総額が二四〇〇万ドル（二八億八〇〇〇万円、一ドル＝一二〇円換算）で、世界銀行がその内の七〇％（融資）、カザフスタン政府が三〇％を負担する。カザフスタン政府のカザフスタン政府水資源委員会が責任組織となり、建設会社はロシアの海外水利建設会社（在モスクワ）である。この会社はモンゴル、アルメニアなどで堤防やダムを建設した経験があり、四〇年間の実績があるという。カラテレン村から二km離れた沙漠の中に現地本部の住宅と事務所が十数棟建てられている。

ダム建設開始は二〇〇三年三月に始まった。二〇〇五年八月七日に、小アラル海から大アラル海につながる水路（幅二〇ｍほど）がダム上流側で堰き止められ、これで小アラル海から大アラル海へと流出する表流水は途絶え、小アラル海の水位は上昇し始め、二〇〇六年にダム工事は完了した（図7―6）。

図 7–6　完成した新ダム

水位調整用の水門が機能して小アラル海の水位は四一・五ｍで安定して数年が経過した。水位の安定は湖岸帯にヨシをはじめとする水生植物が繁茂し、安定した魚の産卵帯を形成している。ふ化した稚魚は外敵から身を守る草陰ができ、小アラル海の魚は種類も生息数も急激に増加した。もちろん海水を超える濃度にまで上昇していた湖水の塩分濃度が低下し、プランクトンや底生生物なども増え、いわゆる生態系が回復してきた。

このダムがある限りは、小さくなったとはいえ小アラル海は内陸湖として存続できるだろう。そのためには、シルダリアの取水をこれ以上増やさないことなど上流国のキルギスとカザフとの良好な経済や外交関係が必要である。小アラル海の魚類数の増加によって、この三〇年以上の漁業不振期を耐えてきた漁師に明るさが戻り、カラテレン村で新築の家が現れた。そしてペリカンも戻ってきた。二〇一〇年現在もこのダムは健在で、小アラル海には漁業区が設定され、シルダリアが流れ込む河口域は禁漁区とされ、資源保護政策が実施されている（図7―7）。

図7–7　小アラル海に戻ってきたペリカン

二　沙漠の村

1　小アラル海沿いの村・カラテレン

中流域での大量の取水でやせ細ったシルダリアとは言え、小アラル海へは年間を通じて流れ込んでいる。氷河の雪解け時期には中流域のクジルオルダや河口のデルタ地帯では川が氾濫するほどの流量がある。とは言え、琵琶湖の一〇倍の湖面積があった小アラル海は今では七個分程度になり、かつては良好な入江の港があったカラテレンは沙漠の中の村へと変貌し、シルダリアも遠くになってしまった。この村は筆者らの小アラル海調査の拠点である。

カラテレン村の歴史はアラル海沿岸住民の苦難の典型である。シルダリア河口域のアラル海湖岸にあったこの村は、かつては現在の村から一・五㎞ほど離れた位置にあった。今では元の村を旧カラテレンと呼び、一〇軒ほどの民家が残っているが、大部分の住民は現在の場所に移住して新カラテレン村を作った。お互いが仲違いしているわけではなく、二つの地区を併せてカラテレン村であることには変わりがない。

アラル海が干上がり始め、旧湖底が露出して沙漠となると、干上がった遠方の旧湖底から砂が村に押し寄せてくるようになり、学校とその周辺の民家が押し寄せる砂に埋もれ、一九七五年頃に順番に倒壊しはじめた。まず学校を現在のカラテレン村に建て替え、その周りに民家も移住してきたという。アラル海の干上がりは地域の気象を大きく変え、海が備えている気候を穏和にする機能の消失によって夏はより暑く、冬はより寒くなり、砂嵐が頻発するようになった。一九九四年に最初にこの村を訪ねた時にはあった民家が倒壊してしまったように、今も砂の脅威にさらされている。

このカラテレン村では、一八四六年にアラル海にやってきたロシアの地理学者がロシア人漁師を連れてきて、網や漁船を導入して漁業を始めたことから、漁業が根付いたと言われている。一八八〇年代にはロシア人の漁師が村を去った後、一九二八年にウクライナ人が指導して一二の漁業コルホーズが作られた。さらに、それまでは村内および周辺の地域で消費していた魚を、一九五四年からはこのカラテレンの缶詰工場で加工し、魚の缶詰をソ連(ロシア)に売るようになり、村は栄えた。

図 7–8　砂が迫る旧カラテレン村

しかしそれもつかの間のことで、アラル海の水位低下によって一九七二年には漁船の出港が不可能となり、漁港機能が消失し、漁業も成り立たなくなり、工場は一九九三年に閉鎖された。今は少数の漁師がシルダリアや小アラル海で細々と魚を獲り、多くの人々は僅かな家畜（山羊、羊、牛、ラクダ）で生計をたてる寒村となってしまった。同じ様な運命を辿っている村がいくつもあり、人々は旧湖底に放置されている錆びついた廃船で往時を偲ぶだけである（図7—8）。

2　小アラル海で遭難寸前

二〇〇七年五月一日は曇り空ではあるが風も強くないので、シルダリア河口から小アラルの水質と底質調査へと出かけた。シルダリア河口を出るあたりから風が強くなり、湖面はうねっているが、よくあることと沖合へと小型ボートに四人が乗って出発した。上空高くに縞状の灰黒色の雲が数本見え、カザフスタン水理研究所の研究者アスカロフさんはあれが心配だという。うねりの波の中を調査ポイントへと向かうもGPSの指示と船の方向がなかなか一致せず、風波に揉まれながら四苦八苦しつつ水質を調査し終え、一息ついて後ろを振り返ると白波の波頭が急激に増えて近づいてくる。嵐の襲来である。もはやひたすら逃げ帰る以外に手はない。

風向きと波の強さから追い波になると判断して、最初は逃げ込もうと思った近くの半島へは行かずに、反対方向のシルダリア河口へと向かうことにした。時が経つごとに波高は高くなり、すでに一mは優に超え、いわゆるホワイトアウト状態で、船頭が一瞬戸惑い、シルダリアはどっちの方角だと大声で聞く。GPSを取りだして確認し指で指すと、ほっとした目になる。波に挑み、乗り越え、叩きつけられの連続で船頭は船外機のハンドルを、我々はボートの縁をつかみ、必死に耐える。あとから思い出すと、記憶に残っているのはボートを中心にしてわずか数mの風景だけである。空と海が一体になってしまっていたから区別がつかなかったためかもしれないが、数mの世界を見るだけの余裕しかなかったのかもしれない。大波がきた。乗り越え、叩きつけられた途端に頭のうえから大量の水が三人を叩きつける。ここでエンジンにトラブルが発生したらおしまいだろう。三〇分、五〇分が過ぎても河口が見えない。目の前にサンプルや測定器具を入れたボックスがある。蓋が半開きである。ボートが転覆したらこれにつかまるためにも蓋はしっかり閉めておかないと思い、手を伸ばして閉める。ときどき振り返って進行方向を見るが河口域のヨシ帯は見えない。先ほど測定した水温は一五度だったから、救命胴衣を着用しているが、水中に放り出されたらとても一晩は

図 7–9　小型ボートの調査船で出港

もたないだろうと思う。一時間くらい経過しただろうか、GPSがあと一㎞を示すところに、すこし波が低くなり、前方にヨシ帯がかすかに確認でき、白波が消え、うねりだけとなってボートは河口域に到着した。助かった。約一時間半の格闘であった。もう一人の日本人は若い市原さんで、彼女は波に翻弄されている間、「おばあちゃん、助けて」と祈っていたそうな。案内人も船頭も形相がおだやかになった。たぶん自分も同じだろう。

シルダリアを遡上すること一時間、出発した川岸の港に帰りつく。一時間半の大荒れ舞台は終演した。カラテレン村に帰着する。案内人の言を借りるなら、船頭はもとより、全員がスパコイ（冷静）だったから、あの難局を乗り越えられたのだろう。よかった、よかったである。アラル歴一六年、最大の危機であった。陸上の調査から帰ってきた植物学者もあまりの強風に仰天し、彼女のアラル海調査歴二五年ではじめての体験だという。午後は晴れたが、強風は止まない。吹き飛ばされる砂塵の写真を撮る。牛たちは地面に伏せて砂嵐に耐えている。隣村のカラシャランでは電柱が数本折れたようで、カラテレン村も停電である（図7—9）。

3　なぜアラルにこだわり続けているのか

こんな砂嵐が五月頃から始まり、六月には秒速二五〜三〇mの強風が頻繁に吹き、夏から一〇月頃まで続き、砂が人々を襲う。アラル海の干上がりが進行すればするほどに、こんな砂嵐の発生回数が増加したという。砂塵は単なる砂だけではなく、旧湖底に析出した塩を含んでいる。我々の調査団医療班によれば、子供たちの気管支系疾患が多発しており、砂嵐が原因だろうと推定している。もちろん、環境悪化の中での貧困化も合わさって人々をきびしい生活状況へと追い込んでいる。

この村に最初にやって来たのは一九九四年で、その後も毎年のようにお世話になっている。宿泊はシルダリアの水位観測を仕事の一つとしているマルグランさんと弟のエルグランさん宅であり、この兄弟の土地案内で現地調査を続けた。この家に宿泊した日本人研究者や報道関係者の延べ人数は相当な数になるだろう。日本では一度だけ出会ったカザフ語通訳の女性とこの村では三度も会った。ある時は、ドイツの植物学研究者が筆者が宿泊していると沙漠で聞いたからといって、一〇〇km以上も離れた村から来てくれたこともある。アラル人脈の交差点である。毎年のようにアラル海に来ている外国人研究者は三人ではないかと思う。一人はこのドイツ人で、もう一人はロシアのサンクトペテルブルグ大学の有名なアラル海問題研究者で、最後の一人は筆者であろう。時として沙漠で行き交ったワジックから降りた彼らの仲間が「石田によろしくと言ってたよ」とあいさつをしてくれることもあった。

彼らはどうして何年もこの地、アラル海へとやって来るのだろうと不思議に思いつつも、一度もその訳を尋ねたことはない。では自分はどうして二〇年近くも通って来ているのかと訊ねられたらなんと答えるのだろうと、沙漠の地平に沈む夕日を見ながら思うこともある。海外での調査をしている多くの研究者が現地での活動は三年とか長くても五年間で終える例が多い。本人の意思もあろうが、研究費の支給期間が三年とか五年とかが多く、資金切れで、止めざるを得ない場合もある。いずれにしても五年間も通っていれば自分のやりたい仕事は大まか終わってしまい、あとは論文にまとめ上げればその地域は思い出の中となる。だから、同一地域に二〇年も足繁く行っておれば、よく続くねと言われるのである。

アラル海というとてつもない広大な地域にかかわり、二〇年続けても興味は尽きない。なぜならその間に世界で例を見ない速さで広大な湖面が消失し、陸地となり、周辺地域の環境を大きく変えていく環境改変をただ眺めるだけでも大仕事で、その経緯とその影響の結果を調査し、分析し、記録することは容易な作業ではない。だから、今日でアラルは終わりにしますとは言えない。まして、どれほどのことが出来たのだろうかと、足繁く通っている本人がもっとも疑問を抱いている。

琵琶湖に棲息する七cmにも満たない小さな魚であるイサザに蓄積する農薬を三〇年間も調べてき

た。年一回のサンプリングだけだからそれほどの労力でもない。現在はこの研究は終了させたが、その途中でよく続けるねと訊ねられたものである。返事は一つである。「いま止める理由が見あたらないから」だった。

和歌山の省農薬栽培ミカン園での病害虫調査は、多くの学生たちと続けてきた。五〇〇本のミカン樹を相手に三種類の病気と七種類の害虫の発生状況を四〇年間にわたって記録してきた。現在も継続しているが、これも止める理由が見あたらないのである。このミカン園で生計を立てている農家があるから、科学的成果を追求していないわけではないが、それ以上にこの人たちと一緒に生きている証としての調査研究というものがあってもよいと思う。アラル海に通い続けられるのも、そんな気持ちがあるのかも知れないが、問題山積、新たな課題続出だから、ここでも止める理由がないということだろうか。

4　砂に埋もれる村々

カラテレン村の隣村にブグン村がある。調査に来ればこのブグン村を経由する道路でカラテレンに入るのだが、村のはずれにブグン村の二階建ての学校がある。白い壁に青い屋根が載った校舎の入り口にはカザフスタン国旗がいつも沙漠の風にはためいている。小高い丘に立っているように見える学校の風景は沙漠の村の平和を象徴するようだとさえ思えるが、この小高い丘をよく見れば砂

図 7–10　砂が押し寄せる二階建ての学校

の山である。車を進めて学校を見る角度を変えると校舎は砂に埋もれる悲劇の学校となる。アラル海旧湖底沙漠から前述のような嵐が砂を運び、その風の通り道に立ちはだかっている校舎を放置すれば砂に埋もれてしまう。わざわざ砂嵐に立ち向かって建てた訳ではないが、きびしい運命に遭遇してしまっただけである。村では定期的に砂を重機で取り除き、校舎の壁と砂丘との間の隙間を確保して砂に埋もれ倒壊するのを防いでいる（図7—10）。

アラル海沿岸地域の植物を二五年間に亘って研究してきたリリア・ディメエバさんはアルマティ市内にある植物学研究所の主任研究員である。この地域の植物なら知らないことはないと思われるほどのこの地に精髄し、アラル海の干上がりを見続けてきたタタール人の女性である。英語が話せることから交流が深まり、筆者が現在もっとも頼りにしている学者である。その彼女が砂が押し寄せるブグン村での植林事業の現場に案内してくれた。沙漠に自生し、灌木林を形成するサクサウールの苗木を植林し、村への砂の襲来を緩和する取り組みを実施したサイトである。

乾燥したヨシの壁で数十cm四方の区画を作り、その中にサクサウールの苗木を植栽していた。そんな区画が並んでいるが、植えたはずの苗木は先端部分を家畜に喰われ、少しは成長した苗木は根元から切られていた。悲しそうな表情で彼女が説明してくれたところによると、村の経済的窮乏から村人の気持ちも荒れ気味で、植林後の管理が充分でなく、燃料として苗木は切られたという。何人かの村人と彼女たちの植林の試みはここでは実を結ばなかった。強烈に砂と塩を運んでくる砂嵐から住民の生活を守る闘いは、適切な植物を植林し、防風林を創出すればよいというだけの筋書きで進むほど単純なものではない（図7―11）。

図 7–11　失敗した植林現場

日本で各地の公害問題に関わり、公害現地を歩いてきた身にはよく分かる。汚染や健康被害や自然破壊は大問題であるが、もっとも大きな問題は人心の荒廃である。助っ人的調査屋として現地入りをした場合でも、人々の心が繋がり、被害に合いながらも廃れない心を持った人々がいる被害地は必ずや立ち直れると直感し、活動できた。

もちろん筆者らのような外部からの参加者と被害者との

対立が生じるのは常である。対立がきびしくなると、「所詮あんたは京都に帰る身で、ここから出られない自分らとは違うからな」と言われたものである。そんな時、「そうや、俺はこれから京都に帰ってゆっくり寝るわ」と居直りながらも、翌日も車を飛ばして被害地に入ったものである。昨日のことは忘れて今日も道案内をしてくれる被害者住民との繋がりがこのカザフでも持てたら、我々のようなよそ者にとっては成果だろう。

リリアの植林の試みはブグンでは残念ながら成功しなかったが、彼女たちの獲得した植林手法を用いて砂に埋もれる村々に貢献させたいと思った。そして、彼女と筆者らの「アラルの海をアラルの森に」というプロジェクトが始まった。

〈コラム〉トルクメニスタンへ

アラル海流域は六カ国からなっている。すなわち、カザフスタン、ウズベキスタン、タジキスタン、キルギスタン（現在はキルギス）、トルクメニスタンとアフガニスタンであるが、旧ソ連はアフガニスタンを除く五カ国である。

カザフとウズベクとキルギスは訪問したことがあるが、タジキスタンとトルクメニスタンはまだ見ぬ国である。また、日本カザフ研究会のメンバー全員が行ったことがない国がトルクメンであった。

二〇〇〇年に入って、なんとかこの国を一見したいと思いはじめた。その前年に知り合ったトルクメンの政府関係者で経済学者の招待状をもらって、アシガバードに行くことにした。同行は畜産学を専門とする平田さんと、通訳として谷口さんである。当時、この国には日本人が三人だけ住んでいるらしいと聴いていたくらいで、あらゆる面の情報が乏しいトルクメンへの旅は、ビザの取得から困難に直面した。日本国内では取得できないからアルマティに行き、在カザフのトルクメニスタン大使館との交渉となった。ここで力を発揮してくれたのは谷口さんで、領事と交渉に交渉を重ねてアシガバードへの航空便が出る前日一二月二〇日の夜にようやくビザが発行された。

トルクメニスタンへの旅

アルマティからトルクメニスタン航空のツポレフ機はアシガバートに向かって飛び立った。わずか三時間でトルクメンの首都であるアシガバートに到着すると、迎えてくれた老紳士が通訳兼ガイド役のエコロジー・ファンドのアターエフさんで、七〇歳を越しているようである。この国のことはほとんどというよりもまったく知らずに

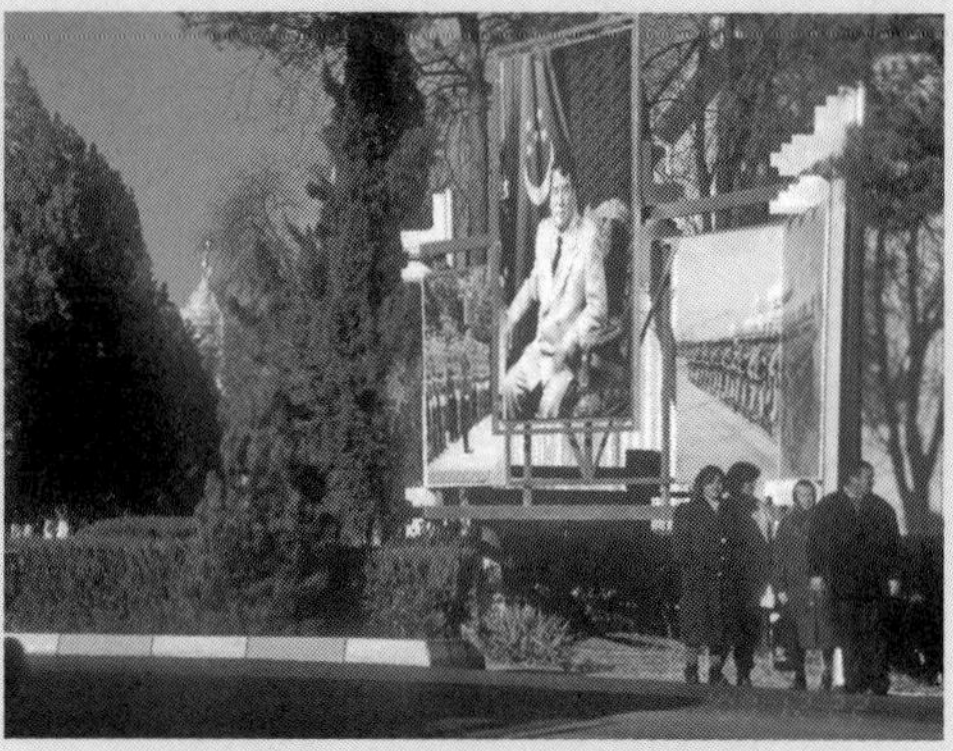

図 7–12　トルクメンバシ肖像

乗り込んできたのだから、すべてが新しい情報である。

二〇〇〇年当時、この国を一言で表すとすれば、ニャゾフ大統領の独裁国家と言えよう。街を歩けば、至る所にトルクメンバシ（トルクメンの長の意でニャゾフ大統領のこと、二〇〇六年一二月二一日死去）の肖像が掲げられている（図7―12）。アシガバートは古い街ときらびやかな新市

街からなり、市の中央部には大統領府などの政府機関のビルが並び、大きな広場がある。その中央に聳える三〇m以上もある記念塔の頂点には金色に輝く像が両手を広げ、常に太陽に面するように回っている。トルクメンバシの像である。独裁者ならではの悪趣味そのものを天下にさらけ出していると見ては不敬罪で捕まりそうな雰囲気である。

本屋に立ち寄ってみた。目的は地図と統計書を手に入れることであったが、本屋の書架を見て仰天した。表紙にトルクメンバシの写真が大写しになっている本が三種類あり、それぞれが数十冊づつ書架に並べられている。旧ソ連時代の本屋のスタイルでアルマティでは消えてなくなったが、ここではまだ残っている。大統領の顔写真だらけというか、それだけが店内を埋め尽くしている。この国には大統領以外に本を書ける人はいないかのようである。大統領の本に隠れて置かれていたRed Data Book二冊、気象データ集、トルクメン絨毯模様写真集、そして地図を探し出して購入した。合計八五万マナートを支払う。一ドルが五三〇〇マナートのレートであるから二〇〇ドルほどの買い物である。

街に出ると、またまた大統領の肖像に出会う。今日一日で何バシに出会ったかと笑い合う。独裁者が君臨するこの国の人々の生活を知りたいと思う。案内役のアターエフさんは元は内務省の官僚だったようで、彼の振る舞いと家庭生活からだけでは庶民の生活実態を知ることになるかどうかは分からないが、そこから伺うしか方法がないと、彼の家を訪ねた。奥さんと二人住まいのアパートは小ぎれいに整理されている。トルクメンの馳走をいただき、お酒にも疲れたのでテレビを見る。テレビ放送はチャンネルが二つあるが、どちらの局もトルクメンバシが登場するニュースを放送しており、映像も同じである。うんざりする内容をこの家の主が説明してくれるが退屈である。画面が変わり、やっと歌番組が始まったと喜んだが、登場した子供がトルクメンバシ賛歌をふりをつけて歌っているだけのものである。この夜のテレビ鑑賞は大統領の顔をとっくりと眺めただけで終わったが、この国の人々はこんな番組を毎日毎日見ているのだろうか。

アターエフさんのお宅では見せてもらえなかったが、街を歩くと、どのアパートの窓にもパラボラアンテナが窓を覆い隠すように各戸に備えられ、中には一軒の窓に二個のアンテナもある。アンテナは右方向と左方向を向いて、一つはイランの電波を、一つはモスクワの電波をキャッチしているらしい。庶民は外国のテレビ番組で娯楽をまかなっているようである。

こんな庶民の生活や街中の風景を見ていると、まさにニヤゾフ大統領の独裁国である。カザフスタンでもナザルバエフ大統領以外はだれも決定権を持っていないと言われるが、それ以上の国がトルクメンである。それゆえ、この旅行中も案内役はガイドであり、監視役であった。

はじめて見るトルクメンの風景は少しでも多く写真に残したいと思うのだが、この案内役の叔父さんはすぐに監視役となり、あれは駄目、これもダメといちいちうるさい。軍事施設やダム・発電所、駅などは撮影禁止であるのはカザフと同じであり、こちらも心得ているから写真などは撮らないが、なんでもない風景でさえ、ダメだしを頻発する。仕方がないので、日本人三人が二手に分かれて、一方がはしゃいでアターエフさんの注意を引きつけているうちに他方が写真を撮る陽動作戦を開始して、それなりに成功し、貴重な場面をフィルムに残せた。こんな苦労をしながらでも見たかったカラクム運河とはどんなものなのかを書き記す。

カラクム運河の歴史

シルダリアはキルギスからウズベクとカザフを流れてアラル海に注ぎ、もう一本のアムダリアの水源はタジキスタンでアフガンとの国境からトルクメンを経てウズベクを流下してアラル海に至る。アムダリアが流れるトルクメニスタンは、当時の日本にとってはカザフなどよりもはるかに未知の国で、現在もそれほど知られているとは言えない。

国土の八割が沙漠で、南はイランと国境を接し、国境の半分は山岳（コペトダク山脈）であるが、半分は平原である。国土面積は日本の一・三倍ほどであるが、人口は五〇四万人と少なく、民族構成は、トルクメン人八五％、ウズベク人五％、ロシア人四％、カザック人、アゼリー人、タタール人、アルメニア人などである（二〇〇三年調査）。もともとは遊牧民の国であったが、「沙漠を緑に」のソ連政府の政策の展開の最初の事業として、アムダリアから沙漠にカラクム運河という大運河が建設され、この国の風景は一遍し、アラル海の環境変化が始まったのであるから、アラル海問題を研究する者なら一度は見ておかなければならない風景だろうと出かけてみた。

この運河の建設は一九四六年に始まった。タジキスタンのパミール高原を源流として流れ出したアムダリアはアフガンとの国境を流れてトルクメニスタン領内に入る。この大河の水を運河で導水し、沙漠に灌漑農業を展開する政策が開始されたのである。まさに「沙漠を緑に」の根幹事業である。カラクム運河の、カラとは「黒」、クムとは「沙漠」を意味し、カラ沙漠に導水される運河である。この時代の掘削であるから大量の労働力が投入されて、建設当初は一一〇〇kmであったが、現在では一三〇〇kmにもなり、世界最長である。

建設は一九四六年に開始され、一九六二年に完成した。運河の途中にはいくつもの貯水池が作られ、主なものの貯水量はジェンスキー貯水池が二・五km^3、ハウスハン貯水池が八〇〇km^3と広大である。アムダリアから導水された河川水はこれらの湖に入り、そこから運河へと再放流される。湖は調整湖の機能として造られた人造湖であるが、湖岸には芦が茂り、多くの種類の魚が生息する立派な湖になっている。

図 7–13　カラクム運河

アムダリアから運河に導かれた水は濁水であるが、湖を経ると澄んだ水となって沙漠へと導かれ、工業用、生活用、水力発電用にも用いられるが、大部分は農業灌漑用水として利用され、トルクメニスタンの灌漑農地九〇万haの内の八〇万haを潤し、ソ連邦時代は綿花生産に利用されていた。カラクム運河以外の国内水源による灌漑面積は一〇万haしかないから、この運河はトルクメニスタンのまさに生命線であり、一九六二年に運河が完成するとトルクメニスタンの農業生産は一挙に七倍に増加したという（図7―13）。

綿花中心の農業

年間降水量がわずか一〇〇mmに満たない沙漠が国土

の八割を占めるこの国にとっては、水の確保が最重要課題である。国の南の端はイランとの国境を山岳地帯が占めるが、それほど大きな水源ではない。北の国境近くはアラル海に流れ込むアムダリアの下流にあるホラズム地域で、唯一水が豊富な地域であった。

こんな国に、大綿花栽培農地が突然登場した。綿も水を大量に必要とする作物で、一tの収穫には三〇〇tもの水を必要とするのだから、当然のこととして天水では無理である。この灌漑農業を支えたのは、カラクム運河で導かれた大量の水である。アラル海が干上がった原因は「沙漠を緑に」のスローガンで開始されたソ連邦による綿花栽培地帯の開拓であり、本書はその顛末への関わりを記録してきた。

トルクメニスタンでの綿花栽培は次のような農業暦で進められる。秋の綿花収穫が終わった一二月に農地を耕して肥料が施され、二月下旬~三月上旬には耕起されて畝が立てられる。水に浸されて膨らんだ綿の種子は三月中旬~四月に播種されると一週間後に発芽する。六月中旬~下旬に花が咲き、七月には綿の実がつき、八月に入って成長した実が弾けてコットンボールの白い繊維が吹き出すと、収穫はまもなくである。八月下旬~一〇月にかけて収穫作業の季節で、最初は人力の手摘みで、その後に落葉剤を散布して葉を落とし、収穫機による機械摘みですべてのコットンボールを摘み取る。冬の綿花畑には茎だけが残っているが、綿は捨てる所のない作物で、最後に残った茎は貴重な燃料であるという。中東地方で使われている粘土で作った円筒形の窯、タンドールをトルクメンの人々も使い、平べったいパン（ナン）を焼いているが、この際に用いる燃料が綿の茎である（図7―14）。

図7–14　タンドールでパン焼き

綿花栽培農業はアムダリアの水に支えられ、この国を遊牧の国から農業の国へと大変貌させた。ソ連邦崩壊後は、主食の小麦を自給すべく、ウズベキスタンなどと同じように小麦栽培へと転作した農地も増加している。二〇〇〇年の綿花生産は一四〇万t、小麦は一七〇万tであるという。二〇一〇年には綿花・小麦とも二〇〇万tを目標にしている（第8章コラムへ続く）。

第8章

「アラルの森プロジェクト」

一　植林活動

1　アラル海への支援

二〇〇三年に京都大学を退職し、身を寄せる研究室もなくなったので、京大の近くのビルの一室を借りてNPO法人・市民環境研究所を設立し、ここでカザフの仕事や市民運動を継続することにした。アラル海問題の調査研究は、日本カザフ研究会のメンバーで現役の研究者が活躍してくれるので、まだまだ続けられそうであった。

そこで、筆者の分担はなんだろうと考える中で、現地の住民社会への支援だろうかとおぼろげながら思い始めていた。なぜなら、野外で採取した水や土壌中の化学物質の分析を担当する分析屋が、器具や装置を使えなくなれば廃業しかない。いままでも自分が分析するというより、分析できる環境を整えるのが仕事であったから、退職すれば余計に仕事がしづらくなる。かくして、調査研究から一歩退いて、何をすべきかと考え出した頃に書いたメモには、日本からの援助として現地では次のような項目が期待されており、筆者もまた必要と認識していると記している。

（1）アラル海旧湖底のリハビリテーション事業（砂塵、塩類飛散防止植林）、

（2）小アラル海再生拠点としてのエコロジーセンター再建（気象観測、水量・水質、生物、鳥類観測）、

（3）漁業支援：養殖試験場（タスタック村）設備と養魚技術移転、
（4）良質飲料水供給：小規模浄水システムの設備、
（5）果樹栽培技術移転：リンゴ栽培農業者との技術交流、
（6）持続的農業可能地選定のための基礎調査（強塩害地排除）、
（7）農民育成教育への援助：農業賃労働者から農民へ。

この七項目ともに、今も必要と思える事項であるが、メモ作成から今日までどれも実現しているとは言えない。

それから数年後の二〇一一年に入り、カザフスタンは石油や地下資源の豊富な国としてバブル経済のまっただ中にあり、日本商社が日参する国となった。しかし、このメモ書きの根底にある「カザフスタン支援の基本は地下資源のある国としてではなく農業の国として実施されるべき」の考えは今も最重要と思っている。キーワードは水、農業、環境である。地下資源があることを不幸の始まりにしないためにも、水、農業、環境をキーワードにした国造りに日本は貢献してほしいと思う。それが、川口外相時代に始まった「中央アジア＋日本」政策の根幹であってほしいと今でも思っている。*

＊　「中央アジア＋日本」対話政策とは、中央アジア諸国と日本との対話と協力をめざして立ち上げられた。中央アジアの安定と発展のために日本が地域協力の触媒としての役割を果たそうという政策である。

2 調査から植林に

二〇〇六年から新しい大学に職を得てふたたび大学勤務をするようになった。新設された自然科学系の学部だからそれまでの研究活動を継続できる環境ではあるが、学部生を育てるのが主務の日常だから化学分析などは二の次にならざるを得ない。そんな事情もあって、それまでの自分の活動を変えることにした。前述の七項目のそれぞれについては機会があるごとに外務省や日本大使館に情報を提供するが、自分の活動は（1）の植林に重点を置くことにして、以前から交流のあったカザフスタン科学アカデミー所属の植物学研究所のリリアさんとの共同作業を開始した。

プロジェクト名は「アラルの森プロジェクト」で、「アラルの海をアラルの森に」をスローガンとしての活動を開始した。なぜこの課題を取り上げたかは、第7章などに記したように、砂や塩移動は地域住民の健康と生活維持を困難にしていることと、アラル海干上がりによって出現した旧湖底沙漠への植生侵出には相当の年月が必要であり、人間の力ですこしは侵出を早めることができればとの思いからである。

一九七〇年代に干上がった部分では、当時の湖水の塩分濃度もまだ低く、地表にも塩分析出が決して少なくないが、植生侵出が可能であった。一九八〇年以降では湖水の塩分濃度は急激に高くなり、それに比例して干上がった旧湖底の表面には塩が多く析出するようになり、植生侵出はままならない。そこで人間の手助けが少しは役立つだろうとの思惑である。それにしても、この植林事業がどれほどの意味を持つのかは皆目分からない。なぜなら、こんな塩分を多く含む土壌に植物を植えた経験のない日本人には、塩と植物の関係が分からないから、どのような植栽手法を用いるのがよいのかも分からない。さらに、仮に方法が分かったとしても、対象地域の広大さに圧倒されるだけで終わってしまうのではないか。開始した当初でさえ九州全土以上の旧湖底沙漠が出現しているのだから、草木がない九州全体に木を植えるのかと笑われる広さで、そのための資金はどうするのかとも言われるだろう。まあドンキホーテのようなものと、自嘲気味に自分を納得させながらの模索を始めた。二〇年前にアラル海問題にとり組もうと思い立ったときも、ロシア語もカザフ語もできず、まして沙漠での調査研究の経験もない者がカザフに飛び込んだのだから、アラルの森プロジェクトも似たようなものだと生来の楽天的性格が後押ししてくれての出発であった。

植林事業を進めるにはまず資金が必要である。方法や経路はともかくとして、資金を集めるには事業の正当性と成功性を説明しなければならないが、正当性はなんとか文章化できるとしても、成功性を人々に納得させるほどの経験を持ち合わせていないからきわめて難しい作業である。ここはカザフ側の責任者であるリリアさんの、この地方の植物について豊富な知識と植林経験に頼る以外はない。

ここに一枚の写真がある（図8―1）。小高い砂丘が夕日に照らされて、なだらかな曲線が実にうつくしい。二〇〇四年にこの砂丘の裾でテントを張って野営した時に撮影したものである。一九七

図 8–1　ドイツによる植林サイト

〇年代に干上がった旧湖底の荒野沙漠の一角にできた砂の吹きだまりが大きな砂丘となったもので、地平線まで平べったい旧湖底が三六〇度の視界に続いているだけにしか筆者には見えないが、きっとここを通り抜けていく風の向きや強さや、背丈は低いが周辺に生えている植物が地表を被う率などが関係して、ここに砂丘が出現したのには合理的な理由があるのだろう。砂丘に登ってはみたものの合理的に説明できる言葉は見つからず、夕日の美しさに納得したものだった。砂丘の美しさを説明するのが目的ではなく、砂丘の裾に一列に生えた植物の謂われを知ってもらうために掲載した写真である。

一列に並んだ植物は、ドイツの援助で実施された植林事業の成果で、木の名前はサクサウールである。二〇〇〇年から始まったドイツ技術協力公社（German Agency for Technical Cooperation, GTZ）の植林プロジェクトがこの辺りで実施されたという。一九七〇年代に干上がった旧湖底で、砂丘以外の地面には一、二年生の植物がすでに侵出しており、いまでは旧湖底であると説明を受けなければ、昔からの陸地のようである。砂丘裾のサクサウールは降水量が年間五〇mm程度のこの地で、植林後三年ほどではあるが、見事に根を張り、枝葉を茂らせている。砂地でもこんなに育つのかと感心した。周辺の草の生えている場所でも同じように育っている。

この風景を見て、旧湖底での沙漠といえども結構簡単に植林ができるものだと素人の筆者は納得し、当時はまだ植林事業のことなど想定もしていなかったが、植林に手を出しても大丈夫だとのちに思うきっかけになった。しかし実は、この風景は苦労の末に得られた成果なのであった。一九七〇年代に干上がった地帯では、当時の湖水の塩分濃度もまだ一％程度と、アラル海本来の塩分濃度であったから、旧湖底の地表に析出した塩分の量も少なかった。

とはいえ、塩分を多く含むから植物が定着するのは多難な場所である。そこで、ドイツの研究者らはこの砂丘の砂に着目した。砂には塩分が土壌にくらべてはるかに少ないから、地面に植林用の穴を掘り、その穴に砂丘の砂を入れて、そこにサクサウールの苗木を植栽する方法を開発していた。そうすれば、苗木は砂の中でしばらくは塩の攻撃を受けずに生育して根を張り、二、三年後に砂の層から土の層に根を拡げて行く。この植栽方法を開発してから植林の成功率は高まったという。

砂丘の裾に一列に並んだサクサウールの低木には歴史があり、苦労があり、物語がある。筆者らもこの手法を模倣し、改良して植林事業を始めたのはそれから三年後である。

3　木のない村、カラテレン村

中央アジアの沙漠に建設されたソホーズやコルホーズをいくつも訪ねてきた。どの村も大通りは広く、道沿いや家の周りにはポプラが植えられ、二〇mにもなるポプラが乾いた風に葉ずれの音を奏でている。沙漠を開拓した広大な農地とその中心部の村の風景は、綿花栽培であろうと水稲栽培であろうと、大きくは変わらない。写真は筆者らの調査団が最初に調査活動を展開したイリ川沿いのベレケ村の衛星画像で、ポプラ並木が村落の周辺にも見える（図8―2）。ベレケ村は水稲栽培コルホーズで、農地の塩害に苦しんでいる村であるが、村のポプラの生育は順調である。この樹種は水があるところでは順調に生育するから、村落では植栽が可能な木である。ということは人里を離れた沙漠の中では到底生きて行けない木であるから、植林には向かない。もう一枚の村落の画像を見ていただく（図8―3）。ここはかつてはアラル海に面した良好な漁港で漁村であったカラテレン村である。この村には一本の木も写っていない。

どこの村でも診療所や学校には木が植えられているのだが、ここではその痕跡もない。今も昔もそうだったようで、村人も木を植えたり、野菜を作った経験がないようである。干上がったアラル海旧湖底沙漠に面した最前線の村・カラテレンが砂嵐に襲われた歴史は第7章（二）に記載したが、ここを植林事業の出発点と拠点として、「アラルの海をアラルの森に」を実現するプロジェクトを出発させた。カラテレン村の村内に植林サイトをまず決めてから、そこでの試行のあとに旧湖底沙漠にも植林サイトを拡大することにした。植林後一年間ほどは月に一回の水やりを予定していたから、村の近くなら村人に頼むこともできるというのが理由である。それ以上に村人や子供達に木を植えるということが世界にはあるのだと見せたかったからでもある。

図 8–2　ソホーズのポプラ

図 8–3　カラテレン村(2018 年)

ドイツの事例も見学して、本プロジェクトの植林目的と植林方法の原則をリリアさんとのゆるやかな会話の中で整えて行った。植林開始以前に書いた覚え書きには、「旧湖底沙漠は地域により塩類集積程度や地下水位の深さ、さらには卓越風や干上がり年代などによって種々の地形と植生景観を呈している。植林事業はこれらの自然環境要因を解析して、それぞれの地域に適した植林計画を立案して実施する。現在までの調査研究成果から、中央アジア全域に自生する耐乾、耐塩性にすぐれた灌木であるサクサウールの植林が有効であると判断されるので、サクサウール植林を事業の中心とする」と記載されている。

新たに土壌や気象の調査を実施して、その結果を解析した上で調査地を選定する工程を経る余裕もないからというか、それよりもアラル海流域の植物に精髄しているリリアさんの経験と見識に頼った方がよいと判断して、また日本側との人間関係も成立しているカラテレン村をまずは第一植林地と決定した。植林の目的は防砂林地帯を形成し、居住区への砂や塩の侵入を少しでも阻止し、また旧湖底沙漠への植生の侵出を早めることに寄与することである。どちらの目的も高望みであり、そんなに効果が容易にできるものではないのは重々承知している。まずは、植栽した苗木が活着し、成長して成木となってくれることが第一目的で、防砂林を創り上げることなどは夢のまた夢でよいと、ここでも楽観主義に徹しての事業開始であった。

植栽に関してはそれなりに厳しい原則を設けた。植林する樹種は現地に自生するものであること、現地にはない資材は持ち込まないことなどを決め、化学肥料や吸湿や保湿資材などは一切用いないこととした。海外での植林事業活動では成長の早い樹種を選び、肥料を施肥し、降水量の少ないところでは根圏を吸湿剤で包むような植栽方法を採用している例もあるが、それらの資材費やその後の環境影響などからも、現地にあるもので全て賄うのがもっともよいと考えた。こんな原則であるから、選んだ樹種はポプラではなく中央アジアの沙漠に広く分布しており、ドイツのプロジェクトも採用していた樹種であるサクサウールとした。

サクサウールとは、植物分類ではアカザ科（Chenopodiaceae）に属し、*haloxylon aphyllium (Minku.) Iljin* という学名である。halon は塩を意味し、xylon は木材を意味しており、耐塩性の強い灌木である。種名の aphylium とは、a が無いことを表し、phylium が葉を表すから、葉が無い植物（無葉植物）である。中央アジアなどの降水量の少ない沙漠に自生しており耐乾性が強く、塩類を多く含む土壌でも生育できる、高い耐塩性を有している。

中央アジアの沙漠は、夏は高温で五〇度にもなることも珍しくないが、冬は極寒の地で氷点下四〇度にもなる。耐乾性、耐塩性に加えて耐寒性をも有しているので中央アジアの沙漠でも生育できる。材木は燃料として沙漠の民に日常的に利用されており、とりわけ羊や牛の肉を串焼きにするシャシリク用として大量に利用され、不法伐採されることが多い。地上部は最大一〇mにもなるものもあるが、総じて二～三mほどのものが多く、林を形成していることもある。地中に向けて深く伸び

図 8–4　サクサウールの成木

る根は平均的に五～八 mにもなり、時として一五 mにも達するという。このような木本類であるサクサウールは飛砂防止、防風林形成、移動砂丘の固定などの機能を有しており、注目されてきた植物である（図8―4）。

こんな植物だから、厳しい環境のアラクム沙漠やカラクム沙漠に適応して、広範囲に生育している。ソ連邦時代の社会が安定していた時期には行政単位で住民が採取しても構わない地帯を決め、サクサウール林を保護しつつ、住民の燃料を確保する政策が実施されていた。例えば、筆者らが調査に入っていたイリ川流域のベレケ・コルホーズでは、村の周辺に広がるサクサウール林をいくつかに区分し、ローテーションを組んで、枯れ枝を採取しても良い地帯を決めていた。ところが連邦崩壊から独立した後はこのような制御が崩壊し、枯れ枝を採取していればまだよいが、生木を底引き網漁のように取って行くとさえ言われるほどの乱伐が始まった地域もあったという。アラル海沿岸部でも多くのサクサウール林が消滅した。電力が供給されなくなった村や街では仕方のない所業であろう。

植林を構想し出したちょうどそのころ、二〇〇五年の三月から九月まで「愛・地球博」が愛知県で開催された。中央アジア担当者から協力依頼を受けて中央アジアの情報を提供し、企画の相談もした。その中で、サクサウールの地上部と地下部全体の展示を提案してみた。地上部はせいぜい数mだが地下部は一五mにもなるこの木の全てをパビリオンの壁面に展示し、その横には地上部が二〇m以上もあるが地下部は二〜三mしかない熱帯林の樹木を並べてみては、という提案であった。同じ樹木でもこんなに違う木々が地域ごとの異なる環境の中で進化し、生きているのが地球ですよというメッセージと沙漠は不毛ではないことを伝えられたらと考えての提案であったが、残念ながら採用されなかった。いつかやってみたいと今でも温めている構想である。

4 植林の効果

アラル海の干上がりは、わずか五〇年で元の面積の一〇分の一にまでになった。わずか半世紀の出来事である。それでも一九六〇年代に陸地化した部分では植物が侵入し、以前は海の底だったとは思えない風景が広がっている地帯もあれば、地下水との関係からか水分含量が高く、三和土の状態が現在も続いているところもある。かつての島は丘になっている。砂が風に飛ばされて移動し、砂丘を形成しているところもある。少しの地形の違いと風との関係からか、種々の様相を呈して旧湖底沙漠は地平線まで続いている。

一九七〇年代に干上がった湖底は、場所によっては植物が侵入している所もあるが、茫々たる風景もある。一年性の植物が生え、砂を止めてこんもりとした半球状の盛り上がりが散見できるところもある。一九九〇年代以降に干上がった湖底は、ほとんどが茫々たる風景である。二一世紀に干上がった地帯を衛星画像以外で筆者はみたことがまだないが、そこには地表に塩が分厚く堆積しているだろう。そこに植物が進入できるとは到底思えない。カザフの友人が見せてくれたアラル海西岸部分にある大アラル海残存湖の湖岸の写真がある。そこには雪が積もったように地表は真っ白の塩の堆積層が広がっていた。生き物の世界とは疎遠な風景である。

一九八〇年代までに干上がった地帯では、当時の湖岸線を思い出させるように貝殻が厚く堆積して、あたかも畑の畝のように長く延びており、平坦な部分には貝殻が散在して、生き物の豊かな湖だったことが窺える。そんな地面に植物（一年生のアカザ科）が密生しているところもあれば、草本がまったくない地域もある。こんなところに人工的に植物を導入することができるのか、仮にできたとしてどのような効果が期待できるのかとせっかちに質問されると、答えはありませんである。それでも、この寒々とした広大な平面にたった一本のサクサウールが単立木で立っているのも悪くはないなと心の中でつぶやいてみる。

旧湖底沙漠からカラテレン村に入る何本もの踏みつけ道の周辺にサクサウールの自然林が数百mほども広がっている地域がある。村の側に立って見ると、旧湖底沙漠とサクサウール林の間に砂丘があり、林が壁となって砂の接近を止めているようでもあり、または林ができたお陰で風向きが変化して移動砂の動く方角が変わったようでもある。いずれにしても林が有効に作用していると考えられる（図8―5）。

図 8–5　サクサウール林が砂丘を止めている

植林の想定しうる効果はいくつかあるが、こんな林が旧湖底沙漠に作れることがまず第一であり、その林が砂の襲来を抑えてくれることが第二であり、完全に抑えなくとも強烈な砂嵐を緩和してくれることでもよく、いずれにしても人々の生活環境を少しでも穏やかにできればよい。

サクサウール林はサクサウール単独で存在するのではなく、たとえば二列に植えたサクサウールの列の間の空き地は、サクサウールが風を弱めてくれるから表面の土や砂が風で振動されることも緩やかになり、一年生の植物の種が生き残る率が高くなる。そうすれば植物に被覆される地表の割合が高くなり、ますます植生の侵出を誘導してくれるだろう。そして、結果として人々の住環境が改善されればよい。

このように考えて、「アラルの森プロジェクト」を立ち上げた。キャッチコピーは「アラルの海をアラルの森に」とし、実施主体はNPO法人・市民環境研究所である。とはいえ、この市民環境研究所なるNPO組織は名前は立派であるが資金はない。この組織の会計にこのプロジェクト経費を組み込むことなど無理であるから、外部資金を少しでも獲得しなければならない。個人寄金を募ることも始めたが、小泉総理の例のように、資源国カザフには大いに関心があるが、負の遺産であるアラル海問題には目を向ける風潮など失せた日本である。* アラル海に行き始めた頃ならそれなりの反応があっただろうが、すでに二〇年が過ぎれば世間の関心、政府の関心も遠のいている。それならそれなりのやり方を探せばよいと始めてみた。

＊ 小泉総理とカザフについて。日本の首相で最初にカザフを訪問したのは小泉首相で二〇〇六年であり、大統領との共同声明にアラル海問題解決への協力を表明する文言を入れるため外務省が筆者に要請したので、重要な情報を提供したが、共同声明にはアラル海の文字すらなかった。

5 植林資金

例えば、一haの地面に一〇〇〇本のサクサウールの苗木を植えるにはどのくらいの経費が必要なのかを試算する作業を、現地での活動が長いリリアさんに依頼することから始めた。大きな街から数百km も離れた村での作業であるから、人力以外はすべて街で調達しなければならない。かつてのアラル海沿岸部の最大の漁港であり、シベリア鉄道の支線がモスクワへと通じているアラリスク市は、港機能は崩壊したとはいえ、この地方の最大都市である。そこには多くの政府組織があり、そのひとつに、アラル海沿岸部のバルサケレメス自然保護委員会があり、副委員長として活躍しているザウレッシュさんが現地の総括責任者を引き受けてくれて、村との交渉や人集めを委せることになった。

いずれにしても旧知の間柄である。体制は整っては来たが資金調達の目途はなかなか立たないから、いくつもの植林活動や環境保全活動に助成している財団の助成金公募書類を書き続け、やっと「地球環境基金」の助成金獲得に成功した。このような助成金には使い勝手のよいものもあれば、融通がまったく利かない類もあり、申請が採用されても気が抜けないことが多い。地球環境基金はどっちかと言えば経理担当者が疲れる助成金の部類かもしれない。それでも助成されなければ動きようがないからありがたいかぎりである。一年間の助成金がおよそ四〇〇万円ほどと結構な額であり、日本からの渡航費用などを自己負担すれば現地での活動は充分に可能であった。

助成金の内訳を参考までに記録すると、謝金・賃金：八〇万円、旅費：一三八万円、物品資材費：七五万円、借損料と役務費：九七万円で、合計が三九〇万円であった。これに自己資金の四六万円を加えて四三六万円で初年度をスタートさせることができた。自己資金は個人寄金がまだ始まったばかりでほとんどなく、自己負担での出発であったが、調査研究以外の活動の開始である。

6　植林開始

植林時期については、リリアさんの判断に委ねることにした。二〇〇六年一〇月末にカラテレン村の植林を決定した。村の学校の校長先生や村の長（アキム）の協力も得られ、日本から参加した堀川さんと松村さん、それからリリアさんとザウレッシュさんのカザフ側メンバーから、植林の意義や苗木の植え方などを集まった子どもたちや村人に説明して、村の外周の植林サイトでアラルの森の第一回目の植林が実施された。事業を進めてきた筆者は、この年から再就職した京都学園大学の業務があり、欠席せざるを得なかった。雨の降らないカザフではほとんどの作業は日程通りに進めることができる。初めて木を植える子供たちの様子を後刻写真で見たが嬉々としている。植物を植え、水をやり、家畜の害から守る楽しさを子ども達が知ってくれれば、これから先の植林も楽になるだろう。植林を終えた子供たちがリリアさんに、学校の校庭にも植えたいからと苗木をほしいと頼んだという（図8―6）。

サクサウールが植えられた植林サイトの周囲には杭が打ち込まれ、板と有刺鉄線で柵が作られた。羊や山羊や牛が、村から沙漠へと向かう朝の出勤時と夕方の帰り時に、せっかく植え付けた苗木の葉を食べる食害防止用の柵である。木のない沙漠では、板や杭を街で購入せざるを得ず、結構なコストがかかる。二年度から植林を始めた旧湖底沙漠では防護柵は不要で、この経費は要らない。

植林直後の苗木は枯れ枝のようで、枝には緑が見えないが、冬を耐えて春になると枝には緑が蘇ってくる。筆者がカラテレンサイトを訪れたのは翌年の五月で、沙漠の春の始まりの頃である。アルマティからアラル海のあるクジルオルダ州に向かう鉄道沿線には壮大なお花畑が展開している。

カラテレンサイトの苗木の生存率（活着率）を測定した。厳寒のなかでも根を張り、春になって緑を取り戻した苗木を生存した個体として、一八〇〇本の苗木を一本ずつ観察し、背丈を測定した。なんと五五％の苗木が寒さと乾燥に耐えて春を迎えてくれたのである。これらすべての苗が順調に成木になってくれるとは限らないが、半分以上とは驚くべき成果であった。沙漠の植林がこんなにも楽なものかと感じたが、実はこんなに順調に進む訳はなかった。

地球環境基金の助成金は二〇〇八年までの三年間はほぼ保証されていたから、翌二〇〇七年は旧湖底サイトとカラテレン村サイトの二カ所で実施した。ところが、この年の冬は例年になく厳寒で、しかも降水量も極端に少なかったのが大きく影響し、活着率はカラテレン村サイトで一五％程度、旧湖底サイトでは〇％と惨憺たるものだった。一年

図 8–6　最初の植林・カラテレン村サイト

目の成果がまぐれ中のまぐれだったのかもしれない。砂嵐が吹きすさぶ旧湖底サイトの枯れた苗木をぼう然と眺めたのは二〇〇八年の三月だった。枯れ枝を突き刺したまま枯死した苗木の列の向こうには、植物がまったく見えない旧湖底沙漠が夕陽が沈む地平線まで続いていた。

二　沙漠への植樹

1　植栽方法の再検討

ドイツ技術協力公社（ＧＴＺ）の資金援助で創られたサクサウール育苗組織から購入した苗木を植栽する方法で開始した我が植林事業は二年目、三年目にして大きな障害に出くわした。極寒と極乾の地で植物を育てることが、それほど簡単にできるものではないとは覚悟していたが、植栽した苗木の活着率が〇％になってしまったのである。現実を前にして、その原因解析をカザフの植物研究者とメールのやりとりで進めた。極寒と極乾という気象を変えることはできないから、少しでも極寒から離すことで厳しい環境を回避できないかと考え、一一月植栽を三月植栽へと変更することにした。そうすれば、植栽時の気温はそれほど低くなく、四月から五月にかけての気温の上昇と、決して多くはないが、この季節に降る雨が幼い苗の活着成長を助けてくれるだろうと期待しての変更である。

さらに、前年の失敗の要因としてサクサウールの苗が不良であったと判断した。どういうことかと言えば、苗床の水管理が悪く、地上部が成長していれば良い苗と思った管理者の判断ミスがあった。地上部の生育は良好で、見た目には立派に見える苗ではあるが、その苗の根は貧弱であった。地上部よりも根が成長していれば苗の生き残り率は高くなるが、その逆であった。さらに、例年にない寒さと降水量が少なかったことも影響して、二〇〇八年度植栽では活着率〇％という結果となったのだろう。そこで、購入苗の利用は止めて、天然林の中から実生苗を採取して苗木とすることにした。天然の苗の収集には労力と時間がかかるが仕方がない。集められた苗は植栽日までまとめて土中に埋め、水を与えながら保存しておいた。

図 8–7　成長したサクサウール

こんな判断と対策が功を奏したのだろうか、二〇〇九年の苗の活着率は三三％で、二〇一〇年度には五五％となり、植林事業を継続できる見通しがついた。枯れた苗木の部分は補植を毎年繰り返している。羊などの家畜侵入防止用の柵や有刺鉄線を補充したり、わずかではあるが金網が入手できたのでそれで補強するなど、カラテレン村サイトでは年々改良が加えられ、サクサウールがたのもしく成長している（図8—7）。とはいえ、ポプラなどの植林のように成長は早くないから、まだまだ見栄えはしない。しかし、この土地の風土に合って、繁茂しているこの木は確実に根付き、成長している。手伝ってくれた村の学校の生徒達も、木を植えること、木の生長を日常的に観察することから、生き物のことやアラル海が干上がったことやその影響とその対策を着実に考えだしてくれているようである。生徒たちの植え方はぞんざいで、下手である。それも仕方がないことで、彼らは畑で作物を育てた経験がほとんどない。土は塩分濃度が高く、水は貴重な存在で生活用水でも削らなければならない環境だから、畑などない。それでもと言うか、だからと言うか、一生懸命に植えている。木の生長は遅いが、子供達の成長は早く豊かであり、沙漠の植林の値打ちが実感できる。

我々の植林プロジェクト「アラルの森」の植林事業は二カ所で実施している。前述のカラテレン村サイトは、移動する砂から村を守るために、村の近くの沙漠にサクサウールを植え、サイトで発生する諸問題を観察記録することもあるが、村人、とくに子供達が植林の意義を考えてくれるようにと、生活域で実施してきた。すなわち、旧湖底ではなく、少なくとも一九世紀から陸地であった地域である。もう一つの植林サイトは、アラル海が干上がってできた旧湖底沙漠である（図8—8）。一九七〇年代に干上がってできた旧湖底沙漠では、ドイツ技術協力公社（GTZ）が我々よりも早くから植林事業を実施していた。彼らが実施した地域は、すでにいくばくかの植物が侵入し、植生が発生している地帯であった。それに対して、我々のプロジェクトは一九八〇年代に干上がり、未だ植生が進出していない旧湖底沙漠での挑戦である。

この地帯の特徴は、植物がほとんど侵出していず、裸地が地平線まで続き、風によって砂が広域にわたって移動を繰り返していることである。すなわち、表土が落ち着かないから、植物の種子が飛来したとしても、発芽して、その場所に定着するのがきわめて難しいことである。それゆえ、干上がり後の三〇年近くを経過しても、土壌表面を被覆する植物がない。さらに、一九七〇年代干上がり地域との差異は、土壌に含まれる塩分濃度である。アラル海が健全な時代は、湖水の塩分濃度は一〇‰であったが、干上がり縮小が始まると塩分濃度は上昇し、一九八〇年代には一五‰、一九九〇年代には三〇‰となり、海洋以上の濃度となった。二一世紀になると縮小は急速に早まり、塩分濃度は五〇‰以上となった。それゆえ、干上がり年代とともに地表に残される塩分量は急激に上昇している。すなわち、一九七〇年代にできた旧湖底沙漠よりも、一九八〇年代の旧湖底沙漠は植物にとっ

図 8–8　旧湖底沙漠サイトでの植林

ては進出し難い土壌環境条件である。かくして、一九八〇年代以降に出現した旧湖底沙漠には草木一本たりとも生えていない地帯となる。

このような劣悪な環境条件の地帯を植林サイトに選んだのは、単なる根性ものでもあるが、これからますます拡大する旧湖底沙漠のリハビリテーションの可能性を見つけ出したいとの強い思いからである。ある物知りの学生は、「闇雲に植えてもダメだ」と言って、植林から去って行った。土壌の塩分濃度、地下水の位置、風向や風力、気温や降水量の変化などなどの環境条件を調査吟味して、植林サイトを決定するのが科学的であるとの主張を決して否定はしないが、地表から五㎝ほどの高さに砂が堆積した上だけでも、その横にある平地とは環境が異なり、植物は砂の盛り上がりの上には生えるが、平地には定着しない。それほどの差があるきびしい環境が旧湖底沙漠である。上述のような調査研究で広大な沙漠から適地だけを見つけ出すのは容易ではない。闇雲のように見えるかもしれないが、アラル海地域の植物と三〇年近くも付き合ってきた植物学者と自然保護委員会の責任者の「勘」に賭け、植林サイトを決定した。そんな非科学的なと批判する人もあるだろうが、「科学的」とはなんだろうかを考えるにはよい材料だろうとだけ記しておこう。

このようにして決定したサイトでの植林は、二年に渡ってよい結果を残せなかったが、天然の実生苗に切り替えることで活着率も上昇させることができ、二年目の二〇一一年三月の調査時期には成長した個体も出現し、旧湖底沙漠という劣悪な環境下でもサクサウールの植林の目途が立ってきたので、二〇一一年も二〇〇〇本の苗木を植栽してきた。

2　種子散布方法の開発

苗木の確保や植栽の手間を考えると、今後の問題として浮かび上がるのは、どのようにして広大な面積での植林を実施するかということである。一本ずつ根気よく植え付ける方法を実施しているが、もっと簡単にできないかと考え始めた。天然林で採取できるサクサウールの種子を旧湖底に直接散布する植林を試行することにした。種子散布植林とでも名付けておこう。最初に実施したのは二〇〇九年一〇月末のことである。

一〇月から一一月の初旬に天然林のサクサウールの種子を採取し、薄平たく拡げ、涼しいところで時々かき回しながら一週間ほど乾燥させる。一一月中旬から下旬頃に播種するまで、袋に入れて乾燥保存する。旧湖底サイトには一〇月初め頃にトラクターで溝を掘って放置しておくと、風に吹かれて砂がその溝に堆積してくれる。砂丘から運んできた砂と種子を混ぜ合わせて、砂が溜まった溝に散布するように播種し、さらに一cm以下の厚さに砂で被覆して播種作業は終了する（図8―9）。

そして厳寒期を砂の中で乗り越えた種子は五月初めになると出芽し、成長を始める。酷暑の夏と極寒を乗り越えた苗が二〇一一年の四月六日に私たちを出迎えてくれた。溝の中でひとかたまりとなって草丈七cmほどのサクサウールの子苗が成長していた（図8―10）。まだ春が来る前であるから茎は緑にはなっていず、枯れ枝が砂に刺さったようで、本当に元気に生きてるのだろうかと疑いも生じる。写真を撮り、大事な大事な苗だが、一本なら許されるだろうと抜いてみた。なんと、地上部の三倍ほどの長さで、まっすぐの根が太く伸びていた。枯れ枝じゃないかと疑ったのを詫びながら写した写真である（図8―11）。どの溝にも育っていた。新しい手法の誕生である。

図 8–9　旧湖底サイトでの播種作業

図 8–10　種子散布区の幼苗

これで広い面積での植林がより可能となったと喜んで、同行の植物学者に二〇一〇年度の播種サイトは何処かと訊ねたが、その年はやっていないと言う。これほどの明るい見通しが立ったのに、なぜ二〇一〇年度は種子散布植林をしなかったのかと、少々責める口調で質した。答えは明確で、サクサウールは二~三年おきにしか種子を付けないから、種子が取れなかったので、この方式は実施できなかったと言う。納得である。

苗の供給、種子の供給を植える側の都合で性急に要求しがちであると反省しながらも、一年ごとのわずかな植林基金での事業であるから、成果を直ちに求めがちになる。自然はそんなことには無頓着に自分たちのリズムで時を刻み、命をつないでいる。カラテレン村サイトで植林を開始したのは二〇〇六年であるから五年生が最年長の木であるが、開花し結実するまでにはまだ至っていない。おおよそ五~六年生になれば花を付け、種子を付けるようになるが、成熟した種子が確実にできるのは八~一〇年生の成木になってからだという。慌てまい、慌てまいと心に言い聞かせながら、来年の植

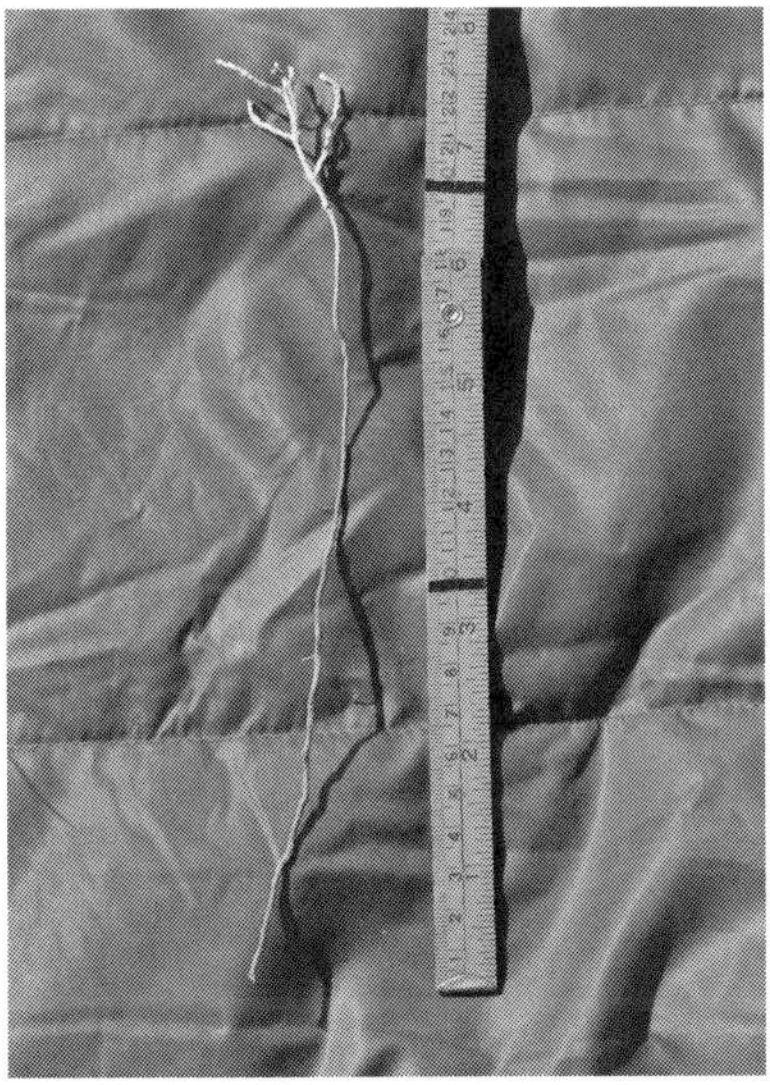

図 8–11　種子苗の根

林資金をなんとか獲得しなければと思った。

苗木植林でも種子散布植林でも、我々が永遠に続けるのではなく、いま植栽した苗木が成木となり、種子を付け、種子を飛ばし、旧湖底沙漠に天然林を形成してくれることを意図しての事業である。自然の時間にあった増殖が始まるまでは助っ人としての旧湖底リハビリを続けねばならないということである。慌てまい、慌てまいと思いつつ、種子苗も実生苗もが緑に色づく六月に、再びここを訪問したいと思いながら植林地の作業を終了した。

3 踏みつけられた植林地

カラテレン村サイトは村に隣接して北西部にある。宿舎にしている民家からの距離はせいぜい一五〇mで、植林サイトは家畜防護柵で囲まれている。最近では羊や山羊の侵入も激減した。最下段の有刺鉄線と地面との間を狭くすることで、土を掘って入ろうとする山羊の習性に対抗する構造が分かってきたからである。これで家畜被害が激減したと喜んでいたのであるが、もっと深刻な加害者が登場した。

この村でも、住民の飲料水はシルダリア川からタンク車で運んできた河川水か、スクワージナと呼ばれる一七〇mの深井戸から自噴している地下水かのいずれかである。深井戸水の水質は劣悪で、ナトリウム濃度は世界保健機関の定める二〇〇ppmをはるかに越える値（一〇〇〇ppm）である。河川水は農薬汚染などがあると忌避されていたが、独立後は農業では農薬の種類も使用量も変わったので、住民も飲用するようになった。決して良質とは言えない水質であるが、地下水よりも塩分濃度が少ないだけ良い。このような飲料水事情はどの村でも同じであり、政府は一九九三年から、アラル海北部のサクサウールスキー地域から良質の飲料水を供給する事業を進めてきた。

二〜三〇〇kmも導水するのであるから、施設建設は遅々として進んでいなかったが、アラリスク市やノボカザリンスク市など大きな街にまず完成し、一〇年ほどかかってシルダリア最下流のカラテレン村にもやっと水道管が引かれ、貯水場ができることになった。住民の健康維持のためには喜ばしいことであるが、隣村のブグンからの水道管が我が植林サイトの真ん中を縦断することになり、せっかく活着した苗木三〇〇本ほどが被害にあった。その犠牲の上で、写真のような立派な貯水場が完成し、今秋には各家庭に給水される予定であるという（図8—12）。この被害苗の補植が二〇一一年三月の大きな仕事で、自然保護委員会と学校長との相談が実って、生徒達が植林に協力してくれることになり、五〇人ほどの生徒が頑張ってくれ、トラックターで掘り返されてしまった箇所にも苗木を復活できた（図8—13）。

水道水の導水事業の外にも、公共投資として、一一年制学校の校舎の新築が始まっている（図8—14）。カザフはカスピ海北部で油田が開発され、さらにはウランを初めとする地下資源の採掘・輸出が急ピッチで展開し、経済は極めて好調のようで、バブル経済そのものである。人口が最大の都市・アルマティ市や首都のアスタナ市では、日本以上の高価なマンション（カザフではアパートと呼ぶ）が林立している。バブル期の日本の建築物のように、派手なというか、ゴテゴテした設計というか、建築家が好き勝手に描いているビルのなんと多いことか。大都市での繁栄がやっと地方にもお裾分けが始まったのだろうか、アルマティからアクトベ行きの列車で二日間の旅でノボカザリ

図 8–12　貯水場と植林サイト

図 8–13　穴を掘り、苗木を植える

図 8–14　新築の校舎（隣村）

ンスクに到着するが、その途中のクジルオルダ市、チリ市やノボカザリンスク市などの地方都市でも学校の新築や、工場か倉庫か判別できない大きな建物の新築が目立った。二〇一〇年とは大きな違いである。また、シムケントとロシアのモスクワを結ぶ国道M39の拡張と舗装改修の道路工事は急ピッチで、いくつもの工事区画を設けて、同時平行で進んでいる。アルマティからウズベクのタシケントを結ぶタシケント街道は四年ほど前に改修が完了しているから、アルマティ―モスクワ間の国道も面目を一新する。

　このような経済発展を指導しているナザルバエフ大統領の任期切れ前の大統領選挙が二〇一一年四月三日に実施された。カラテレン村の公民館にも投票所ができ、朝から音楽がスピーカーで流されていた。村の人たちはいつ投票に行ったのか分からないが、宿泊先の奥さんが教えてくれたところによると、現大統領の支持率はこの村では九八％だったとか。その後の発表によると、全国での支持率は九五・五％とか。対立候補者がなかったのかと思いきや三名もいたらしいが、村民も我が運転手も三人の名前も知らなければ、何をしている人かも知らないようである。選挙を成立させるために大統領が設えた候補者のようである。一応、経済が回っているからかもしれないが、独立後二〇年間のナザルバエフ大統領の独裁継続を国民が認めたことになる。田舎を回れば、たしかに街が変わりつつあるが、貧富の差は拡大し、社会的弱者にはますます厳しい生活が余儀なくされている。

〈コラム〉続・トルクメニスタンへ

カラクム運河からカラクム川へ

二〇〇三年三月に京都市で「第三回　世界水フォーラム」が開催され、正式名称は失念してしまったが「アラル海問題ワークショップ」がフォーラムの一部として開催された。国連大学の小堀巖さんが中心となられ、苦労されながらの開催であった。筆者もアラル海の現状と問題点を現地報告のかたちで話題提供させて頂いたが、このワークショップ全体に対する筆者の評価は残念ながら極めて低いものであった。ワークショップを取り仕切る議長団は国際機関の上級役人ばかりであり、アラル海問題の通説は知っているが、流域の人々の生活や希望は知らず、国際政治の枠内でのみこの問題を考えているとしか思えなかったからである。

会議が進み、会場の参加者からの発言が求められると、アフガニスタンからの参加者から、「アフガンとタジキスタンとの国境の一部はアムダリアであるが、この川の水を利用できていない。洪水時にはアフガン側に氾濫してくるが、それ以外の時期は利用していない。ぜひアフガンにもアムダリアの水利権がほしい」と発言した。国際河川問題の本質を述べた発言であったが、議長団は完全にこの意見を黙殺してしまった。国際河川問題はいろんな場で関係者が話し合い、意見交換を繰り返すことがもっとも重要であり、アラル海問題の本質に迫れる議論の端緒を摘んでしまったように思えた。上流と下流地域の平和的、互恵的水利用を模索しなければ二一世紀は水戦争の世紀になってしまうだろう。

上流域が下流域のことを考慮することなく水を過度に奪取した結果がアラル海の干上がりである。ソ連邦という独裁国家でなされた事業で、強権的に下流域を黙らせられた体制と時代の所業であったが、今はそのような時ではない。この原稿を書いている二〇一〇年春には、メコン川下流域の水位低下と上流国の中国でのダム建設と取水が問題化し始めた。また、カザフスタン共和国にあるバルハシ湖に流れ込むイリ川の水源国は中国であり、新疆ウイグル自治区である。ウイグル人の独立運動を押さえ込むために多くの華人がこの地域に移住させられたという噂は後を絶たない。そして華人は農民であり、農地拡大のために農業用水が必要で、ダム建設が進められていると言う。この地域への外国人の立ち入りもきびしく制限されているからどのような規模のものなのか情報はないが、イリ川の流れが変わることは早晩発生するだろう。バルハシ湖がアラル海の二の舞になる可能性が出てきた。カザフと中国とは国境を接し、上海機構のメンバーではあるが常に緊張関係が続いており、国境閉鎖も頻繁に生じている関係で、イリ川をめぐって両国関係が悪化しないでほしいものである。

今回のトルクメン訪問のための招待状発行などで外務副大臣に世話になったこともあるので表敬訪問に出かけ、彼の紹介でトルクメニスタン共和国の水資源研究所副所長に会うことができた。当時、トルクメンが「Golden Lake」の建設を計画していると世界に報道され、アムダリアからの新たな取水をするのではと話題になっていた。この計画はまったく新たに湖を建設するのではなく、カラクム運河から農地に配水された水が使用後に沙漠の中に排水されているが、これらの排水を用水路で繋ぎ(七二〇km)、西方に導水して、現在も湿地になっている地帯を湖にするという計画であって、決して新たに取水するものではないと言う。この副所長が作成した計画で、誤って報道されたと嘆いていた。インターネットで取り寄せたBBCのニュース記事を渡したところ、この記事は正確に書いてあると喜んでいた。

たしかに黄金の湖計画はそのようなものであるらしいが、トルクメンとしては上流国が好き勝手に大量の水をアムダリアから取水していると非難されることを嫌い、こんなことを言い出していた。「トルクメニスタンでは一九九八年から、カラクム運河をカラクム川(リカ・カラクム)と呼び変えることにした。カラクム運河は人工的な運河ではなく、アムダリアの支流であり、トルクメニスタンの方に自然に流れてきたものである」と。中央アジア五カ国の水資源会議にも度々欠席し、独自の路線を行くトルクメンらしい主張であるが、当時、入手した地図ではカラクム運河という表記のままであり、副所長も会見中、川とは言わずに、運河と度々表現していたように、まだウソが地についていないようである。

国際河川の水問題と日本の国際貢献

一本の河をめぐる国際問題を平和裡に解決していくためには政府間交渉が重要であろうが、それだけでは不十分であり、河川流域の住民の生活目線での河を充分に理解している住民組織（NGO）の意見や住民組織間の交流が重要であろう。先に述べたような国際会議になると、住民組織や住民の意見は排除されがちである。

二〇〇二年一月に東京でアフガニスタン復興支援国際会議が開催され、教育や保健衛生、インフラ整備などの支援が提起されたが、その中に農業及び地方開発の項目があり、水資源管理や灌漑システムの回復など農業と水に関連する支援分野が提示され、相当な基金が創立された。この会議後に、ある民間の研究助成財団の担当者から、「最近にわか中央アジア研究者が次々と登場してきました。目的はあの復興会議で集めた基金のようです」と聞いたものである。事件や会議を契機として関心を持つことは悪いことではないが、アフガン復興は農業援助からで、アムダリアの水を運河を掘って農地に導水すればよいと短絡的に考えた研究者が登場したのには驚いた。本人は現地に赴かないが、現地派遣要員に指名された大学院生が筆者を訪ねて来て、こんな目論見で行かされそうだがどう思うかと相談された。

議論の経過は割愛するが、アムダリアの最上流部で、金に委せて運河を掘り、取水することを日本が主導すれば、下流のトルクメンやウズベクも含めて水争いの渦中に入るだろう。アフガンの平和を求めての中村哲さんらの活動に賛同しているが、いまアムダリアの水に手を付けることは反対だ、と答えたのを思い出す。いずれはアムダリアの水利用の国際的話し合いは必要であるが、その際の日本の立ち位置は調停役だろうと思っていた。アメリカも欧州もロシアにもアフガンとの関連から言えば、その資格はないだろうから、日本は復興会議の主催国として調停役になれるだろうし、ならなければと思っていたからの考えである。アムダリアの水をアフガン復興に導水する運河の研究は実施されなかった。

アハル・テケの国

民家に宿泊する。案内人アターエフさんの親戚の家だから、ゆったりとくつろがせてもらった。邸内の庭に大勢の人が集まり、牛一頭を解体している最中である。年末だから正月のご馳走用の肉で、親戚の複数家族が集まっての行事である。老若男女の集合写真を撮影させてもらったが、いろんな容貌の顔がある。カザフスタンと違って、モンゴロイドの顔は少なく、ペルシャ系統の顔が多く、みんな目鼻立ちがはっきり、くっきりしている。

一二月というのに屋内は暖かい、夜にもなればシャツ一枚でもいられるほどの暖かさである。天然ガスの豊富なこの国では、燃料のガスは無料で供給されており、四六時中ガスバーナーを燃やし、各戸暖房である。なんと贅沢な庶民生活である。ガス以外でも電気、小麦、塩は無料配給である。その上、運転手によれば学校教育費は少しは支払うが金額を忘れるほどの少額であるという。この家の庭にはレゼルワール（貯水槽）があり、貯水量は六ｔで、地中に埋設されている。水は近くのムルガップ川の流水を汲んで、タンク車で運搬されてくる。浄水されていないが、水代は無料で運送費は個人支払いである。トルクメンバシの写真はここでも飾ってあるが、これだけの生活経費が無料ならば、毎日トルクメンバシを見させられても我慢のしようがあると言うものなのかとさえ思う。

沙漠の国、独裁国、カラクム運河、綿花栽培などの他に、この国のキーワードに馬がある。アハル・テケである。アシガバード市内に競馬場があり、そこへ行けばこの名馬が見られると教えられて出かけてみた。競馬場の下見場で、大柄な紳士が着飾った婦人達を相手に熱弁をふるっている。その一団に混じって話を聞いた。大柄な男は馬大臣で、婦人は外国の大使夫人だという。馬省があって、馬大臣がいるのは世界でトルクメニスタンだけであり、その内に、世界中の競馬場でこの馬が走ることになるだろうと。

競走馬総合研究所のホームページを引用すると、「中央アジアで三〇〇〇年にわたって育種されてきたとされ、漢の武帝が求めた名馬はこの馬だったという説もある。毛色は単色で栗毛、青毛、鹿毛などだが、メタリックな光沢を持つ河原毛も存在する。頸は細く、肩にほとんど垂直に付着している。きわめて持久力に富み、性格は頑固で取り扱いは容易とはいいがたい」とある。

図 8–15　アハル・テケ

ここでは漢の武帝とあるが、ジンギスハーンが西進したのは、このアハル・テケこそが彼が探し求めた汗血馬であるとも言われている。実に美しい馬で、メタリックな光沢との表現通りの馬を見せてくれた馬大臣に感謝してトルクメニスタンを後にした（図8—15）。

終章

日本の原発事故とカザフの核実験

一　大震災と原発事故

1　二〇一一年、東日本大震災

長い冬がまだ続いている二〇一一年三月一一日に、名神高速道路を京都から北上して琵琶湖の北東岸の漁港へと急いでいた。こんな時期に琵琶湖に船を出し、環境調査をすること自体はめずらしいのだが、若い学生達とのフィールド・ワークである。漁港に隣接して建っている漁業協同組合会館で宿泊し、湖上調査に出かける。会館に到着すると、東北地方で地震があって、関西でもゆっくりした揺れがあったと聞くも、高速道路を走行中だったからまったく気がつかなかった。参加者二五名ほどが揃ったところで、銭湯と夕食が同時にかなう店に出かけ、壁に掛かっているテレビの前で全員が声も出せずに、大津波に流される家々の映像に見入った。

それ以降の毎日は、想像を絶する現実に、なすすべもなく、ひたすらテレビ画面を見続けた。地震と津波の上に、福島原発の大崩壊が重なり、日本沈没のようである。スマトラ沖地震で発生した津波が街を襲う映像でその脅威を初めて知ったが、今回の津波の破壊力はその比ではなく、リアス式海岸が連なる三陸の街々は消滅し、死者と行方不明者は三万人を越えそうである。自然災害の上に、どこまで進むのか分からない福島原発爆発による放射能汚染地獄は、被災地の立ち上がろうとする気持ちを萎えさせているようである。

琵琶湖の湖上を若者達と走りながら、水と人と環境とを議論してきた。東北では押し寄せる津波が人命を奪い、街も田畑も破壊し、そして翌朝には何もなかったような海原が広がっていた。そして、こんな日本の現実に為すすべもないままに、アラル海に出立する日がやってきた。これから出向くアラル海では、岸辺から引いて行った水は再び戻ることなく、いくつもの漁村を崩壊させ、地域を潰し、一〇〇km、二〇〇kmまでも広がる旧湖底沙漠を生み出した。自然災害もあれば人災もある、水と人間社会との厳しい関係を考えながら、アラル海植林行に就いたのは三月二九日である。原子力発電所の崩壊は日々にすさまじくなり、二週間後の帰国時には東北地方は、日本はどうなっているのだろうかと思いながら、カザフスタン共和国のアルマティ空港に到着した。

アラル海が干上がり、湖面は遠く去り、二度と戻らないアラル海沿岸部の人々は、石油バブルの経済から取り残されたままである。そんな人々と別れて、ふたたび二日間の列車の旅と、韓国ソウル経由の航空便を使って帰国したのは四月一三日である。アルマティのアパートでもインターネットで日本の情報を仕入れての帰国であったが、二週間後の大震災と原発事故の様相はますます悪化し、ついには警戒区域が設定され、チェルノブイリ以上の大災害となった。四月二〇日、友人がチェルノブイリ二五周年記念イベントに参加すべくキエフに向けて出発した。何度かの誘いがあったが、アラルから帰国直後のチェルノブイリ行きは過酷すぎると断った。福島の放射能汚染と向き合う運動を関西の地で展開しなければと思う。

一九七〇年に公害問題の調査研究を、自分の研究者としての活動中心に据えると決め、京大災害研究グループを立ち上げた。当時は公害の時代だったから、「公害研究グループ」とするのが常識的だと言われたが、「災害研究グループ」と名付けて活動を続けた。そのこころは、「人災でない災害はない」である。アラルに行き、福島に思いを馳せなければ毎日が進まない今、この言葉を久しぶりに思い出した。

2　先行きの見えない行路

東北大震災の全貌が分かりだし、地震と津波の猛烈な破壊力の前に、人間の力のひ弱さを見せつけられ、そのことを被災民ではない者が理解するためには長い時間が必要である。毎日が新事実を知る日々であり、多くの死に涙する日々である。こんな気持ちを、遠く離れた京都に居る身でも、これから何年も持ち続けて行かなければ、東北の人々に申し訳ないと思う。二万人近い命が奪われ、被災者は何十万人である。悲しい物語はその何倍もあるだろう。聞く度に涙する。

カザフの沙漠で一緒に調査活動をした当時の大学院生の一人が南相馬市に住んでいたことが分かり、六月に京都に来てくれた。テレビを通しての悲しい物語ではなく、生の言葉で話してもらった悲しい物語は、それまではどのように動こうかと思案ばかりしていた筆者をやっと動かしてくれた。

息長い東北支援を続けようと思いつつも、地震と津波だけなら、言葉が不適当かもしれないが、「明るく復興」のかけ声の下で進められただろう。しかし、東電福島原発崩壊と広域放射能汚染が復興に暗く、重くのし掛かり、先行きが見えない行路である。

二〇一二年八月段階では、あたかも原発崩壊は終息したかのように言われ出しているが、果たしてそうだろうか。大気への放射能の放出は低くなったとは言え、浪江町での大気中放射線量は二桁のマイクロシーベルトが続いている。大型余震が発生しないことを祈るばかりである。

二　セミパラチンスク核実験地

1　セミパラチンスクとフクシマ

二〇一一年四月二五日のチェルノブイリ事故二五周年記念事業が終了し、参加した知人から、現在のチェルノブイリの様子と参加者のことを聞き、日本からの参加者の中に農水省の中堅官僚や技術者がいたことを知った。彼らの参加目的は福島原発崩壊によって発生した広域の農地や山林での放射能の動態がどのようなものであり、それらの除染の方策に関する情報を収集することだったという。原子力発電所が爆発崩壊した事例は、アメリカのスリーマイル島原発とチェルノブイリ原発しかなく、崩壊の様相からチェルノブイリを前例としてあらゆることを学ばなければ仕方がない。

農水省がどのような放射能汚染農地対応策を福島で立案するのだろうかと思っていたから、四月にチェルノブイリに行ったと聞いて、これではまだまだ対応策を公にすることは不可能だろうと思ったが、福島の農地と農業への放射能被害を最小にする努力をしてほしい。

そんなことを思っている二〇一一年五月の半ば頃に、複数の知人から、農水省がカザフのセミパラチンスクに行きたいから、カザフに通じている人を紹介してくれとの要請があったのでお前を紹介したとのメールが何通か届いた。セミパラチンスクはカザフスタン共和国の東北部に位置し、ソ連邦が数十年に亘って核実験を実施した地域である（図 終―1）。「その核実験は何回くらいあったと思いますか」と質問しても、桁数さえ正しく答えられる人も少ないだろう。なんと四六七回である。一九四九年八月二九日に最初の核実験が実施され、それ以降一九六三年まで、地上での核実験が一二四回（水爆実験を含む）行われたという。一九六三年以降は地下核実験に切り替えられ、一九八九年一一月までに実施された地下核実験はなんと三四

図 終–1　カザフスタン共和国セミパラチンスク州

三回である。すなわち、合計四六七回の核実験が大草原の中にある小高いデレゲン山で強行された。世界で唯一の被爆国日本では、広島と長崎で一発ずつの計二発である。

カザフ人は遊牧の民であった。ソ連邦に組み込まれるまでは、ロシア帝国の時代でも、カザフ人は羊とともにユルタと呼ばれる移動式家屋で生活しながら、カザフの大草原を移動していた。セミパラチンスク州はまさに、その遊牧の大地であり、風も見通しも遮るものがない。遊牧は消えたが、牧畜がカザフ人の生業だから、大草原では一〇〇頭ほどの羊の群れとそれを追う馬に乗った牧童（チャバン）が見られる。そんな大草原の一角に小さなはげ山があり、その裾に牧畜のカイナル村がある（図終―2）。

図 終–2　カイナル村

一九九二年の早春にこの村を訪ね、放射線障害を背負って生き続ける人々を、村の病院でレポートするという過酷なテレビ番組の取材に同行した。カザフに来る日本人がほとんど居ない時代であり、カザフと日本の交流を進めながら、本来の目的であるアラル海調査の準備段階の頃で、カザフ側の窓口であるカザフスタン平和委員会の案内で実現したテレビ取材である。まさか自分がレポーターとなるとは思わずにいたが、事におよんでは逃げる訳にもいかず、障害を持った人々と、通訳を通しての会話であったが、なんとか言葉を交わした。被害の実態に衝撃を受けたディレクターは成田空港に到着するなりテレビ局に直行して取材ビデオフィルムを編集し、予定を早めて全国ネットで放送され、大きな反響があった。

セミパラチンスク州での原爆実験の被害の調査をした訳ではないから、訪問時にカザフ側から提供された資料しかないが、それによると、州全体での被爆者は五〇万人に達するという。もっとも被害が集中しているのは、アブラリンスク地区にあるカイナル村で、一帯が核実験場になったために、圏外に強制的に疎開させられたという。カイナル村や近くのサルジャル村の人々は一二四回ものキノコ雲を大草原の空に見たのである。地下実験ではキノコ雲はないが、大地が震えたことだろう。カイナル村は核実験場の中心地より六〇km離れており、風は常時実験場の方角から村へと吹いている。平均すれば、一年に九回もキノコ雲が見えたという、想像すらできない日常がこの村にはあった。実験はソ連邦崩壊とともになくなったが、放射線被爆障害に苦しむ人々がいる。人口は三〇〇〇人ほどのカイナル村だけで、一九九一年一一月までにガン死一七〇人、自殺一四人、白血病一七人の犠牲者があったという。その被害の医学疫学調査を日本の国際協力事業団（ＪＩＣＡ）の事業として、広島大学や長崎大学の大型調査団がセミパラに取組んでいたので、詳細はこの調査団の報告書などを参考にしていただきたい。

セミパラチンスクでの取材を終えてアルマ・アタに戻ると、招待団体であるカザフ平和委員会の委員長が大劇場に招待してくれ、我々のためだけに、セミパラでの核実験を記録した映画「ポリゴン」（ロシア語で核実験場）を上映してくれた。スターリンやチャーチルやトルーマンといった、第二次世界大戦時の大国の指導者が登場する。映画の中でもっとも壮絶な場面は、核実験時の爆風に吹っ飛ばされる戦車や羊、立ち尽くす馬の風上側の体表が一瞬にして焼けこげるシーンであった。ぜひこの映画を日本で上映するために版権を購入したいと思ったが、すでに日本の映画会社が購入していたようで実現しなかった。その後、日本各地で上映会が開かれたのでご覧になった方もおられるかもしれない。

劇場での映画の上映後に、平和委員会の委員長であり、カザフ作家同盟の議長のアリムジャーノフさんが一九九〇年一一月三〇日発行のカザフ文学新聞を見せてくれた。そこには驚くべき文章が掲載されていた。「一九五三年八月一二日にセミパラチンスクの核実験場で水爆実験が行なわれ、村から四二人の若者（二一歳以下）が爆心から五kmの地点まで軍隊に連れて行かれ、ウォッカを与えられ、面白いものが見られるからと言われ、その場に残された。同行してきた軍人は去って行ったという。そして、核爆弾が炸裂し、彼らは被爆した。四二人のうち現在も存命しているのは一人で、入院中であるという」。この四二名の犠牲者の実名が初めて公開され、文学新聞に掲載されていた。当時のソ連邦はゴルバチョフの時代であり、彼がペレストロイカ（再構築）、グラスノスチ（情

図 終–3　ホットスポットになったカイナルの谷間

報公開）政策を進めていたからこそ、このような事実も公表できたのであろう。

そして、翌年の一九九一年八月にはクーデターがモスクワで発生し、ソ連邦崩壊劇が始まるのである。そして、ソ連邦最高会議の最後の議長となり、ソ連邦幕引きを取り仕切ったのが、このレポートを書き、公開したアリムジャーノフさんである。ソ連邦崩壊という世界史に残る事件のシナリオがすでに始まっていたのだろうが、その間近に自分がいるなどとはまったく感じてもいなかった。

このような悲劇の地・セミパラチンスクへと農水省のメンバーが、放射能汚染の様相とその影響や土壌汚染除去方法を調べに出かける手伝いを二〇年後にすることになるとは。福島での原発崩壊によって放射能汚染に曝された広大な地域を今後どのように回復していくのかの参考となるのはチェルノブイリとセミパラチンスクだろうとは思う。しかし、どちらも年間降水量が三〇〇mm程度であり、一四〇〇mm前後の降水量がある福島とは環境条件が多いに異なる。また、福島は山があり森林が存在するから、放射能の環境中での挙動はソ連邦の事例とは大いに異なるだろうから、参考になるかどうか分からないが、情報収集は福島にとって大事であると思い、情報提供や人的紹介などの協力をした。農水省のチームはセミパラチンスクへ行き、成果を得て帰国したようで、福島復興に力を発揮してもらいたい（図終―3）。

2　負の遺産と研究者の活動

カザフスタンが抱える二〇世紀最大の負の世界的遺産／アラル海問題とセミパラチンスク問題に、図らずもこのように接することになった。アラル海については本書にあるとおりだが、セミパラチンスク問題も同じように対処するほどの力はなかったので、その後は疎遠となり、広島大学や長崎大学のチームの活動から多くを学ばせてもらったに過ぎない。そのような大型調査団の活動は日本の国際貢献として重要である。

また、我々の日本カザフ研究会のような個人的研究組織は個人的であるが故に、多くの困難はあるが、動きの軽快さを特徴として活動できる利点がある。だから、いろんな形、いろんなレベルでの国際協力が、問題の本質に迫るために有効であると思ってきた。さらに、我々以上に個人的な活動をセミパラチンスクの被爆者救援に活動された方についてすこし触れておきたい。

その方は高木昌彦さんである。大阪大学医学部の講師を長年勤められ、奥さんが広島原爆の被爆者である氏は、退職後は、セミパラチンスクの被爆者への医療ボランティアとしてカザフに住みつき、カザフ語を学び、核実験被害の問題点などを解説した非核平和教育の教材をカザフ語で作成された。二〇〇二年三月二一日に、一時帰国の大阪の自宅で急逝された。享年七六歳であった。カザフに移り住まわれたのは七〇歳からで、日本とカザフにとって、もっとも困難な課題である被爆問題に取組まれた努力と行動力は驚愕の一言である。大きな調査団ではなく、個人が被害者と交流を深めないと被爆の実態はつかめないとの氏の信念を実践された。

氏が下宿されていたのは、著者の長年の通訳であり友人のキムさんの教え子の自宅であった。氏がカザフでの活動を始められたのは、筆者がカザフ西部地域のアラル海に通い出したころであったから、お会いする機会はなかったが、その活動を遠くから学ばせてもらった。氏のご逝去を知ったのはずいぶん後であったが、どのマスメディアも取り上げていなかったので、直ちに朝日新聞社の知人に連絡し、記事にしてもらった。二〇〇二年六月二四日の記事には、カザフ帽子を冠った氏のにこやかな顔が掲載されている。氏が残した足跡を国レベルから個人レベルでの国際交流をしている者達が学ばねばと思う。

ヒロシマとナガサキの苦しみを国の基本に据えて、戦後、日本は被爆国として、最低限守らなければならない約束ごと・非核三原則を遵守してきたと思っていた。戦前に生まれたとはいえ、敗戦の年にやっと五歳であった筆者らの世代は、反戦、非戦、不戦などと表現は異なっても、これらの言葉をなんとか体現したいと生きてきた。筆者が公害の課題に関わり始め、多くの公害現場を科学する者として歩き続けてきたのも、第二次世界大戦後の生き方を模索してきたからである。先述の高木さんも同じだろう。

そして、筆者はいつの間にかアラル海の問題を手がけるようになった。原子力問題も、友人・知人の後に付いて考え、行動してきたつもりだったが、その実が実らず、この狭い国土に五四基もの原子力発電所を許してしまい、一旦崩壊すれば核兵器以上の放射能を撒き散らすものだと福島原発崩壊で知り、戦後ずっと守ってきたと思っていた非核三原則のまやかしに気付く情けなさである。

図 終–4　セミパラの大草原で草をはむ

アラル海とセミパラチンスクという、ソ連邦がカザフに残した負の遺産の両方に接し、日本に紹介した者として、また、フクシマの悲劇を防げなかった者として、己の不甲斐なさを少しでも償える活動を続けねばと思っている（図終―4）。

おわりに

アラル海の干上がりと地域社会の崩壊は、ソ連邦政府、すなわち、モスクワ・クレムリンの意向で実施された農業政策の結果である。この政策の結果、シルダリアやアムダリア流域の農耕民には恩恵を施しただろうが、アラル海流域の漁業や漁村は壊滅し、ほとんどの恩恵はモスクワに吸い取られた。

セミパラチンスクはといえば、大草原の牧民にはなんの恩恵もなく、爾来、半世紀後の今も、放射能に汚染された大地で、多くの障害を抱えながらの生活が続いている。アメリカのネバダ州の核実験場も原住民にとってはなんの恩恵もなく、苦難の日々だけが続いている。そして、フクシマもまた、もっとも恩恵を受け、利潤を得ている東京からは原発は見えず、これから何十年以上も自宅に戻れない人々が福島にはいる。力のあるものが弱い人々を踏みつけにしているのが公害であり、環境問題である。世界中にあるこの理不尽さを解消し、あらたな価値を創造するのが環境を冠した科学の最大の課題であり、研究者の使命である。

干上がったアラル海の面積は、琵琶湖八〇個分くらいに相当するであろう。地表面には塩が析出し、衛星画像からも広大な塩沙漠が分かる。この土地をどうするのかを提案できないままに筆者のアラル海との関わりは終わっていくのだろうが、ゴマメの歯ぎしりほどにでも何かを残したいと思って始めた植林活動である。たいした成果などないが、この植林活動は二〇〇六年から二〇一九年の今日まで継続してきた。多くの財団からの助成金と個人的支援者の寄付金に依存した事業である。

図 終-5　もっとも成功した植林サイト。住民がオアシスだと言う

そして、前述のように、植栽手法の改善を重ねながらの取組みが在カザフスタン日本大使館にも評価され、現地の自然保護団体にトラックやトラックターなどの購入費が援助された。そして、二〇一〇年の植栽地に近づくと、緑の林が地平線に一直線で見えてくる。現地の住民が喜び、アラル海旧湖底にオアシスができたと教えてくれた。砂と塩が嵐となって飛んでくる沙漠にサクサウールの林ができていた。そして、周りに種子が飛んで行き、発芽し、活着して苗木から成木になったサクサウールが何本も生えていた。

二〇一八年にクジルオルダ市で開催された国際会

議の出席者たちも喜んでくれた。この林から多くの種子が飛び出し、アラルの旧湖底沙漠で育ってくれればと思う。そして、このオアシスに棲みつく動物も出現してくれるだろう。満々と水のあるアラル海再生ではないが、アラルの森が広がってくれるならば、アラルに通い続けた意味もあるかなと自分を慰め、現地の人々と喜んだ。

あとがき

日本の公害現場を二〇年間歩きながら水と人との関係の在り様を考えて来たが、思いもしなかったきっかけから中央アジアに出かけることになった。京大在職三五年の最後に所属していたのは地域研究分野であった。地域研究ということを意識したこともなく、公害現場を巡ってきただけであり、そのような研究分野を切り拓こうなどとは考えもしなかった。一つ一つの公害問題に関わりながら、問題解決に自分が役に立つのかどうかを試してきただけである。

多くの被害者の方々から教えられ、学ばせてもらった。そして、海外での調査研究生活を二五年間も続けるという思ってもみなかったことが、ある日、予想もしなかった電話から始まり、カザフスタンで発生した、二〇世紀最大の環境改変といわれるアラル海問題と付き合ってきた。そして、それまでも多くの研究仲間と一緒に、大学や学界の組織とは関係なく、共同作業としてやってきた調査研究を海外でも実現し、体験できたことに感謝している。学会なるものにまったく無縁に生きてきたから、学会発表なるものも大学院生までの活動であり、その後は公害現場で報告することを第一義としてきたので、仲間が所属する学会報告で著者として連名してくれたものだけが残っているのがほとんどである。研究者としてそれでよかったのかと問われるが、現場への報告を第一義と考えてきたから悔いはない。

アラル海地域を調査対象にした活動もその域を出ていないゆえに、十分な社会還元ができているかどうか自信はない。この本の基になったのは、月刊誌『環境浄化技術』(日本工業出版株式会社発行)に連載しないかと誘われ、「消えゆくアラル海を追いかけて」という表題で二六回連載させてもらった。どなたの紹介でこのような場を与えていただいたか定かではないが、望外の場を提供いただいた「環境浄化技術編集委員会」に深謝である。そして、出版までこぎつけられたのは、粗原稿の体裁を本の形式に高めてくださった小野寺佑紀さん、最終編集を担当してくださった山﨑優子さん、出版を了解してくださった藤原書店の藤原良雄社長にお礼申し上げます。

どの公害問題も最後まで付き合いきれるものではなく、数多くかかわった現場はそれから何年も何十年も苦労、苦痛を抱えたままであることが多い。自分自身の不甲斐なさと、社会の冷たさがもっとも心に残っている。

アラル海問題もまた同じである。流れ込む水量の減少によって湖として存在できなくなり、生息していた生物が減少し、魚がいなくなって漁業は壊滅した。沿岸地帯の村々は漁村であるので人々は移住を余儀なくされて地域社会が滅びて行った。かろうじて地域にがんばっている人たちもいるが、砂嵐が多発する中での生活である。そして、アラル海が、アラル海と生きてきた人々がもっとも恐れている事態がせまりつつある。それは世間から、中央アジアから、世界からアラル海問題そのものが忘れ去られようとしていることである。この最後の死をなんとか阻止したいと思う。なにをすればよいのかは筆者には見当もつかないままであるが、筆者なりの努力を続けたいと思っている。現地での植林事業もその一部であり、この拙書の出版も筆者のささやかな努力と思っていただければ幸いである。

石田紀郎

参考文献

宇山智彦編著『中央アジアを知るための60章』明石書店、二〇〇三年
宇山智彦・藤本透子編『カザフスタンを知るための60章』明石書店、二〇一五年
カトリーヌ・ブジョル『カザフスタン』宇山智彦・須田将訳、白水社、二〇〇六年
窪田順平監修『中央ユーラシア環境史』臨川書店、二〇一二年
小松久男・梅村坦・宇山智彦・帯谷知可・堀川徹編集『中央ユーラシアを知る事典』平凡社、二〇〇五年
角崎利夫『カザフスタン——草原と資源と豊かな歴史の国』早稲田出版、二〇〇七年
M・I・ゴールドマン『ソ連における環境汚染——進歩が何かを与えたか』都留重人監訳、岩波書店、一九七三年
日本カザフ研究会編、報告書「中央アジア乾燥地における大規模灌漑農業の生態環境と社会経済に与える影響」第一号（一九九三年）—第一三号（二〇〇七年）日本カザフ研究会出版
（連絡先：pie@zpost.plala.or.jp）

図表一覧

著者紹介

石田紀郎（いしだ・のりお）

1940年生まれ。63年に京都大学農学部卒業。同学部助手、助教授を経て、京都大大学院アジア・アフリカ地域研究科教授に。03年に退官した後、NPO法人「市民環境研究所」を設立し、代表理事に就任。その後、京都学園大学バイオ環境学部教授を兼任し、同職を10年4月まで務め、その後人間環境大学特任教授を12年3月まで務めたのち無職となる。40年来、公害や環境・農業問題を中心に、市民運動など幅広い分野で活躍中。

90年からアラル海問題に強い関心を抱き、カザフスタンには毎年渡航。「環境問題を中心とするカザフスタン研究の先導」に対して2018年度（第33回）大同生命地域研究特別賞を受賞。また「カザフスタンとの草の根レベルでの相互理解、友好親善に寄与した」として令和元年度外務大臣表彰。

著書に『現場とつながる学者人生』（藤原書店、2018）『ミカン山から省農薬だより』（北斗出版、2000）『環境学を学ぶ人のために』（共編、世界思想社、1993）他。

消えゆくアラル海——再生に向けて

2020年 2月10日　初版第1刷発行©

著　者　石　田　紀　郎
発行者　藤　原　良　雄
発行所　株式会社　藤　原　書　店

〒162-0041　東京都新宿区早稲田鶴巻町523
電　話　03（5272）0301
FAX　03（5272）0450
振　替　00160 - 4 - 17013
info@fujiwara-shoten.co.jp

印刷・製本　中央精版印刷

落丁本・乱丁本はお取替えいたします
定価はカバーに表示してあります

Printed in Japan
ISBN978-4-86578-251-6

「環境の世紀」に向けて放つ待望のシリーズ

シリーズ 21世紀の環境読本
〔ISO14000から環境JISへ〕

山田國廣

①環境管理・監査の基礎知識
②エコラベルとグリーンコンシューマリズム
③製造業、中小企業の環境管理・監査

A５並製
①一九二頁　一九四二円（一九九五年七月刊）
②二四八頁　二四二七円（一九九五年八月刊）
③二九六頁　三一〇七円（一九九五年一一月刊）
品切◇978-4-89434-020-6／021-3／027-5

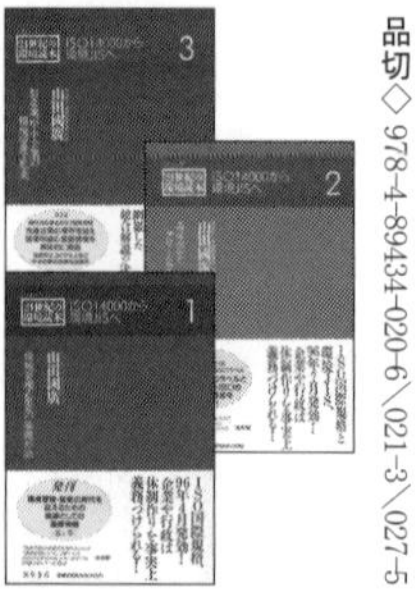

環境への配慮は節約につながる

1億人の環境家計簿
〔リサイクル時代の生活革命〕

山田國廣
イラスト＝本間都

標準家庭（四人家族）で月３万円の節約が可能。月一回の記入から自分のペースで取り組める、手軽にできる環境への取り組みを、イラスト・図版約二百点でわかりやすく紹介。経済と切り離すことのできない環境問題の全貌を、〈理論〉と〈実践〉から理解できる、全家庭必携の書。

A５並製　二二四頁　一九〇〇円（一九九六年九月刊）
◇978-4-89434-047-3

家計を節約し、かしこい消費者に

だれでもできる環境家計簿
〔これで、あなたも〝環境名人〟〕

本間 都

家計の節約と環境配慮のための、だれにでも、すぐにはじめられる入門書。「使わないとき、電源を切る」……これだけで、電気代の年一万円の節約も可能になる。

図表・イラスト満載

A５並製　二〇八頁　一八〇〇円（二〇〇一年九月刊）
◇978-4-89434-248-4

省農薬、合成洗剤、琵琶湖汚染、フクシマ…

現場とつながる学者人生
〔市民環境運動と共に半世紀〕

石田紀郎

農薬の害と植物の病気に苦しむ農家とともに省農薬ミカンづくりと被害者裁判に取り組み、「表面のきれいなもの、大きさの画一なもの」を求める意識を変えようと生協を立ち上げた京大教授は、琵琶湖畔に生まれ、常に「下流から」の目線でアラル海消滅問題に関わり続けている。

A５並製　三四四頁　二八〇〇円（二〇一八年四月刊）
◇978-4-86578-170-0